CIUG
中国城市治理研究院

城市治理理论与实践丛书
中国城市治理研究系列

总主编 姜斯宪

徐剑 沈郊 著

城市形象的媒体识别
——中国城市形象发展40年

本书为国家社科基金艺术学重大课题『文化大数据的共享机制研究』（17ZD07）的阶段性成果

上海交通大学出版社
SHANGHAI JIAO TONG UNIVERSITY PRESS

内容提要

本书立足城市形象理论的一般规律与中国城市形象的演化特点，结合改革开放40年以来中国经济转型与社会发展的历史背景，选择了12个中国城市为研究对象。将这12个城市分为三大类：第一类是超级城市，以北京、上海、广州、深圳为代表；第二类是区域中心城市，以成都、杭州、武汉、沈阳为代表；第三类是特色城市，以义乌、三亚、鄂尔多斯、井冈山为代表。本书采用内容分析的研究方法，量化分析自1978—2017年以来《人民日报》对以上城市的新闻报道，客观反映各类城市形象的变迁过程和发展趋势，探究其背后的历史语境和认知脉络。本书的读者对象主要是新闻传播学相关研究人员和城市品牌经营管理人员。

图书在版编目（CIP）数据

城市形象的媒体识别：中国城市形象发展40年/徐
剑，沈郊著. —上海：上海交通大学出版社，2018
ISBN 978－7－313－20544－5

Ⅰ.①城…　Ⅱ.①徐…　②沈…　Ⅲ.①城市—形象—
研究—中国　Ⅳ.①TU984.2

中国版本图书馆CIP数据核字（2018）第276040号

城市形象的媒体识别：中国城市形象发展40年

著　　者：徐　剑　沈　郊
出版发行：上海交通大学出版社　　　　　　　地　　址：上海市番禺路951号
邮政编码：200030　　　　　　　　　　　　　电　　话：021-64071208
出 版 人：谈　毅
印　　制：常熟市文化印刷有限公司　　　　　经　　销：全国新华书店
开　　本：710mm×1000mm　1/16　　　　　印　　张：18
字　　数：261千字
版　　次：2018年12月第1版　　　　　　　　印　　次：2018年12月第1次印刷
书　　号：ISBN 978-7-313-20544-5/TU
定　　价：79.00元

"城市治理理论与实践"
丛书编委会

总主编

姜斯宪

副总主编

吴建南　陈高宏

学术委员会委员

（以姓氏笔画为序）

石　楠　叶必丰　朱光磊　刘士林　孙福庆

吴建南　吴缚龙　陈振明　周国平　钟　杨

侯永志　耿　涌　顾海英　高小平　诸大建

梁　鸿　曾　峻　蓝志勇　薛　澜

编委会委员

（以姓氏笔画为序）

王亚光　王光艳　王浦劬　关新平　李振全

杨　颉　吴　旦　吴建南　何艳玲　张录法

张康之　陈　宪　陈高宏　范先群　钟　杨

姜文宁　娄成武　耿　涌　顾　锋　徐　剑

徐晓林　郭新立　诸大建　曹友谊　彭颖红

"城市治理理论与实践丛书"序

城市是人类最伟大的创造之一。从古希腊的城邦和中国龙山文化时期的城堡，到当今遍布世界各地的现代化大都市，以及连绵成片的巨大城市群，城市逐渐成为人类文明的重要空间载体，其发展也成为人类文明进步的主要引擎。

21世纪是城市的世纪。据统计，目前全球超过一半的人口居住在城市中。联合国人居署发布的《2016世界城市状况报告》指出，排名前600位的主要城市中居住着五分之一的世界人口，对全球GDP的贡献高达60%。改革开放以来，中国的城镇化率也稳步提升。2011年首次突破50%，2017年已经超过58%，预计2020年将达到60%。2015年12月召开的中央城市工作会议更是明确提出："城市是我国经济、政治、文化、社会等方面活动的中心，在党和国家工作全局中具有举足轻重的地位。"

城市，让生活更美好！而美好的城市生活，离不开卓越的城市治理。全球的城市化进程带动了人口和资源的聚集，形成了高度分工基础上的比较优势，给人类社会带来了灿烂的物质和精神文明。但近年来，人口膨胀、环境污染、交通拥堵、资源紧张、安全缺失与贫富分化等问题集中爆发，制约城市健康发展，困扰着政府与民众，日益成为城市治理中的焦点和难点。无论是推进城市的进一步发展，还是化解迫在眉睫的城市病，都呼唤着更好的城市治理。对此，党和国家审时度势、高屋建瓴，做出了科学的安排和部署。2015年11月，习近平总书记主持召开中央财经领导小组第十一次会议时就曾指出："做好城市工作，首先要认识、尊重、顺应城市发展规律，端正城市发展指导思想。"中央城市工作会议则进一步强调："转变城市发展方式，完善城市治理体系,提高城市治理能力,着力解决城市病等突出问题,不断提升城市环境质量、人民生活质量、城市竞争力,建设和谐宜居、富有活力、各具特色的现代化城市,提高新型城镇化水平,走出一条中国特色城市发展道路。"

卓越的城市治理,不仅仅需要政府、社会、企业与民众广泛参与和深度合作,更亟须高等院校组织跨学科、跨领域以及跨国界的各类专家学者深度协同参与。特别是在信息爆炸、分工细化的当今时代,高等院校的这一角色显得尤为重要。在此背景下,上海交通大学决定依托其在城市治理方面所拥有的软硬结合的多学科优势,全面整合校内外资源创办中国城市治理研究院。2016年10月30日,在上海市人民政府的支持下,由上海交通大学和上海市人民政府发展研究中心合作建设的中国城市治理研究院在2016全球城市论坛上揭牌成立。中国城市治理研究院的成立,旨在推动城市治理研究常态化,其目标是建成国际一流中国特色新型智库、优秀人才汇聚培养基地和高端国际交流合作平台。

一流新型智库需要一流的学术影响力,高端系列研究著作是形成一流学术影响力的重要举措。因此,上海交通大学中国城市治理研究院决定推出"城市治理理论与实践丛书",旨在打造一套符合国际惯例,体现中国特色、中国风格、中国气派的书系。本套丛书将全面梳理和总结城市治理的重要理论,以中国城市化和城市治理的实践为基础,提出具有中国特色的本土性、原创性和指导性理论体系;深度总结及积极推广上海和其他地区城市治理的先进经验,讲好"中国故事",唱响"中国声音",为全球城市治理贡献中国范本。

相信"城市治理理论与实践丛书"的推出,将有助于进一步推动城市治理研究,为解决城市治理中的难题、应对城市治理中的挑战提供更多的智慧!

上海交通大学党委书记
上海交通大学中国城市治理研究院院长

"中国城市治理研究系列" 序

　　农业社会的田园牧歌已经渐行渐远,当今世界是一个以城市为中心的世界。城市是政治、经济和文化的主要载体,是社会网络体系的重要节点。城市的发展和进步,直接关系到国家和社会的发展。作为现代文明的标志性成果,城市推动了人类文明的持续进步,也是现代国家治理的中心所在。如何提高城市治理的水平,实现可持续的城市发展,更好地发挥城市在引领经济和社会发展过程中的作用,让城市管理更加卓越,让城市变得更加美好,已经成为世界各国政府都高度重视的问题。

　　弹指一挥间,从1978年改革开放至今,已有40个年头。40年风云激荡,中国的城镇化率从改革开放前的不足20%,持续迅速发展到今天的60%左右,越来越多的人走出农村,聚集在城市中,享受城市发展所带来的现代化文明成果,享受便捷和舒适的城市生活,但也深受各种城市病的困扰。40年来,伴随着工业化的进程,中国城镇化的快速发展给政治、经济、社会、文化和生态等各个领域都带来了意义深远的影响,构建了中国特色的城镇化发展道路,也探索形成了中国特色的城市治理经验。

　　中国是大国,也是文明古国。从传统意义上来说,中国的"大",不仅仅是指疆域辽阔,也意指人口众多。这样一个大国的快速城镇化,面临着一元与多元、集权与分权、效率与公平、发展与稳定等关系的多重挑战。而对于一个文明古国的快速现代化来说,遇到的则是从伦理社会转向功利社会、从熟人社会转向陌生人社会、从超稳定社会转向风险社会等方面的重大难题。不管是大国的城镇化,还是文明古国的现代化,在高速发展的时代背景下,必然经历着社会转型与改革发展的阵痛,这也对中国的城市治理施加了更大的压力，提出了更高的要求与期待。

近年来，随着城市的重要性日益凸显，党和政府逐渐将工作重心转移到城市治理上来，正在实现从"重建设"到"重管理"的重要转变，先后多次召开高层次的城市工作会议，提出了城市治理的方略和部署，形成了推进城市治理的新契机。为深入贯彻习近平总书记在哲学社会科学工作座谈会上的重要讲话，落实十九大的重要精神，推进中国城市治理体系与治理能力现代化，上海交通大学中国城市治理研究院邀请国内外相关领域的专家学者，组织撰写了"中国城市治理研究系列"著作。

本书系立足于中国改革开放40年的伟大探索，紧扣当代中国社会转型和大国治理的特殊国情，聚焦于快速城镇化进程中波澜壮阔而又各具特色的城市治理实践，从政治、经济、社会、文化和生态等方面全面回顾、总结和分析中国城市治理的典型经验，阐释当代中国城市治理进程中的风云变幻，回应当前中国城市治理方面的重大问题，寻找解答中国城市治理发展道路的关键"钥匙"，为城市治理方面的重大决策提供理论支持和经验支撑。

本书系以时间脉络为经，以发展阶段为纵轴，明确城市治理不同领域的重要时间节点，划分城市治理40年演进和发展的关键阶段；以事实梳理为纬，以要素分析为横轴，深入梳理改革开放40年相关治理领域的基本事实和主要经验，重点关注相关领域的改革举措、实践演变和制度变迁，结合具体实践阐述和诠释相关的理论观点，致力于探讨和提出有中国特色的城市治理逻辑。这是我们所有编著者共同的心愿和追求。但由于各方面的原因，我们可能离这个目标还有一定的距离，还有很多心有余而力不足的遗憾，因此期待各位同仁和读者的批评指正。

本书系编写工作自2018年3月份确定下来之后，时间紧、任务重、要求高。各位编著者快马加鞭，在日常繁忙的教学和科研之外，投入了大量的时间和精力，如期顺利完成了高质量的研究工作，展现出非同凡响的学术素养和职业水准。在此向他们表示由衷的敬意！

书系的编写和出版工作，得到了社会各方的关注，尤其是得到了上海市人民政府发展研究中心、上海交通大学文科建设处、上海交通大学出版社等方面领导的关心和支持，出版社的工作人员进行了认真、细致和专业地编辑，在此一并表示衷心和诚挚的感谢！

前 言

　　2018年初，建南院长组织研究院的教授讨论出版"中国城市治理研究系列"丛书。多年来，我一直从事城市文化和城市形象的研究，领下这个任务，一方面是对自己多年研究的一个梳理和反思；另一方面，也是自己作为改革开放同龄人的一个纪念和回顾。

　　以往我做的城市形象研究，多是基于一个特定的城市以及特定的受众，研究方法比较明确，研究目的也比较清晰。而此次研究，是跨越城市的边界，覆盖全国，且纵横40年，研究的破题，就颇费思量。

　　从传播学出发，对于城市形象的研究，一般有两个进路。第一个进路是基于公众认知的调查，如凯文·林奇提出的"城市形象"是对城市的公众印象，它是许多个人印象的叠合。了解这种城市形象可通过民意调查的方式来实现，但对于那么多的城市，民调耗费巨大，且由于没有历史性的数据，只能反映现时的结果，而无法进行历时的比较和分析。第二个进路是基于媒体的内容分析。随着大众媒体的发展，人们实际生活在李普曼所言的"拟态环境"。由于现代社会已从村落扩大为全球，社会分工也从传统的自给自足走向了专业分工，人们不再是通过自己的亲身经验去感知世界，而更多的是通过媒体供给的信息去了解和建构世界。因此，媒体构建的城市形象也成为公众认知城市的重要入口。

　　基于此，本研究选择媒体形象这一视角来解读中国城市形象自改革开放以来的发展和变迁。解读媒体形象的第一步是选择分析对象，一个理想的对象是某一数据库里包含了40年以来所有或绝大多数的中国报纸。遗憾的是，学术界运用最广泛的中国期刊网虽然收录了国内公开发行的500

多种重要报纸,累积报纸全文文献2 000多万篇,在媒体的代表性上已足够,但时间跨度却是从2000年以来,无法反映改革开放40年的全貌。另一个使用较多的报纸数据库则是方正的中华数字书苑。该数据库自称收录报纸500多种,拥有3 000万篇新闻,最早回溯至1949年。理论上,该数据库中的报纸的代表性和时间跨度都能满足要求,但当我们试运行检索时,却发现相关的信息(尤其是改革开放初期)集中在少数几家报纸,媒体的代表性存在着很大的问题。

我们只能退而求其次,在理想的分析方案之外选择一个可操作性的方案,即选择一个数据库,这个数据库必须对新闻文献统一进行收集,没有缺失,且时间跨度能满足改革开放40年的要求。最终,我们选择了《人民日报》图文数据库。《人民日报》作为中国共产党的中央机关报,已成为全世界最重要的国家主流媒体之一,其刊载的每一篇新闻报道都反映了党的政策走向和舆论方向,建构了中国改革开放40年来的媒介议程设置。对其传播的城市报道展开内容分析,可以比较客观地反映中国各类城市形象的变迁过程和发展趋势,探究其背后的历史语境和认知脉络。

需要指出的是,本书的研究仅从媒体呈现的视角来解读中国城市形象的变迁和趋势。由于研究周期较短,不足之处尚多,恳请同行不吝批评指正。

2018年9月
于上海闵行

CONTENTS 目 录

第一章

总 论

城市形象，是指一座城市给予人们的印象和感受，是一座城市从内到外全方位的综合性表现。城市形象，既有城市内在的历史文化底蕴，也有城市外在的物质特征，体现着城市的整体风貌。城市文化形象是一个城市的历史文脉、蕴含的文化精神、核心价值理念、独特文化标志和鲜明气质特色的集中展示与体现，是城市主体对各种城市文化要素，经过长期综合发展所形成的一种潜在直观的反映和评价。

改革开放以来，中国经历了世界历史上规模最大、速度最快的城镇化进程，城市工作的复杂程度已远非当年可比。在这期间，城市形象被赋予更广泛、更深层的意义，特别是在提升城市的国际竞争力、满足城市转型发展的时代要求以及彰显城市的个性和魅力等方面，对现代城市发展起着潜移默化的作用。作为在我国深化改革、扩大开放过程中出现的新生事物，城市形象理论研究方兴未艾。城市形象建设既积累了许多成功的经验，也存在着不少失败的教训。城市形象建设的得与失，对我国城市化的进一步发展和未来的城市面貌将会产生越来越深的影响，值得城市理论研究者深入探索，也值得城市建设实践者不断反思。

第一节 城市形象与媒介形象的概念与历史溯源

一、城市形象 ▶▶

"城市形象"一词最早由美国的城市学家凯文·林奇（Kevin Lynch）提出。在1960年出版的《城市意象》一书中，凯文·林奇提出了"城市形象"的概念。他认为任何一个城市都有一种公众印象，它是许多个人印象的迭合；或者有一系列的公众印象，每个印象都是某些一定数量的市民所共同拥有的（Lynch，1960）。林奇虽然强调城市形象主要是通过人的综合"感受"而获得的,但由于他的研究主要着眼于城市形象设计,因此他更多的是把城市形象看作是对城市物质形态(主要是道路、边沿、区域、节点和标志五类)的知觉认识。其他学者的后续研究进一步丰富了"城市形象"的概念,把城市精神、城市文化以及政府行为、市民素质等内容纳入"城市形象"的内涵体系,从而形成了一个综合性的定义:城市形象是指公众对一个城市的内在综合实力、外显表象活力和未来发展前景的具体感知、总体看法和综合评价,反映了城市总体的特征和风格(陈映,2009)。

二、媒介形象 ▶▷

通常情况下,媒介形象是指媒介的社会形象、公众对媒介所持有的观点和看法,是媒介消费者对于媒介的知觉性概念,是由媒介外在和内在的特征和风格构成的,是人们对于大众传播媒介组织认知信息的总和(喻国明,2011;詹成大,2005)。媒介形象包括两层含义:第一,它定义了"形象"本身乃是作为"介质"存在的;第二,它定义了"形象"乃是通过"媒介"而存在的。"形象"本身作为"介质"存在,意味着媒介形象横亘在人与真实的生活世界之间,构成对于生活世界的遮蔽。人们不得不透过媒介形象体系来观察世界,从而取代了人们的生活世界的直观经验(吴予敏,2007)。

有关媒介形象的研究,可以追溯到19世纪,当时塔尔德(Jean Gabriel Tarde)关注了媒介与现实的关系,且已经意识到书籍、报纸这些当时社会中主要的大众媒介在建立舆论联系中的影响(塔尔德,2005)。到了20世纪20年代,李普曼对媒介形象的相关问题作了系统性的思考。他认为,大众媒介的报道为我们建构了一个虚拟的现实环境,这个拟态的现实环境恰恰是很多媒体受众借以了解现实、作出判断的参照和依据。现代社会越来越巨型化和复杂化,由于人们实际活动范围、精力和注意力有限,不可能对与他们有关的整个外部环境和众多的事务都保持经验性接触,因此,对于超出自己亲身感知以外的事务,人们只能通过各种媒介去了解。这样,人的行为已经不再是对客观环境及其变化的反映,而成了对新闻机构提示的某种"拟态环境"的反映。拟态环境即信息环境,它不是现实环境镜子式的再现，而是传播媒介通过对象征性事件或信息进行选择和加工，重新加以结构化以后向人们提示的环境。大众媒介不仅是拟态环境的主要营造者，而且在形成、维护和改变一个社会的刻板成见方面也拥有强大的影响力（王朋进，2009，2010）。李普曼（1922）在其著作《公众舆论》中最早提出"刻板印象"（stereotype），他认为个人既有的成见或头脑中的图像，在很大程度上影响个体对事物的认知。刻板印象是一种简化和类型化的认知方式，对某一群体中的个体的认知忽略其个体差异，而把群体特征加诸个体。从另一个角度，Merrill（1970）指出，欲去除刻板印象或概括图像是不可能的，因为它们是日常生活中与其他人沟通的基本元素。若我们能认识到对其他人的印象存有偏见，这对文化间的沟通将更正面。我们只有将其他人的印象带到意识层面之后，才能够认真地谈论、批判及审视其成因。在了解刻板印象的来源及成因后，不但有助于我们更审慎地接收这些观念，而且能使我们更小心地创造及传递它们。在这个意义上，形象（image）与"刻板印象"是同义的（Merrill，1962）。在现代社会，大众传媒在刻板印象的形成过程中发挥着重要作用。许多研究者认为，新闻报道中的地方形象与长期以来形成的"刻板印象"密切相关。Relph（1976）认为媒介中的地方形象是通过所谓的"意见领袖"的叙述和记者对刻板印象的使用得以传播完成的。

李普曼之后，许多学者围绕这个领域展开了更加丰富多彩的研究。格伯纳（George Berbner）将电视看成是我们生活中的象征性环境，这个环境能培养受众特定的世界观。在现代社会，大众传媒提示的"象征性现实"对人们认识和理解现实世界发挥着巨大作用。由于大众传媒的某些倾向性，人们在心目中描绘的"主观现实"与实际存在的客观现实之间正在出现很大的偏离（Lippmann，1922）。梅罗维茨（Joshua Meyrowitz，1986）认为"在很大程度上，人们的行为是根据其所处社会所定义的场景塑造和修改的"。梅罗维茨（Joshua Meyrowitz，1986）"将场景看成是信息系统，打破了面对面交往研究与中介传播研究二者的随机区分。信息系统的概念表明，物质场所和媒介场所是同一系列的部分，而不是互不相容的两类。地点和媒介共同为人们构筑了交往模式和社会信息模式"。麦奎尔（Denis Mcquail）称媒介是"社会关系的中介",通过大众媒介,意义被建构,这直接影响着受众对现实世界的理解、接受和实践。大众媒介作为社会结构中的一环,一头连着诸种社会体制,一头通向受众。社会诸方面、诸层次围绕着媒介这一中心相互作用,并扭结成一个整体。传媒也成为关于社会的主要信使(张国良,2003:440)。德福勒(Melvin Defleur)和鲍尔-洛基奇(Sandra Ball-Rokeach)强调了媒介系统与政治系统、经济系统以及其他社会系统间的结构性依赖关系。日益复杂的社会需求使得社会各系统对媒介的依赖成为一种必然。当然,媒介也依赖其他社会系统控制的资源以达成自己的目标(McQuail,2015:99-100)。

第二节 城市形象研究的三种视角

关于城市形象的研究往往从以下三方面展开:一是从政治学或公共行政学的角度;二是从管理学或者营销学的角度;三是从传播学或认知心理学的角度。

一、政治学与公共行政学的城市形象:城市形象、国家形象与政府形象 ▶▶

从政治学或国际关系的角度,媒介形象是政府通过大众传媒所展示和传播的、供公众认知的对象。它或直接或间接地影响公众对政府的社会评价和心理认同(丁柏铨,2009)。20世纪60年代初期,约瑟夫·特雷纳曼(Joseph Trenaman)和丹尼斯·麦奎尔(Denis Mcquail)等人就英国大选展开了对政治人物电视媒介形象传播效果的研究。他们发现,组织的公共形象是确实存在的,比如保守党更忠于传统价值、更多代表上层社会,而工党的支持者对社会持有一种更激进的改革态度。尽管组织的媒介形象在短期内并未对选民的总体政治态度和投票行为产生重大影响,但是小幅度的改变还是存在的。比如,在支持政党的排序上就有细微的变化(Trenaman & Mcquail,1961:324)。

从这个角度出发的研究重点关注政府形象,如黄东英(2010)指出政府形象是一个复合体,它主要由以下两个部分组成:一方面,是政府自我建构的形象,代表着政府对自身性质的认知与功能的界定。比如,政府对自身价值观念、服务对象、发展定位、管理哲学的认识和外在表现,并在行为和视觉上尽量借助办公环境、出版物等传达这种意图和理念。另一方面,是社会公众所认知的政府形象。例如,公众感知到的政府绩效、政府领导人的形象以及国际社会对政府的评价等。其中,传媒报道是公众认知政府形象的主要渠道。程曼丽(2007)认为在形象传播中,首先是要确定形象的基本内涵,以此聚合民心,形成内部共识,然后借助适当的表现形式向外传播,使内容与形式完美地结合起来。丁柏铨(2009)指出,在大众传媒高度发达的当今时代,如何通过媒体展现政府形象,这是各级政府及其机构部门所面临的一个重要课题。政府的媒介形象展现,无疑与担负新闻信息传播重任的大众传媒有关,媒体发挥着载体和中介作用;又与作为传播过程终端的受众(其中大量的为社会公众)有关,政府良好的媒介形象的存在价值取决于公众的认可性接收;同时还与政府本身的现实形象有关,其现实形象是媒介形象展现的基础和依据,因而是尤其重要的。刘小燕(2003)认为政府形象传播应当既包括大众传播媒介对政府行为的解释,以及人际传播、公众传播等对政府行为的解释,又包括政府智囊团(政府智囊团既是政府治国的设计师,又是政府形象建设的参谋)、政府喉舌、公关部门等专门机构对政府形象的设计和塑造。而后者对政府形象设计(或塑造)的运作和结果,最终还要通过传播媒介展示给社会公众。传播媒介对政府行为的"解释"是借助国内外大众传播媒体,在适当的时间和适当的地点,适当地将政府的行为传播给适当的公众,从而对政府形象的构建、扩散起到积极作用。廖为建(2001)提出政府形象的传播有四个层次:一是大众传播的形象推广功能,运用大众传播,既具有对外宣传的功能,又具有对内沟通的功能;二是公众传播的形象塑造功能;三是组织传播的形象管理功能;四是人际传播的形象渗透功能。

二、 管理学或营销学的城市形象研究：城市形象、 城市营销与城市品牌 ▷▷

从管理学的角度，一个国家或城市的形象问题源于该地方营销的需求。从20世纪80年代开始，随着城市之间竞争力的逐渐加剧，在如何提高城市竞争力的方法研究中，许多学者试图通过地方营销计划对城市管理措施的改革来促进城市资产的市场化利用，从而解决城市发展政策和机制的制定和实施问题。到了20世纪90年代，Goodwin（1993）将企业管理的理论和方法引入政府公共管理事务之中，即城市营销，并把城市视同企业，以城市未来作为产品，形成了城市营销的最初思想。Kotler等（2002）在观察了欧美许多快速发展的城市后，发现有些大城市的环境恶化、失业增加、犯罪率提高、城市规划不当、生活质量下降、人口流失、税收短缺，从而造成城市逐渐走向衰败。他认为，在剧烈变动和严峻的全球经济条件下，每个地区都需要通过营销手段来整合地区形象（包括有形的基础设施和无形的文化内涵）资源，使地区形成独特的风格或理念，以满足众多投资者、新企业和游客的要求与期望。Fretter（1993）指出城市营销不仅是将地区销售出去以赢得流动的公司与观光客，而应将城市营销视为城市规划的基础，引导地区往设定的方向发展。城市营销应注重将都市的设施与活动尽可能地与目标顾客的需求与欲望挂钩。营销的过程需要地方政府与其顾客间建立一种新的关系，以需求为导向，而不是传统的都市规划中的以供给为导向。Waitt（1999）提出城市营销对意识形态有很强的依赖，可利用特殊事件来进行城市营销，如城市运动会、商品博览会、全国性艺术节等，真正的利润不在于举办活动本身的盈亏，而在于对城市知名度与形象的强化，以及由此而带来的各种机会。在此基础之上，Gotham（2002）提出城市营销品牌化，他认为营销城市的目的是为强化城市的正面形象，通过旅游和庆典等活动把城市的文化现象连接到更广大的空间中。Avraham（2004）认为，不断加剧的地区竞争以及由移民、投资与就业推动的全球化趋势，使得世界范围内的许多地区为了塑造一个富有吸引力的地区形象，而不断地包装地区自身与组合地区资源。尤其在全球化的大背景下,越来越多人参与国际交流、到国外旅游,因此不同的国家和城市的管理者会尽可能地提升地方的竞争力、创造力和吸引力,在全球资源配置的争夺中占据优势,从而提升国家或城市在全球网络中的地位和作用。正面的地方形象和成功的营销组合是争夺资源的有力工具,恰当的形象策略能对地方经济产生促进作用,并且会进一步改善公共服务和基础设施,提升当地居民对政府的施政满意度(Dunn等,1995;Felsenstein,1994;Gold,1980;Gold & Ward,1994;Hason,1996;Kotler等,2002;Paddison,1993;Pocock & Hudson,1978)。

在城市形象与城市营销的关系上,Kotler(2002)认为,城市形象是城市的内在特质,是城市经济发展的动力来源。在他看来,城市形象是城市内外公众对城市总体的、抽象的认识和评价,它是城市现实的一种理论再现,也是城市同公众进行信息交流、思想联络的工具,代表了一种由个人和集体的意向所支持的现实。根据Hall(1998)的定位说,从外部来区分时,城市是否具有良好的形象同经济发展一样受到重视,因此,城市发展要采纳并执行旨在提升城市形象的计划和行动。通过宣传自身特色来扩大城市影响,对营造良好的城市硬软件环境具有极大的促进作用。

而在城市推广自身城市形象的过程中,必须根据城市的发展战略定位给大众传递一个核心概念,形成品牌,因此这部分的研究通常会把城市品牌和城市形象联系在一起。Keller(1998)认为,像产品和人一样,地理位置或空间区域也可以成为品牌,即城市可以被品牌化。城市品牌化就是让人们了解和知晓某一城市,并将某种形象和联想与这座城市自然联系在一起,让其精神融入城市的每一座建筑之中,让竞争和生命与这座城市共存。Merrilees等(2009)分析出会影响城市品牌的城市属性,并且论证了城市的不同利益群体(如居民和企业家)对城市品牌的感知是不同的,并以此为"过滤器"形成该群体对城市品牌的理解。(Merrilees, Miller & Herington, 2012)。Hanna & Rowley(2011)提出了区域品牌管理模型(place brand-management model),将区域品牌评估、品牌基础设施关系、品牌表达、品牌传播有机地纳入模型中。在品牌评估体系方面,目前国际上影响力较大的城市品牌指数是由Simon Anholt构建的六维度"城市品牌指数",从存在度(Presence)、地点(Place)、潜力(Potential)、活力(Pulse)、居民(People)、先决条件(Prerequisites)六个方面对城市品牌进行综合评估(Anholt,2006)。在国内,现有研究主要是从城市自身发展出发,对于城市品牌进行定性研究。张鸿雁(2002)指出要从城市品牌的创新和"城市文化资本"运作的角度构建城市核心竞争力的主体要素。李成勋(2003)认为城市品牌是一种无形资产,并指出城市品牌定位需要遵守真实性等五大原则。樊传果(2006)从城市品牌形象定位、信息传播策略的拟订、各种传播手段的整合运用等方面,详细论述了城市品牌形象的整合传播策略。

三、传播学角度的城市形象：框架理论、议程设置与认知图像 ▶▷

从传播学的角度看,媒体对事物的报道最终影响人们对事物的认知,这早已为框架理论和议程设置理论所揭示。"框架"最早由社会学家戈夫曼所提出。它主要指人们或组织对事件的主观解释与思考结构。其一方面是源自过去的经验,另一方面经常受到社会文化意识的影响(Goffman,1974)。而当把框架理论引入传播研究领域时,基于李普曼对现实世界与拟象世界的区分,作为人们构建头脑中拟象世界的传媒就使框架更多地具备了动词的色彩,如吉特林(Gitlin)补充认为"框架"形成和发挥作用的一个重要机制就是选择、强调和排除(Gitlin,1980)。从框架分析角度出发,新闻生产本身就是一种社会性生产。在这样一种生产过程中,新闻首要的是一种社会制度,即在信息的传播过程中,传播内容首先是一种"框架性"的生产和输出,而最终传播的效果,要看新闻工作人员、消息来源、受众、社会情境之间互动的结果(黄旦,2005)。

对信息传播过程中,传者阶段框架的形成的关注成为议程设置理论关注的主题,即大众媒介尽管不能决定人们对某一事件或意见的具体看法,但是可以通过提供信息和安排相关的议题来有效地左右人们关注某些事实和意见，以及他们议论的先后顺序。传播媒介是从事环境再构成作用的机构（McCombs & Shaw，1972）。研究发现，与不同的媒介传播形式的接触及其频率在民众态度形成中的作用不同。这间接证明媒介所塑造的拟态环境会对个体就事物的看法产生影响，与此同时，也说明了针对不同的议题，不同媒介所具备的影响效能的差异（徐剑等，2011）。

　　而进一步从认知心理学的角度来看这一问题，城市形象实质上是人们对城市基于知觉的认知。作为心理图像的形象，是主体对外在物体、行为以及事件等事实的认知、态度、评价以及情感的反映。因此，形象并不是与生俱来的，而是经由后天形塑的。而在这种形塑过程中，主体经历的直接经验和间接经验都扮演着重要的角色（陈映，2009）。不过，由于人的感官经验非常有限，因此，来自人际交流和资讯传播的间接经验以及主体的价值信念、期望、需求等因素便成为形塑城市形象的重要因素（陈映，2009；葛岩等，2015）。具体而言，根据人类认知的信息加工理论假设，当面临认知与判断任务时，外部信息进入人脑，大脑记忆里储存的相关信息会被激活，通过"自下而上"（外部信息刺激）和"自上而下"（人脑中已经存储了的知识、观念、态度、价值等）的双向加工形成知觉与判断（安德森，2012）。媒介形象作为外部信息进入人脑，大脑记忆里储存的相关信息会被激活。据此，媒体报道中有关国家或地区的信息会在记忆中储存，日积月累。信息加工理论还说明，外部输入的信息不可能全部储存在记忆之中，大量信息会消失，曾经熟记的信息也可能因为不常提取和使用而遗忘。只有那些进入长时记忆并具有高易得性（accessibility），即容易想到的信息，在相关情境中才可能被迅速提取，并对知觉和判断产生影响。与其同时，信息激活程度决定了长时记忆中的信息被提取的可能性和速度（Fazio, Powell & Williams，1989；Bassili，1995）。由此去看媒体形象，在报道特定事物时，媒体会有较稳定的关注点、解释框架、评价乃至字汇。依此建构起来的媒体形象与社会心理学的"刻板印象"相似，都存在片面性和易得性等特点，故大量媒体研究文献常使用"媒体刻板印象"的概念来说明媒体对于特定事物、族群的稳定的、带有偏见的报道方式。据此，有理由把媒体形象看作一种刻板印象，它是由媒体从业者、媒体制度对所涉对象的一种稳定报道模式(葛岩等,2015)。

第三节 城市形象的类型与城市类型

一、 城市形象的类型 ▶▷

在Kotler等(2002)看来,一个地方的形象可分为以下几种类型:正面和吸引人的,负面的,薄弱的(位于边缘位置而不为人熟悉),混合的(形象中包含正面和负面的元素),或矛盾的(形象在某些人群中是正面的,在另一些人群中是负面的)。从另一种角度看,地方形象也可分为"丰富的"或"单薄的"。"丰富的"形象表示人们对某地的了解比较多,通常形成于多重信源;"单薄的"形象代表人们对某个地方的了解不多,通常形成于单一信源(Elizur,1987)。

对于媒体所呈现的国家、城市和旅游目的地的细致分析,Manheim & Albritton(1984)提出了四种地方形象类型:一是被密集地负面报道;二是要么不被媒体报道,一旦被报道就是处于负面的情境中,而且通常和犯罪、社会问题及自然灾难等有关;三是得到大量的正面报道,如文化活动、旅游活动或投资;四是大部分时间被媒体忽略,但是如果得到了媒体注意,主要也是正面的报道。

Avraham(2004)指出,需要区分新闻媒体中的"单维度形象"(one-dimensional image)和"多维度形象"(multi-dimensional image)。拥有"单一维度形象"的地方一般是那些犯罪、自然灾害等负面事件爆发时,才有可能获得大量的新闻报道的地方,即四种地方形象类型的第二种;不仅如此,当某地被媒体贴上了这样的标签后,只有与标签相符的特定类型活动发生时,该地才会变成这种活动的符号,而发生在那里的其他活动则不会得到报道(Shields,2013;Strauss,1961)。与"单维度形象"的地区不同,拥有"多维度形象"的地区则更接近第三种地方形象类型,即不仅得到大量的报道,而且以正面的形式广泛涉及政治、经济、文化、社会等多个角度。

二、城市类型 ▶▶

有关城市分类的研究很多,但不论是国内还是国外,相关的研究大多是依据城市功能对城市进行分类。

国外的研究可以追溯到20世纪20年代。奥隆索(Marcel Aurousseau,1921)利用一般描述方法把城市职能分成行政、防务、文化、生产、交通和娱乐6大类,每一大类中又分成若干小类。这种描述性分类方法具有主观性强、只反映一个主导职能的缺点,但分析的城市较少或只作大致分类时,有其使用价值(薛莹,2007)。哈里斯(Chauncy Harris,1943)利用统计描述方法,以城市最主要的活动作为分类依据,以从事该活动的人口的比率作为分类标准,把美国605个1万人以上的城镇分为10类,包括制造业城市、零售商业城市、批发商业城市、运输城市、矿业城市、教育城市、游乐休养城市、多职能城市、首府城市及其他城市。这种方法把以前的定性描述进化为定量描述,但仍没有超脱描述性分类的本质,只能反映一个主导职能(薛莹,2007)。波纳尔(Pownall,1953)把城市分成7个规模组,计算了每一规模组城市6种行业的平均就业比重,然后算出各个城市与各行业平均比重的正偏差。任何大于某平均比重的城市职能,就是城市的主导职能。这样,一个城市有可能同属于几个职能类。纳尔逊(Nelson,1955)利用人口调查的劳动力职业统计资料,来衡量每个城市每种职业所占比例与每种职业平均所占比例的差异(标准差),以此作为城镇分类的依据,从而把城市职能分为9类:制造业、零售业、专业服务、运输业、私人服务、公共行政、批发业、金融业和矿业。以纳尔逊为代表的城市职能分类,可以表明一个城市有几个主导职能,也可以反映城市主导职能的专门化程度,却不能反映出在本城市的经济结构中所具有的地位(薛莹,2007)。

国内研究中,孙盘寿和杨廷秀(1984)在研究西南三省城镇的职能类型中,较早利用纳尔逊的方法作为分类的定量标准,把城市的各种职能在全部城市中所居地位作为辅助指标,将22个城市划分为工业城市和综合性城市两大基本职能类型和9个工业职能类型。周一星和R.布雷德肖(1988)将多变量分析和统计分析相结合,先利用沃德误差法的聚类分析取得分类结果,再借助于纳尔逊统计分析的原理对划分出的城市组群进行特征概括和命名。其文章的突出贡献在于提出了城市工业职能概念包含的3个要素:专业化部门、职能强度和职能规模。以这3个要素的相似性和差异性进行分类,这3个要素得到城市研究者的认同,广泛应用于城市职能分类(徐红宇、陈忠暖、李志勇,2005)。张文奎、刘继生、王力(1990)在其文章中依据城市职能把我国城市分为9种类型,依次为工业城市、交通运输城市、商业城市、教育科学城市、行政管理城市、国际性旅游城市、综合城市、非综合城市及一般城市。周一星、孙则昕(1997)在其文章中提出了城市职能三要素的概念和理论,对城市职能进行了深入研究,并对我国城市进行了详细划分。

以上研究基本上是依据城市职能或功能在区域中所起的作用,计算各城市各个行业的专门化指数来进行划分(但涛波、邓智团,2010)。顾朝林(1992)将中国当时大部分的城市归纳到一个一般描述式的基本职能类型表中,把职能体系分成政治中心、交通中心、矿工业城镇和旅游中心4个体系及若干亚体系和若干子集来加以阐述。20世纪末以来,随着研究经验的积累、数据资料更容易获取等便利因素的出现,不论是研究区域的范围和分类选用的数据指标,还是分类结果的应用等方面,都呈现出逐步丰富和完善的趋势(徐红宇、陈忠暖、李志勇,2005)。从分类选用的指标数据来看,一般选用城市市区(不含辖县)的行业就业人口比重为基础数据,或依据研究需要将15个统计行业进行各种归并(徐红宇、陈忠暖、李志勇,2005)。陈忠暖和杨士弘(2001)首次在国内采用对各城市就业人口进行基本和非基本分离的方法,依据各行业的基本就业人口来进行职能分类。继而又考虑到城市外来人口增多的现实,对城市规模人口进行了修正。这些对原始数据的处理,使得用于分类的数据在理论上更贴近城市职能的本质含义。此外,还有将三次产业的就业人口比重作为城市职能分类的重要参考基础的成果(朱翔,1996;陈国生,2002)。

从分类结果的具体应用来看,林先扬和陈忠暖(2003)通过对长江三角洲城市群和珠江三角洲城市群不同的职能特征对比的分析,揭示出它们的共同特征和主要差异，同时从自然条件、地理区位、历史基础、文化传统、形成机制以及发展状况等方面展开成因分析，并探讨了两大城市群的职能发展态势。凌怡莹和徐建华（2003）将竞争型人工神经网络模型，也称Kohonen模型运用于城市职能分类的研究，利用神经网络在模式识别和分类方面的优势，以提高分类的速度和客观性，得出相应的分类结果，并基于这个结果提出了长江三角洲地区城市体系的发展对策。杨永春和赵鹏军（2000）采用纳尔逊统计分析分类法与多变量分析法，对中国西部的79个河谷型城市职能进行了分类。另外，也有学者在城市职能理论研究上做出了有益的探索。汪明峰（2002）从分析城市之间激烈竞争的全球背景入手，从理论上初步揭示了原有职能的增强和新职能的获取是城市间竞争的本质，并以此为基础，建立了分析城市竞争力的理论研究框架。阎小培和周素红（2003）系统地分析了信息技术发展对城市经济、城市文化、城市管理、城市基础设施建设的影响，以及由此引起的城市职能的转变，并分析了信息时代城市职能的转变与相应的发展政策。

三、从城市形象的类型看城市类型 ▷▷

从城市形象的角度对城市进行分类，则应将城市风貌作为一个首要的分类标准与划分依据。城市风貌在某种意义上与城市形象相通：是城市物质环境的视觉形态；是城市范围内各种视觉事物和视觉事件构成的视觉总体；是城市实体环境通过视觉所反映出信来的城市形象。城市旅游形象、城市总体形象、城市别称、官方网站推介用语，还有城市性质、发展目标等都能成为城市形象定位的组成部分。如青岛城市风貌类型表述为"红瓦、绿树、碧海、蓝天"，杭州的城市风貌类型表述为"东方休闲之都"，北京的城市风貌类型则表述为"国家首都、国际城市、历史名城"，等等。在对城市形象进行定位的时候，并没有固定的方法，有的是以城市的自然资源来表达，如苏州的"天堂苏州，东方水城"和重庆的"壮丽三峡，激情重庆"；有的是以城市的历史特色来表达，如西安的"世界古都，华夏之根"和湘潭的"伟人故里，人文圣地"；有的是以经济目标来表达，如上海的"2020年上海要基本建成国际经济、金融、贸易、航运中心之一和社会主义现代化国际大都市"和宁波的"我国东南沿海重要的港口城市,长江三角洲南翼经济中心,国家历史文化名城";还有的城市以特殊的职能来表达,如厦门的"我国经济特区,东南沿海重要的中心城市,港口及风景旅游城市"和淄博的"国家重要的石油化工基地、历史文化名城。鲁中地区经济、科技、信息中心,交通运输枢纽"。种种方法,不一而足(吴伟、代琦,2009)。城市形象本身即为一个复杂的系统,内涵丰富,形态多样。如果简单地利用不同维度的城市风貌的特点作为标准划分城市类型,并不能解释每种类型城市的本质特征、内在联系和发展规律。综合学者对城市形象的类型和城市类型的阐述,本书拟将城市分成以下几类并按照不同类别展开分类研究:第一种是特大型综合性为主的城市;第二种是较大规模的专业化城市;第三种是小型但具有特色的城市。

第四节　城市形象的媒介识别: 另一种视角下的城市发展史

一、城市史的研究 ▷▷

城市史的研究传统可追溯至18世纪(曹康、刘昭,2013)。在城市史作为一门独立的学科前,曾经受过其他学科的巨大影响。对城市史的产生与发展做出过积极贡献的是社会学与历史学。在社会学上,19世纪末至20世纪初,德国社会学家腾尼斯(Ferdinand Tönnies)提出了通体社会和联组社会的概念。前者指小规模的、有内聚力的、紧密团结在一起的共同体;后者指由现代城市或国家组成的庞大而复杂的"大社会"。法国社会学家迪尔凯姆(Émile Durkheim)把对社会的主要关注都放在研究那些失去了稳定社会规范引导的人们以及他们惶惑不安的心理状态。西美尔(Georg Simmel)也论述城市社会对人们心态的影响(斯特龙伯格,2005:412)。恩格斯也一直关注城市问题,其《英国工人阶级状况》用数据讲述了英国的工业革命从生产到建设再到大城市的发展给英国带来的巨大变化。马克斯·韦伯(Max Weber)则以更精确的历史分析方法考察了大量城市。到了20世纪20年代,美国的芝加哥学派主要对城市社会空间结构进行了系统详尽的研究,带动了社会学范畴内的城市历史探讨,这些对于城市问题的探讨促进了社会学研究快速发展,也构成了城市史研究兴起的理论背景(陈恒,2007)。

从学科本身来看,城市史属于新文化史的一个分支,是新史学发展的必然结果。二战以后的西方史学界发生了两次重大变化。一是自20世纪50年代中期以来的"新史学"(又称"社会史")挑战了以兰克(Leopold von Ranke)为代表的传统史学,社会史逐渐取代了政治史,从而成为史学研究的主流。这一时期的主要史学流派有:法国年鉴学派、英国马克思主义历史学派(或称"新社会史学派")、美国的社会科学史学派等。其中,法国年鉴学派影响最大。二是到了20世纪70年代后期,肇始于法国的"新文化史"(又称"社会文化史")取代"新史学"成为西方史学界的新宠(陈恒,2007)。

为了区别以布克哈特(Jacob Burckhardt)、约翰·赫伊津哈(Johan Huizinga)等人为代表的文化史,1989年,亨特(Lynn Hunt)在《新文化史》中首次将这种史学流派称为"新文化史"。需要特别注意的是,在新文化史学(政治史→社会史→新文化史)成为主流以后,传统史学并未寿终正寝,而是继续存在和发展,并与新史学相抗衡,只是大势已去而已。在新文化史家看来,文化并不是一种被动的因素,文化既不是社会或经济的产物,但也不是脱离社会诸因素独立发展的,文化与社会、经济、政治等因素之间的关系是互动的;个人是历史的主体,而非客体,他们至少在日常生活或长时段里影响历史的发展(陈恒,2007)。因此,研究历史的角度发生了变化,新文化史家不追求"大历史"(自上而下看历史),而是注重"小历史"(自下而上看历史)的意义,即历史研究从社会角度的文化史学转向文化角度的社会史学,从过去注重对历史因果关系的探究转变到对事物和事件意义的探究(Gordon,2004)。

新文化史持久追求新话题,自然会把最能表达西方文明本质的城市作为研究对象。城市史研究涵盖的领域非常广泛,不仅研究城市的起源、嬗变,研究城市本身的历史与文化,研究城市与人、自然之间的关系,研究城市设施、居民生活与礼俗的变迁,而且还要研究那些有关城市的理论(陈恒,2007)。西方人关注城市,最早可追溯到希腊神话、史诗以及哲人、地理学家、历史学家的记述。苏格拉底曾说:"乡村的旷野和树木不能教会我任何东西,但是城市的居民却做到了。"(Kotkin,2006:31-32)到了中世纪,"城市使人自由"又成了人人皆知的谚语。自20世纪早期以来,这一切都发生了改变。伴随着有关城市史的期刊与出版物的诞生,科学的城市史已经真正建立了起来:城市史研究组织越来越系统化,城市研究的主题越来越明确,其理论与方法也越来越能反映出自身的本质特色,城市研究空前繁荣。随着城市的快速发展,自20世纪20年代以来,西方世界陆续成立了一些城市史专业组织。这些专业团体是学科发展的重要支撑,更是一个学科成熟的标志(陈恒,2007)。

　　作为一个学科的城市史,首先是在第二次世界大战前后那几年间出现于美国,施莱辛格(Arthur Schlesinger)、韦德(Richard Wade)的著作促进了这一学科的发展。施莱辛格以城市的方法解释美国历史,这标志着学术界对城市史持久兴趣的开始(Higham,1983)。20世纪60年代,美国城市危机引起了"新城市史"研究(Tosh,2013:129)。"新城市史"在很大程度上是基于这样的假设前提:可以通过分析美国人口普查的各种表格及其相关的其他各种数据(特别是税收记录、城市姓名地址簿、出生、结婚和死亡登记簿)来重建城市中不断变化的社会结构(Tosh,2013:251)。兰帕德(Eric Lampard)1961年发表的《美国历史学家与城市化研究》(*American Historians and the Study of Urbanization*)主张研究城市化过程的城市史,因而与传统的方志式城市史区别开(于沛,1998)。这一时期掀起城市史研究热潮,一方面相关研究扩展到经济、社会、地理、人口等领域,主要是城市化进程中出现的各种问题,如犯罪、疾病等;另一方面研究组织与研究期刊相继创立,学术会议多次举办,研究专著成批涌现,大学专业课程纷纷开设(姜芃,1996)。到了20世纪70年代,一些城市专题性问题成为研究重点,但欧美各国由于国情不同,研究侧重点也不同。在新史学问题导向型的思路下,美国关注社会流动性、人口流动、城市交通、文化教育、城市美化等方面的问题(俞世恩,2000),力求挖掘不同年代出现的经济和社会问题的历史根源(黄柯可,1997)。

与此同时,法国在20世纪60年代兴起了以马克思主义为指导进行城市研究的思潮,其代表人物是勒费弗尔(Henri Lefebvre)、哈维(David Harvey)、卡斯特(Manuel Castells)。他们把社会空间引入马克思主义研究之中(Katznelson,1993:92),被称为"新马克思主义城市学"。该理论主张在资本主义生产方式的理论框架下去考察城市问题,着重分析资本主义城市空间生产和集体消费,以及与此相关的城市社会阶级斗争和社会运动(张应祥、蔡禾,2006),研究方向偏重于城市经济、政治体制、城市环境等方面(曹康、刘昭,2013)。20世纪80年代后,城市史研究进入第二个繁荣时期,一方面美国的城市史研究百家争鸣,研究拓展到城市内部发生的任何事件,研究视角与研究方法更加多样(于沛,1998)。另一方面,随着亚洲、拉美等地区成为城市化发展的主战场,城市史研究也变得"全球化",研究对象不再以欧美地区的城市为主,欧美以外地区的城市史研究梯队也在逐步形成(曹康、刘昭,2013)。

中国城市史研究有着悠久的传统,其渊源可追溯到古人对于都城、城市的记录和考察,《洛阳伽蓝记》《长安志》《唐两京城坊考》《东京梦华录》《武林旧事》等,均可归入广义的城市史著述。近代意义上的城市史研究起步于20世纪二三十年代。1926年,梁启超发表《中国都市小史》《中国之都市》等文,实开近代意义上的城市史研究之先声。20世纪30年代,陶希圣、全汉昇等人关于长安、古代行会制度的论文为城市史研究的起步。侯仁之潜心于古代城市研究,其对于古都北京的研究,对后来古都学的兴起,起了重要作用。以柳亚子为馆长,以胡怀琛、蒯世勋、胡道静等为骨干的上海通志馆学者悉心搜集资料,进行上海城市史专题研究,于1934—1935年分别出版了4期《上海市通志馆期刊》,实开中国近代城市史研究之先河。后因抗日战争爆发而中断。抗日战争胜利后,上海通志馆于1945年9月恢复工作,1946年改组为上海市文献委员会,先后编写、出版多部研究上海这座城市的著作。20世纪50年代至60年代中期,大陆学者或对洛阳汉唐城址进行开拓性勘查,对洛阳在汉唐的形制变迁进行研究;或对古代城市兴起与发展进行系统探索;或对近代上海城市功能进行资料梳理和初步研究。同期，许倬云等台湾学者探讨了周代都市的发展与商业的发达等问题（熊月之、张生，2008）。

改革开放以来，中国城市数量迅速增多，体量增大，城市在中国社会生活中比重日益加大。与此相适应，中国学者加强了对城市史的研究，有关科研单位与科研管理机构也加大了对城市史的重视与投入。城市史逐渐成为中国史学的一个新的分支，其研究日益兴盛（熊月之、张生，2008）。着眼于解决我国城市发展中所出现的城市问题，以钱学森为代表的一批学者倡导建立我国的城市学，提出城市学"是城市的科学，是城市的科学理论"，"城市学要研究的不光是一个城市，而是一个国家的城市体系"（钱学森，1985），"城市的起源、兴衰与历史演变"是城市学的重要组成部分（鲍世行、顾孟潮，1994：149，155）。城市学是在我国城市研究发展的基础上提出的，是对城市研究本身的一种理性反思。城市史既是城市学的分支学科，又是历史学的重要部分（傅崇兰，1985）。在开拓自己城市史研究的同时，中国的城市史研究也引用了西方城市研究的一些理论和成果。也就是说，包括中国学术界在内的城市史研究正逐步开始同外国的城市史研究接轨（张冠增，1994）。中国近代城市研究是从单体城市起步的（何一民，2000）。作为单体城市研究的延伸，20世纪90年代中期以后，城市研究向两个方面发展：一方面是向内的取向，对城市内部区域、人口、功能、结构的深入剖析；另一方面是向外的取向，编写城市通史。近代城市史研究呈现单体城市研究与类型城市、区域城市研究并进的局面（熊月之、张生，2008）。

与此同时，改革开放以来，尤其到了20世纪八九十年代以后，国际同行与中国学界的互动增多，既参与中国学术界的讨论，也回应了中国学术界提出的问题。加州大学伯克利、洛杉矶、圣芭芭拉等校区，德国海德堡大学汉学系，法国里昂第三大学汉学系等单位，成为中国城市史特别是上海史研究的重镇，这些学校中的许多著名学者都有在中国做较长时间访问学者的经历，与中国学者有广泛的接触与交流，他们的研究成果对于中国同行的研究有广泛而深入的影响。同时，影响总是互相的，中国学者针对公共空间、市民社会等问题进行的研究，都是国际学术界感兴趣的话题，尽管语境不同，但从中可以看出中外学术的积极互动。在资料掌握、理论分析、研究方法诸方面,中外学者既有互通有无、互相切磋的方面,也有见仁见智的方面,比如,对施坚雅城镇体系分析模式的补充,对冲击——反应模式的补充,都反映了中国城市史学界既有国际眼光又自具特色,既延续传统又有时代特点(熊月之、张生,2008)。

二、媒介与城市 ▷▷

纵观以往的城市研究与城市形象研究,往往是就城市论城市或者就形象论形象,城市发展史更多的是编年史研究,抑或是重大事件的研究。事实上,城市形象的决定性因素是这个城市本身的质地和变化。本书试图通过与城市形象相关的媒体报道来反映改革开放后中国城市政治、经济、文化的变化,通过城市形象变迁的描述反映城市在时代转型中的政治、经济变化。正如前文所述,媒介形象本身是稳定的,但稳定性受城市质地的变化而变化。本书研究的重点是媒体报道呈现出的城市形象及其背后的城市固有的质地所发生的变化,试图探究这样的变化为什么发生以及如何发生。

有关城市与媒介的关系的研究由来已久。20世纪初,芝加哥社会学派的帕克就在研究城市与媒介的关系。在帕克看来,城市是一种心理状态,是各种礼俗、传统构成的整体;城市不仅是地理学和生态学上的一个单位,它同时还是一个经济单位,我们完全可以把城市——包括它的地域、人口以及相应的机构和管理部门——看作一种有机体。而城市中的媒介促进城市人口既频繁流动又高度集中,从而构成了城市生态组织的首要因素(Park,1915)。随着时代的发展,国家之间、城市之间的关系更像是一种网络系统,而非生态意义上的有机体,不同国家和城市,其竞争又合作的复杂关系犹如复杂的网络一样交织在一起。数字技术改变了城市的生活方式、生存空间以及人与人、人与环境之间的关系。在这一过程中,真实地点与虚拟场所相互依存,信息传播在其中起到了十分关键的作用(王华,2013)。研究媒介如何呈现并传播这个城市,涉及的是传播与城市文化认同的关系、网络传播与城市日常生活的关系以及由此延伸出来的诸多相关性话题,给当前城市传播研究注入了新内容。

三、城市形象的"三力"指标评价 ▶▷

城市形象作为一种软实力和一种精神力量,是城市综合实力的重要影响因素,是城市在全球网络中的影响力、地位形成的关键。认识和评估城市的吸引力、创造力、竞争力,要符合城市形象的未来功能定位要求。

围绕全球城市的发展,城市指标体系研究在21世纪发展得如火如荼。英美两国的商业机构(包括咨询公司、网站等)、智库(第三部门、大学等)和媒体竞相发布各类城市排行榜,并力争引领全球城市的定义、标准和意涵的建设的话语权。

围绕城市吸引力,这方面的研究主要集中在文化和旅游层面,如伦敦市长办公室和英国智库研究机构发布的《世界城市文化报告》,从文化遗产、图书出版、电影和游戏、表演艺术、人才培养、文化活力和多样性6个方面评估全球32个城市的文化发展。从2010年开始,万事达卡国际组织一共发布了7次《全球旅游目的地指数》,结合全球经济和世界贸易流动情况,根据受调查城市入境旅客人次以及在受调查城市的消费额等因素展开调查研究。

围绕城市创造力,由澳大利亚知名咨询公司2thinknow发布的《全球城市创新指数》,包括文化资产、人力资本、市场网络和专利授予4个方面162项指标,从2007年开始一共发布9次,覆盖445个城市。创业基因(Startup Genome)于2017年首次发布《全球创业生态系统报告》,共覆盖20个城市。

围绕全球城市竞争力,日本"森纪念财团"城市策略研究院发布了《全球城市实力指数》,包括经济、研究开发、文化交流、居住环境、空间和交通便利性5个领域的63项指标,从2008年开始一共发布10次,覆盖40个城市;中国社科院城市与竞争力研究中心从2008年开始发布《全球城市竞争力报告》,包括全球城市竞争力产出指标、要素指标和产业竞争力指标等,共覆盖500个城市。

这些数据的发布都在一定程度上定量比较了全球城市的发展状况,但存在着如下问题:底层数据不清晰,主观数据和客观数据的界定标准不统一，前瞻性研究不够，以互联网为代表的新媒体等数据基本缺失；部分指标意识形态差异明显，歧视东方文化，许多排行报告还在许多重要数据存在着明显的差错和矛盾，科学性不够。

城市的"吸引力""创造力""竞争力"，实则是城市综合实力的不同体现。城市吸引力，主要表现为对投资、游客和居住者的吸引，包括城市环境吸引力、交通便利性、城市生活吸引力、经济吸引力、文化吸引力、信息传输速度、旅游吸引力等指标。城市的吸引力显示出城市的整体精神风貌，是一种城市魅力的展现，作为一种软实力、一种精神力量为城市的经济社会发展提供指导，并作为城市灵魂构成城市综合实力的内核。没有吸引力的城市，绝无可能成为真正意义上的全球城市。城市的吸引力决定了城市的对外形象，是城市综合实力的重要影响因素，是城市在全球网络中的影响力、地位与竞争力形成的关键。城市的吸引力是城市创造力发展的源头，为创新、创意、创业的资本要素、人力要素、资金要素的集聚提供了原动力。

城市之所以具有吸引力根本在于有创造性与活力，即城市的创造力是城市发展的内在动力体系，是最有效、最快捷地将现有资源和科学技术转化为现实生产力的能力，主要体现在创新、创意、创造、创造力环境四大方面。城市创造力体现在为经济发展、自身发展增值，创造利润。城市创造力通过创新、创意、创业等行为不断驱动新产品的研发、生产、市场化，实现了城市文化、社会、人力资本的发展壮大。城市的创造力与城市的制度文化密切相关。从某种意义说，一个城市的创造力在很大程度上取决于城市制度的定位。如果制度层面上能将城市创造力视为城市发展的第一动力，加大激励机制，激发全员的创造力，那么城市发展中就能不断涌现新的经济增长点、企业品牌等，从而实现城市资本的增值和城市经济的持续发展。

以城市的吸引力与创造力为双轮驱动的城市竞争力，是一个复杂的混沌系统，资金流、人口流、物流、信息流、研究开发水平、城市网络等其众多的要素和环境子系统以不同的方式存在，共同集合构成城市综合竞争力，是城市综合效率的体现。提升城市竞争力，必须增强以城市基础设施为依托的综合承载力。以城市基础设施为依托的承载力体现为城市的形象魅力，即对外吸引力，它构成了城市的基础竞争力，是城市化水平的重要标志。城市综合竞争力的积聚和发展，与城市创造力水平息息相关。提升城市竞争力，关键在于有效激发创造活力，完善城市的创新、创意、创业功能系统，改善城市的生态环境，加速城市网络建设，实现资金流、人口流、物流、信息流、技术流的快速流动，进一步增强城市的吸引力，形成各种创造力竞相迸发、智慧和智力竞相涌流的良好局面。

第二章

城市形象媒体识别的研究方法

从实证的角度考察城市的形象，其中一种方式是民意调查。但这种方式只能反映现时的结果，而无法进行历时性的比较和分析。因此，为了全面考察改革开放40年来中国城市形象的变迁，本研究采用了基于媒体报道的内容分析法。随着大众媒体的发展，人们实际生活在李普曼所言的"拟态环境"。也就是说，人们不再是通过自己的亲身经验去感知世界，而更多的是通过媒体供给的信息去了解和建构世界。因此，媒体所构建的城市形象已经成为公众认知城市的重要入口，也成为我们考察城市形象变迁的主要素材。

第一节　城市媒介形象的基本研究方法

本研究立足城市形象理论的一般规律与中国城市形象的演化特点，结合经济转型与社会发展背景下中国城市形象建设的实际需求，选择12个中国城市为研究对象，采用的方法是内容分析法。作为一类广泛使用于城市形象与国家形象及其相关研究的方法，内容分析能够量化分析媒体报道的内容，较为客观、准确地描述一个国家或地区在世界主要媒体中的形象的基本特征和变化趋势。将其运用在城市形象的研究中，也能较为客观、准确地描述该城市在国内主要媒体中的形象的基本特征和变化趋势。

一、定性与定量相结合 ▷▷

本研究所采取的内容分析法，以系统方式结合使用定性和定量两种方法，可以从对象城市被报道的总量、倾向性、重点关注的领域等方面实证分析其形象变化的趋势。除了运用定量的内容分析方法，本研究还对每个城市的媒体报道进行定性的文本分析，从而使得研究结果更为客观、全面和准确。

二、对比分析法 ▶▷

从城市本身的角度,任何城市都有其特定的资源禀赋,所拥有的或呈现的城市精神与城市文化也有其特性。通过对比不同城市的报道的时间分布、主题、篇幅等多个方面,勾勒出丰富、生动的中国不同区域与不同体量的城市所呈现的形象。

第二节　研究对象与样本选取

研究中国城市形象的变迁,既要考虑到改革开放以来中国城市化发展的共性,又要考虑到不同地域、不同体量的城市形象的个性。因此,挑选城市形象变迁的研究对象,既要跨越城市的边界,覆盖全国,对于各个区域、不同发展程度的城市都要有所涉及;又必须在有限的研究范围中挑选最具有代表性的中国城市,从而确保能全面综合地反映整个中国城市发展中城市形象的发展历程。基于以上考虑,本研究选取三个层面的城市作为研究对象,分别为超级城市、省会级中心城市和特色城市。所选取的超级城市的基本特征是其作为一个经济体的总体发展规模和水平。超级城市是中国城市发展中最具代表性的样本,研究这部分城市的城市形象,可以对中国最发达城市的形象变化有一个总体的把握。在超级城市之外,为了能更好地反映中国不同区域的城市的发展历程中呈现的城市形象,本研究依据中国的经济发展、文化教育、工商业等多个方面的综合考虑,从中国的西部、中部、东南部和北部挑选了四个省会城市,这些省会级中心城市在其所在区域内的政治、经济、文化等社会活动中处于重要地位,并在该区域具有主导作用和对周边城市的辐射带动作用,选择这四个城市作为研究对象,可以较为全面地把握中国各个区域的城市发展历程中的城市形象变迁。在超级城市与省会级中心城市之外,我们也不能忽略体量不及上述城市的广大中小城市,因此本研究挑选了四个极具发展特色的中小城市,从而能更好地反映出中国城市形象的多元性。

在数据来源的选择上,为了全面地解读改革开放40年以来中国城市形象的变迁历史,在综合考虑报纸的代表性和时间跨度的基础上,本研究选择了《人民日报》作为数据来源。《人民日报》作为中国共产党的中央机关报,已成为全世界最重要的国家主流媒体之一,其刊载的每一篇新闻报道都反映了党的政策走向和舆论方向,建构了中国改革开放40年来的媒介议程设置。对其传播的城市报道展开内容分析,可以比较客观地反映城市形象的变迁过程和发展趋势,探究其背后的历史语境和认知脉络。

针对超级城市和省会级中心城市,本研究采取科学抽样方法,以保证样本对总体的代表性。自2018年1月开始,研究者使用《人民日报》图文数据库(1946—2018)在"标题"栏利用所研究的"城市"作为搜索关键词,对《人民日报》1978年1月1日至2017年12月31日的全部报道加以搜索,获得了研究总体和子总体的主要参数。对于超级城市,研究者把1 000个样本按照各年度报道的数量做配额分配,使其获得的年度样本配额比例与《人民日报》年度报道在总体中所占比例对应。对于省会级中心城市,研究者选择600个样本按照各年度报道的数量做配额分配,使其获得的年度样本配额比例与《人民日报》年度报道在总体中所占比例对应;最后,研究者使用随机数字生成方法对各报每年度的报道做简单随机抽样,获得最终样本。对于特色城市,研究者使用《人民日报》图文数据库(1946—2018)在"标题"栏利用所研究的"城市"作为搜索关键词,对《人民日报》1978年1月1日至2017年12月31日的全部报道加以搜索,由于特色城市总体报道数量有限,研究者选择对全部报道进行直接编码并分析研究。

第三节　先 导 研 究

研究者在2018年初开始了项目的导航研究。该研究的目的是使用相对较小的样本,检验研究设计理论上的合理性和实践上的可行性。导航研究借助认知心理学和传播学相关理论,形成了通过内容分析方法理解城市形象塑造的研究框架,建立可操作的编码表。在导航研究中,研究设计获得了必要的检验,为扩大研究范围做好了准备。

正式编码前,研究小组分年度在《人民日报》中随机抽取10%的样本作为试验样本。每份试验样本由2～3位研究人员使用初级编码表独立编码,并通过四次会议讨论编码结果,反复讨论界定每一指标的明确涵含义,于2018年4月形成完善的编码表。之后,10名或为传播学在读硕士、博士研究生,或拥有信息科学、法学、心理学硕士或博士学位,并获得训练的编码员参与正式编码。每份样本由2位编码员独立编码。编码结果信度检验结果均超过0.8(Holsti),表明编码规则具有较高的客观性;余下的编码间差别通过讨论获得解决。2018年6月完成全部导航研究样本编码。

第四节　编码条目与编码框架

在先导研究中,研究者对于抽取的1 000个样本逐一细读,编码的条目是在细读过程中逐步建构的,具体分为如下几个大类:

(1)报道的基本特征:篇幅(小于等于500字为短篇,501～2 000字为中篇,2 000字以上为长篇)、是否包含图片、是否涉外。

(2)报道的向度:分为"正面""中性""负面"三种。

(3)报道主题:包括政治、经济、文化(包含教、科、文、体)、社会民生等。将所有关于一座城市的报道按照主题分类,可以大致了解每个城市报道内容的主要方面,从而把握不同城市在不同时间范围内形象呈现的基本面。

(4)报道对象:包括政府、企业、事业单位(医院、学校及其他科研机构等)、民众、环境等。通过对报道对象的分类编码,可以分析出不同城市在城市形象的塑造中扮演主要角色的主体差异。

(5)报道产业:第一产业、第二产业、第三产业以及其他不涉及产业的报道,主要反映一个城市在改革开放历程中的产业发展变迁,从一个侧面反映出城市在不同时间范围内的形象呈现的区别。

(6)关键词:包括改革、开放、创新、发展、治理。通过报道关键词的分类编码,可以直观地了解40年来不同时期、不同城市在改革开放方面的媒体呈现,可以更清楚地展现改革开放在各个城市的具体内涵。

(7)报道所采用的框架:本研究根据各个城市报道的宏观命题的类似程度,所有报道均可纳入其中“三力”框架中。所谓的“三力”是指吸引力、创造力和竞争力。这是习近平总书记于2017年参加十二届全国人大五次会议上海代表团审议时,从全球城市的高度提出的未来城市功能定位要求。事实上,增强全球吸引力、创造力、竞争力不仅是上海建设全球城市的迫切需要,也是中国其他城市的战略目标与发展方向。对于超级城市而言,对标国际一流城市,从长期看是其重大的发展目标,因此这些城市“三力”中每个维度的建设都是其城市形象呈现的重要方面;对于省会级中心城市而言,则应重视并提升“三力”中多个维度的建设和呈现;对于特色城市而言,往往会侧重其中的一个“力”进行呈现。

第三章
中国超级城市形象发展40年

中国改革开放的深入推进，叠加全球化的世界潮流，让许多中国城市开始深入参与全球区域的竞争。其中，以北京、上海、广州、深圳为代表的四座超级城市，其体现出的城市综合实力和可持续发展能力已经处于全国领先的地位，在全球城市网络的中的地位和影响力业已彰显。对中国超级城市的报道在篇幅深度上则显著突出，内容覆盖面广，因而其城市形象拥有"多维度形象"的基本特征。

第一节　北京40年：展现中国崛起形象的首善之城

北京是伟大祖国的首都，是迈向民族复兴的大国首都，是全国的"首善之区"。在大众眼中，北京是古代中国与现代中国的重合体，是兼具文化、历史与当代成功商业故事的"魅力城市"，是中国政治与文化的中心（朱锋，2008）。正因为如此，在中国的众多城市中，北京的独特之处就在于，北京的一举一动，往往会引起全国的关注，成为一种行动的价值标杆和取向。

北京是一座既古典而又现代的伟大城市。以召公封于燕为标志，北京建城已经有3 000余年。从元代算起，北京作为统一国家的首都已有700余年历史。北京作为中国的首都城市，在历史的发展中早已形成了它有特色的城市精神和城市形象。张英进（2007：96）将"北京形象"所具有的特征总结为以下几个方面：首先，北京是一个包裹在大自然中的城市，这一形象表现为很多方面，其中最常见的是对北京城各处的自然之美的赞叹。人们把北京无处不在的自然之美看作世界上其他任何首都都无法比拟的。其次，在北京这座城市里，传统的乡村价值观占据居民心态的主导地位。这使得北京这个城市浸润在复杂的人际关系网中。最后，北京这个城市的构形，主要是用空间来表达的；考虑到空间在北京渗透得如此彻底，对北京人的日常活动来说,时间就变得无关紧要。而这些方面叠加起来,就构成了北京的城市总体形象,即古都的景象。

改革开放以来,北京以其特有的地位和文化内涵成为中外文化交流的窗口。北京古都的固化形象也逐渐发生变化,尤其进入到 20 世纪 90 年代,北京城正以日新月异的高速度改变容貌。在作家笔下,这种巨变意味着北京"古都"形象的连续感、稳定感与传统感正在经历变化,如杨澄(2008:14)所描绘的北京城:成片的老街区纳入拆迁计划,一个个"拆"字布满了绿荫轻洒的胡同。很快,一条熟悉的胡同没了,取而代之的是高楼小区,马路边时常光顾的店铺不见了,一座座玻璃幕大厦矗立在城市中央闪闪发光;而在媒体报道中,北京则是随着改革开放又使美丽的北京生机盎然,再展新姿。毫无疑问,北京的巨变得到了主流媒体的肯定。到了 20 世纪末至 21 世纪初,中国主动争取加入 WTO,北京申办并成功举办 2008 年奥运会,更表现了具有悠久历史的东方文明古国和北京这座古老的城市面向世界、走向世界的勇气、自信心和勃勃生机。从"人文北京、科技北京、绿色北京"到建设中国特色世界城市,北京"开放、兼容、进取"的文化内涵再一次被赋予了新的内容,为首都城市精神增添了新因素。作为展示城市形象、引领城市发展的一面旗帜,城市精神已经成为城市文化传统的核心和城市的现代发展与建设所能够传承的传统,因此,将"爱国、创新、包容、厚德"的北京精神融入城市形象的建设中,并在此基础上发扬光大,成为一种文化的自觉,是摆在这座城市目前的一个重要课题。

作为 2008 年奥运之城的北京,原先它的城市发展和形象塑造是"古都、首都和国际化大都市"。但在 2004 年北京的人大会上,政府工作报告中提出了城市发展与城市形象塑造新的理念定位,即未来的北京是首都、世界城市、文化名城、宜居城市。古都与文化名城相比较,显然后者的内涵更为丰富。北京不仅承袭古都的名分,而且更要凸显其文化的底蕴优势和提升城市文化的品位。

在全球化的背景下,如今的北京不但是我们的首善之区,也是世界瞩目的最能反映中国物质文明与精神文明的一面镜子。在新媒体崛起、国内外媒体也不断加大对北京的报道的今天,研究北京的城市形象的媒体识别是重要而且也是必要的,因为这一方面反映了北京40年来的发展之路,另一方面又塑造了中央乃至全国人民对北京的认知框架,而这些特征又将在某种程度影响北京未来发展的趋势。

基于此,本研究运用《人民日报》图文数据库(1946—2018),通过关键词搜索得到1978年1月1日至2017年12月31日涉京报道共31 794篇(其中去除了所有北京地区天气预报的报道),通过抽样的方法分析这些报道的基本特征,并从关键词、重大事件、"三力"(吸引力、创造力、竞争力)等分析框架进行内容分析,从而能较为客观、准确地描述北京在国内权威媒体中的城市形象的基本特征和变化趋势。

一、总体综述 ▷▷

基于样本,本研究以《人民日报》涉京报道的时间为参考轴,从篇幅、报道向度、报道是否涉外等方面对报道进行描述,以勾勒出这些报道的基本特征。

(一)《人民日报》涉京报道的时间分布

从报道的时间上看,《人民日报》关于北京的报道呈现出阶段性的特征(见图3-1)。从1978年开始,一直到1990年北京举办亚运会之前,报道数量整体呈上升趋势;从1990年开始到1993年,由于亚运会的举办以及首次申办奥运等事件,这一阶段的报道数量在前期出现了小幅增长,但是随后又马上降低;从1994年直到2002年,这段时期内报道量都处在一个相对比较低的位置;2003年,非典肆虐全国,同时北京还肩负奥运筹备的重任,从这一年开始,对北京的报道量逐渐提升,并且于2008年奥运会期间,达到报道量的最顶点;随后,从2009年开始,报道量逐渐回落。我们可以据此判断,《人民日报》关于北京的报道数量存在着时间性的特征。

进一步分析报道年份与报道量之间的关系,可以发现有关北京的报道大致分为四个阶段:① 1978—1989年,改革开放伊始阶段;② 1990—2002年,北京亚运会与申奥工作阶段;③ 2003—2008年,奥运会筹备及举办阶段;④ 2009—2017年,后奥运时代的发展阶段。每个阶段都有各自的"标

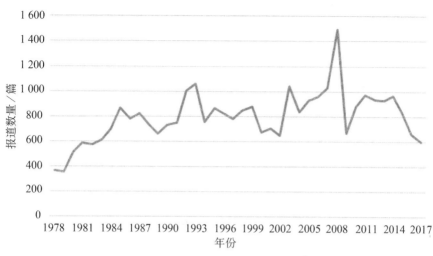

图3-1 1978—2017年《人民日报》涉京报道数量分布

志性事件"作为时间节点;使用方差分析发现,$F(3, 36)=9.478$,$p=0.000$。Tukey(图基)的事后检验程序表明,第一阶段的报道量($M=629.75$,$SD=164.06$)和第二阶段($M=808.85$,$SD=122.97$)、第三阶段($M=1048.50$,$SD=232.698$)、第四阶段的报道量($M=825.67$,$SD=145.176$)都有显著差异;除此之外,第二阶段和第三阶段的报道量也有显著差异。

(二)《人民日报》涉京报道的篇幅变化趋势

对时间段分类变量和篇幅长度变量[①]交互影响的观察,与前两个时间段相比,2003年后中长篇的报道增多。卡方检验显示,差异十分显著($\chi^2=91.272$,$p=0.000$,p 值为双侧,下同)。可见,《人民日报》对北京的关注度随着改革开放的不断推进而不断增强,不仅在"标志性事件"(如1990年北京亚运会和2008年北京奥运会)的当年有大幅报道,而且事件发生所处的年份成为前后报道量和报道篇幅的分水岭。

与此同时,对《人民日报》有关北京的报道进一步分析,研究图片的出现频率和报道时间段的交互影响,可以发现时间段的变化和是否有图片

---

① 本研究将报道的篇幅分成短篇(小于等于500字)、中篇(501~2 000字)和长篇(2 000字以上)。后同。

这一事实有很大关系，越往后的时间段，图文并茂的报道越多，卡方检验显示不同时间段的差异十分显著（χ^2=44.372, p=0.000）。这说明随着时间推移，《人民日报》采用了更加多元的方式报道北京，使得报道的可读性大大提升。

（三）《人民日报》关于北京的涉外报道变化趋势

以前述时间段为划分标准，分析《人民日报》关于北京的报道中涉外报道所占的比例。研究发现，这个比例并不是随时间的推移而上升的，涉外报道比例最高的是改革开放伊始的阶段，样本中涉外报道的比例达到30.7%；其次是第三个阶段，也就是奥运会筹备及举办阶段，该比例达到28.1%；再是第四阶段也就是后奥运阶段，涉外报道占比为17.7%；最后是第二阶段，涉外报道占比为16.4%。卡方检验显示，不同时间段的差异十分显著（χ^2=23.026, p=0.000）。假定样本对于总体有一定代表性，这说明改革开放初期北京在官方媒体中呈现的形象的国际化属性非常鲜明，随后的时间段内，其国际性有所削弱，直到奥运会的举办开始才有所增强。一种观点认为，改革开放初期，北京作为首都承载了大部分的外交功能，因此涉外的报道多集中在作为首都的北京，而随着时间推移，改革开放逐渐在全国各地开花结果，因此首都的涉外功能就相对被削弱一些。

进一步分析显示，将有关北京的报道的属性分为首都性与地方性，并把与奥运会相关的报道也作为报道的一种属性，去研究报道属性与涉外报道之间的关系，卡方检验显示，不同属性的报道之间差异十分显著（χ^2=258.088, p=0.000）。属性为首都性的报道中，涉外报道的比例超过了一半，达到51.8%；而属性为地方性的报道中，涉外报道的比例则仅为6.1%。这印证了之前的假设，也就是说，北京形象的国际性和其首都性高度相关，当北京形象的国际性有所降低的时候，事实上是因为首都的涉外活动的功能逐渐被其他城市所分担而带来的结果。

（四）《人民日报》涉京报道的向度变化趋势

从报道的向度来看，《人民日报》涉京报道中，正面报道占69.0%，中性报道占 28.9%，负面报道占 2.1%。卡方检验显示，不同时间段的报道向度呈现显著差异（χ^2=137.008，p=0.000），负面报道主要产生在改革开放初期。进一步分析报道向度与报道篇幅之间的关系，卡方检验显示，不同篇幅的报道之间差异十分显著（χ^2=40.905，p=0.000），正面报道以中长篇的篇幅为主，中性报道的篇幅多半是短篇，而负面报道占比最少，主要都是中短篇。总体而言，正面报道和中性报道占据了绝大部分，主要还是由于《人民日报》作为中共中央机关报的属性以及北京作为首都的特殊性。

二、《人民日报》对北京的报道内容趋势分析 ▷▷

对《人民日报》涉京报道所涉及的内容发展趋势分析，我们遵循上述的研究发现，亦即将北京城市的发展大致分为四个阶段：① 1978—1989 年，改革开放伊始阶段；② 1990—2002 年，北京亚运会举办以及申奥工作阶段；③ 2003—2008 年，奥运会筹备及举办阶段；④ 2009—2017 年，后奥运时代的发展阶段。不同阶段的报道有如下特点：

（1）按报道主题进行分析，卡方检验显示，不同时间段的报道主题差异十分显著（χ^2=89.933，p=0.000）。分析这些报道的数量在各个时间段的占比，可以发现每个阶段都有鲜明的特点。改革开放伊始阶段，北京的报道覆盖各个主题且不同主题之间的报道量相对平均；到了第二阶段，借助北京亚运会的举办和奥运会申办，有关文化（包含教育、科技、体育等）类的报道有所提升，并且成为报道量占比最大的主题，经济的报道也有所提升，反映出这一阶段北京在经济建设方面的发展；到了第三阶段，由于奥运会的筹备和举办，有关文化类的报道继续提升，占据了近一半的报道量，社会民生类的报道量占比仅次于文化类，说明从这一阶段开始，北京的报道重点逐渐转到了更加微观的领域；到了后奥运时期，这一现象表现得更为明显，社会民生类的报道量占比最高，其中不乏环境治理、交通等具体问题的报道，凸显出关于北京的关注重点已经从国计转移到了民生（见表 3-1）。

表3-1　1978—2017年《人民日报》涉京报道主题占比情况

报道量占比[①]（%）　时间段	政　治	经　济	文　化	社会民生	其　他
1978—1989年	25.6	22.7	21.4	29.0	1.3
1990—2002年	11.8	28.8	31.5	22.1	5.8
2003—2008年	10.1	17.6	47.2	18.1	7.0
2009—2017年	9.5	18.1	34.9	35.3	2.2

（2）从报道对象看，卡方检验显示，不同时间段所报道的对象差异十分显著（$\chi^2=168.094, p=0.000$）。总体看来，《人民日报》涉京报道的对象以政府和事业单位为主，对政府的报道是和其首都定位是一致的，而事业单位是文化方面的主力军，体现了政治和文化二者在北京的形象上仍然占据着主要地位。尤其是关于文化方面，与报道主题所显示的也是一致的，而关于政治的报道却并没有像报道对象为政府的报道一样始终占据主要的比例。究其原因，可以发现在第一阶段有关民众的报道是最多的，反映在报道主题上，社会民生的报道占比也是较高的；但在另一方面，对于民众的报道随着时间推移有所减少，而这和社会民生为主题的报道的变化趋势并不一致，说明很多社会民生新闻的报道对象是政府；另外值得注意的是，后两个时间段内，有关自然环境的报道逐渐增加，表明环境问题成为近期北京形象中不容忽视的一部分（见表3-2）。

表3-2　1978—2017年《人民日报》涉京报道对象占比情况

报道量占比（%）　时间段	政　府	企　业	事业单位	民　众	环　境	其　他
1978—1989年	31.1	17.6	11.3	37.8	0.8	1.3
1990—2002年	26.7	19.4	34.2	15.5	1.5	2.7

① 表示该类报道在每阶段的年均报道量占该阶段报道总量的比重，下同。

（续表）

时间段 ＼ 报道量占比（%）	政 府	企 业	事业单位	民 众	环 境	其 他
2003—2008 年	26.6	16.6	23.6	13.6	4.0	15.6
2009—2017 年	36.2	9.1	36.2	14.7	2.2	1.7

（3）从报道产业看，卡方检验显示，不同时间段所报道的产业差异十分显著（$\chi^2=116.742$, $p=0.000$），关于第一、第二产业的报道减少，关于第三产业的报道显著增多（见表3-3）。这表明北京在改革开放前期主要以"工业城市"的形象出现，而随着服务经济在北京的不断发展，北京的形象也从一个单一的工业城市转变为一个产业要素高度集聚，并且以高端服务业为主导的城市。当然，在各个时间段有关北京的报道涉及产业的比重都不足半数，说明北京的形象总体而言并非经济的，而更多是政治的或文化的。

表3-3　1978—2017年《人民日报》涉京报道产业占比情况

时间段 ＼ 报道量占比（%）	不涉及产业	第一产业	第二产业	第三产业
1978—1989 年	66.0	4.6	18.5	10.9
1990—2002 年	51.8	1.8	13.9	32.4
2003—2008 年	67.8	0.5	6.0	25.6
2009—2017 年	46.6	4.3	1.7	47.4

（4）从关键词分析，卡方检验显示，不同时期关于北京的报道关键词有显著的差异（$\chi^2=191.848$, $p=0.000$）。改革开放伊始阶段的报道涉及各个方面，在关键词的分布上也比较平均；到了中间两个阶段（1990—2002年和2003—2008年），关键词为发展的报道占比迅速提升并占据最大的比重，有关治理的报道占比也有所提升，并在第四阶段大幅提升，成为仅次于发展的重点关键词（见表3-4）。也就是说，改革开放开始时，"改革"和"开放"同"发展"一样，是北京城市形象的主旋律；然而随着时间推移，发展问题是涉京报道中最关

注的问题；同时，对于城市治理的关注明显增加，养老、交通、环境治理等问题与城市发展同时成为媒体所报道的重点，并成为城市形象的重要组成部分。

表3-4　1978—2017年《人民日报》涉京报道关键词占比情况

时间段 ＼ 报道量占比（％）	改　革	开　放	创　新	发　展	治　理
1978—1989年	20.2	21.8	16.4	27.3	14.3
1990—2002年	6.4	13.3	7.9	57.9	14.5
2003—2008年	0	12.1	7.0	59.3	21.6
2009—2017年	3.4	6.5	3.9	47.4	38.8

（5）作为首都的北京，自然要对标国际一流城市，将吸引力、创造力和竞争力的提升作为自己发展远景的一部分。在有关"三力"的研究分析中，卡方检验显示，不同时间段对这"三力"的关注程度存在显著差异（χ^2=93.829，p=0.000）。早期报道多关注北京的吸引力和竞争力，奥运会筹备和举办期间对于城市创造力的关注显著提升，到了后奥运时期，对于吸引力的报道增多；总体而言，对吸引力的报道量始终占据主导地位（见表3-5）。从中可以看出，吸引力是北京面向全球开放的核心和重点；竞争力是北京处于超级城市并且向全球城市迈进的实力基础；创造力是则是北京实现进一步提升的必然道路。

表3-5　1978—2017年《人民日报》涉京报道"三力"占比情况

时间段 ＼ 报道量占比（％）	吸 引 力	创 造 力	竞 争 力
1978—1989年	58.8	6.7	34.5
1990—2002年	73.6	10.3	16.1
2003—2008年	63.3	24.6	12.1
2009—2017年	80.6	7.8	11.6

三、媒介中呈现的北京城市形象变迁 ▷▷

历史学家汤因比（Arnold J. Toynbee）在其巨著《历史研究》中将历史的基本研究单位确定为文明，并将这些文明比作有机的生命，都有其诞生、成长、衰落乃至最终解体的阶段（Toynbee, 1934）。城市的发展变化亦如文明一般，一方面城市是文明发展到一定阶段的产物，符合所处文明本身的基本特点；另一方面，城市本身如同文明的同心圆，城市的发展本身亦有阶段性，并且在不同阶段会呈现出不同的形象。

人们也许会问，那是什么决定了城市形象的发展变迁呢？经济学家库兹涅茨（Kuznets, 1956）关于增长方式的研究清楚地表明了城市化、工业化和现代化之间的关系，即经济增长、工业化和居住在城市地区的人口比例之间有着紧密的联系，城市的形象作为结构性变化的伴生者逐渐产生。换言之，城市的形象变迁是城市经济结构变化所附带产生的现象，而不是独立自发的（Hall, 1984）。

对于经济学家而言，对城市形象如何随着时间的推移而发生变化的论断，源于对工业革命带来的结构变化的认知，一定程度上也是出于学科的需要。反过来，对于城市形象的研究者而言，则更加关注这些变化如何对人们就城市的感知、理解和想象产生影响。技术变革、资本积累和工业化，以及伴随而来的人民生活水平和生活方式的变化，固然是我们了解一个城市发展历史（继而产生对城市形象变迁的联想）的重要方面，但是仅仅将城市形象变迁的发生解释为伴随经济变化而存在，只是一个过于抽象而单薄的答案，不但不符合历史，更与现实相悖。对于北京以及本书涉及的其他城市而言，它的形象的变迁往往不是单维度的，而是多维度、多线条的。

（一）从改革到创新的故事

改革开放伊始，为了更加积极稳妥地加快经济体制改革的进程，北京对不同类型的企业实行不同的改革政策，在搞活国有大中型企业方面采取了一系列措施。但是，企业缺乏活力的状况尚未得到根本改变；大多数国有大中型企业尚未形成自主经营、自负盈亏、自我发展、自我约束的机制。从20世纪80年代开始，北京市的一批企业通过改革经济体制，首先打破了原有机制的封闭和垄断，如首都钢铁公司通过改革形成科学严密的管理机制，改革劳动人事制度和分配制度，真正打破"大锅饭"；而北京一轻总公司通过综合配套改革，把产业结构调整、企业组织结构调整、工业布局调整、旧城改造及土地资源开发等，同以建立现代企业制度为目标的企业产权制度改革有机地结合起来，从而做到了调整生产关系与发展生产力的统一。

　　1983年，中共北京市委和市政府作出决定，对不同类型的企业实行不同的改革政策，积极稳妥地加快经济体制改革的进程。改革的目的是要打破"大锅饭""铁饭碗"那一套平均主义的束缚，切实做到多劳多得，少劳少得，不劳不得。这些改革政策的要点是：

　　挑选少数大企业实行首都钢铁公司式的利润递增包干办法。即分别不同情况，以前两年实现利润的最高额或计划利润的平均数作为基数，每年按一定比例递增向国家上缴利润，一定几年不变。包干企业上缴利润计入全市上缴利润数，全市如果超交，可按财政部门规定取得超交分成。扩大以税代利、自负盈亏试点的范围，试行这一办法的企业由原来的10个增加到30个左右。这些企业必须具备领导班子强、管理基础工作好、产品适销对路这三个条件。对年上缴利润在20万元以下的小型国营企业，实行利润包干办法。即根据企业的不同情况，核定上缴利润包干基数，超过部分全部留给企业；完不成包干基数的，企业要用自有资金补足。包干基数一定三年不变。增加工资改革试点企业。参照北京光学仪器厂的做法，选择10个具备条件的中小企业，实行浮动工资制。

　　（新华社《北京决定加快经济体制改革》，《人民日报》1983年1月12日，有删节）

　　北京在总结了已有的经济改革成功经验的基础上，认识到搞活国有大中型企业的根本出路在于继续深化改革。这一阶段国有大中型企业能够进行盘活国有资产的经营活动，得益于企业产权制度的改革。通过改革，企业做到了原来单个生产企业不能做、政府部门不该做的事情；并且，它们探索出一条搞活国有经济的道路。实践证明，改革经济体制全面提高了经济效益，开创了社会主义现代化建设的新局面。

在改革的深入过程中，"左"的影响继续被清除，商业、服务业网点逐渐多了起来。这些网点建设的初衷是解决北京市民的生活难题，但从宏观的角度看，催生城市的第三产业特别是商业、服务业慢慢发展了起来。其中，国有商业企业，如王府井百货，从搞活市场出发，诚心诚意帮助工业企业生产适销对路的产品，掌握市场宏观动向，调节供需，安排好有关国计民生商品的大宗货源。

不论是本地人还是来北京的外地人，大多把北京王府井百货大楼当作购物的好去处。的确，北京王府井百货大楼商品丰富，名优新特商品多，但它们不以"老大"自居，而是在提高服务质量，改进经营管理上下苦功，使国营大商店的优势得以充分发挥。

在羽绒被柜台，售货员当众作填充羽绒被表演，大大增强了产品质量的透明度，一些原先心存疑虑的顾客毫不犹豫地掏钱购买。当今市场上的日用百货，能称得上紧俏商品的已不是很多，可今春百货大楼举办的"全国获奖纯羊毛标志羊毛衫时装展销"，却是盛况空前。开展第一天，商场一开门，500多位顾客便把30多米长的柜台围得水泄不通。百货大楼副总经理李凤玺深有感触地说：商品紧缺时，消费者是求"有"；商品充裕时，市场竞争不仅表现在商品质量和价格上，更表现在服务上。正是因为抓了服务，强化了管理，百货大楼才赢得了今天的局面。

流通领域里多渠道，使涓涓之水汇成商品海洋。国营大商场如何发挥主渠道作用？北京百货大楼的回答是：大商场要搞大流通，当"大老板"，不作"小业主"。有资料表明：当前国营大商场的数量只占零售商业企业总数的4%，可年销货额却占零售总额的60%，上缴利税占72%。多渠道搞活流通，国营大商场的担子更重了。百货大楼职工说：

面对新形势,国营商业主渠道的"主"字,关键是要主动出击,打主动仗。

这一招,首先在家用电器部获得成功。去年春天,家电部职工将捕捉到的市场需要大冰室电冰箱的信息反馈给生产厂家,尔后又及时组织进货上千台。头一天就销出200台,爆了个大冷门。家电部打响第一炮,交电部奋起直追。这个商品部组织进来的变速车、赛车、山地车等一上市,由最初的无人问津,很快变成了顾客争购的对象。化纤部佳丽丝仿绸新产品一上柜,竟发生了顾客挤破柜台玻璃的事儿。

人们常把商业与工业关系喻为"前店后厂",可百货大楼的经营者们认为,应该再加上"处在市场同一体内,工业又是商业的后盾"。前些年,市场商品供不应求,多数商品是"皇帝女儿不愁嫁",对工商协力保市场认识还不深。市场"疲软",由卖方市场转向买方市场,众多生产厂家一时无所适从。在这种情况下扩大销售,单靠任何一方的努力,都不可能从根本上扭转局面。

北京百货大楼正是抓住这一契机,强调站在市场全局的角度决定自己的行为,发挥国营大商业实力雄厚的优势,从资金上支持生产厂家,工商联营,导演出一幕幕有声有色的话剧。

(赵兴林《北京百货大楼搞活经营记事》,《人民日报》1991年9月6日,有删节)

当时的国有商业企业在市场竞争中唱主角的同时,个体在兴办"三产"的过程中也发挥了重要作用,个体从事的多是国有企业鞭长莫及或利微不干的行业,充分体现了个体与国有企业的互补关系。同时,新技术产业也在北京生根发芽,许多吸收高新技术产业,以出口创汇、"三资"企业为主的产业园区在北京落地。以中关村为例,这一外向型、开放型新技术产业开发试验区的消息一经传开,引许多驻京的科研单位、大专院校及中央有关部委纷纷到政府了解情况,许多科研单位和大专院校纷纷申报兴办新技术产业,包括电子信息、生物工程、新材料、新工艺等高新技术领域,甚至不少中央部委和外省市也表示要参加试验区的建设。不仅如此,通过中外合资的科研开发公司，在引进技术的同时也引进了国外良性的管理机制，这种机制，使职工既能分享企业在市场上获得的效益，同时又分担企业在市场上遭遇的风险。也就是说，合资企业是靠制度改变人的观念、习惯，发掘人的潜能。到20世纪末，首都北京进一步加大对外开放的力度，多领域、多层次、多元化地利用外资，对外经济合作跨入新阶段。北京以其历史悠久的古都风貌和具有现代城市功能的基础设施建设，对外商投资具有很强的吸引力。北京通过出台政策法规共同营造了良好的投资环境，其从国外引进了一批先进技术，对提高诸多行业的技术水平起到了促进作用，其中松下、三菱、德国拜耳制药等大公司的项目，为当时北京市场经济结构的构建发挥了非常重要的作用。北京、天津联手促进区域经济发展，还带动中西部地区的经济振兴。

21世纪以来，创新成为引领经济社会发展的"火车头"。而改革为创新铺平道路，创新是改革的落脚点和归宿。北京的创新以系统性为特征，聚集创新要素，深化创新理念，拓展创新模式，构建创新生态，形成有活力、有包容力、有渗透力的创新生态系统和创新文化。科技经费投入力度的持续加大，为首都区域创新体系建设提供了重要支撑。同时，作为北京科技创新的龙头，中关村科技园区在京外设立的首个创新中心，突破首都"虹吸效应"，打破固有合作模式，移植活跃创新基因。

一幢"双子座"大厦，一块"保定·中关村创新中心"牌子，矗立在高新区朝阳大街上。这是中关村在京外设立的首个创新中心。

140公里，41分钟，风驰电掣的京保高铁将两座城市连成一体。一方找"种子"，一方寻"土壤"，数十次交流对接、谈判合意，中关村和保定，成为一个"创新共同体"。中关村创新中心4月28日挂牌，仅一个多月，上百家企业慕名而来，超六成来自北京。

创新中心有自己的"门槛"——智能电网、新能源、新一代信息技术、高端装备制造。再高大上的项目，也要先过这道"门"。

"我们经营的是创新，聚集创新要素，深化创新理念，拓展创新模式，构建创新生态，形成有活力、有包容力、有渗透力的创新生态系统和创新文化。"中关村发展集团董事长许强这样定位中关村的"创新基因"。

20年长期合作，10年免租金，不干涉具体经营，不设多长时间招多少企业的框框，双子座大厦由保定市政府交给中关村全权运营。负责中心运营的项目总监说："以前是先拿地，然后一级开发、二级开发。创新中心这种'轻资产'运营模式，把中关村的品牌直接拿到保定，实现共赢。"

创新中心是一块创新的试验田，一个服务的加速器，一种合作的新磁场。入驻企业最看重两件事：一是在北京完成保定的事，中心提供细致的在线服务，方便；二是在保定和北京差不多，中心硬件设施、配套服务等没有降档次，同城。

创新中心的服务，更像是一种"私人订制"，对症下药，精确制导。这种服务，既是雪中送炭的资金支持，但又远不止这些。创新生态系统，是最核心的吸引力，将带来一个城市的裂变。

（吴兢、史自强、王昊男《中关村进保定》，《人民日报》2015年5月7日，有删节）

不仅如此，通过建立科技成果转化网络，北京推动企业加快科技成果转化和产业化步伐。为了更好地吸引创新型人才，北京市把自主创新作为综合评价人才引进的重要指标，鼓励自主创新人才以兼职服务等形式实现"柔性流动"；北京还对留学人员来京创业开设"绿色通道"，采取来去自由的管理政策，并为此提供相应的便捷服务。北京大力延揽海外高层次创新创业人才的最终目的，意在实现把北京建设成为国家创新中心这一目标。到今天，北京在高技术产业、科技服务业、信息服务业的增加值、全社会研究与试验发展经费支出、专利申请量与授权量、全年技术合同成交额、技术市场对首都经济增长的直接贡献率等自主创新主要指标上都取得了优异成绩，自主创新已经成为促进科技成果转化和支持经济增长的重要力量，这为北京建设全国科技创新中心打下了坚实基础，也为我国跻身创新型国家前列提供了有力支撑。

（二）文化开放的故事

自近代以来，尤其自五四运动以来，中国文化与西方文化之间经历着史无前例的矛盾冲击，并在这个过程中，中西文化相互交流融合也到达了前所未有的高度。自改革开放以来，经历了中西文化交流初期的被动和徘徊后，以北京为代表的中国吸收过往历史的经验和教训，以自信的心态正视外来文化，吸收外来文化的精华，并不断发展属于中国自己的文化。

20 世纪 80 年代，中国与西方在文化界的交流日益增多，北京则作为中国的首都和文化中心，在其中发挥了举足轻重的作用。比如，英国伦敦音乐小组在首都剧场举行了访华演出，给观众留下深刻的印象。法国电影周、英国电影周先后在北京开幕；比利时、葡萄牙、新西兰等国家也纷纷与中国开展文化交流，对于这些国家而言，有的是中国和这个国家建交后第一次来华进行文化艺术交流，而交流的地点选择在北京，其意义不可谓不深远。对于中日关系的改善，北京在其中也有不可磨灭的贡献。为纪念中日邦交正常化，北京雕刻艺术展览会在东京举办；日本的少年合唱团和日本木琴演奏家友好访华团先后访问北京，为首都的观众奉献了一场场精彩演出。体育方面，北京积极举办各类国际赛事，包括篮球、田径、体操等项目；此外，北京还常举办国际性的体育邀请赛，这也为日后北京举办洲际性乃至全球性的体育文化盛会打下了基础。

与此同时，北京的文化部门和文艺院团也为文化"走出去"做出了重要贡献。北京歌舞团访问法国，得到了巴黎市长的热情接待，并授予北京歌舞团巴黎市荣誉勋章。中国北京皮影艺术团在当时的联邦德国杜塞尔多夫市的演出刚刚结束，一位年逾古稀的老太太驾着车子，从雨雾中开到剧场后院，为中国演员送来了新鲜的水果和亲手烤制的甜面包；而在纽约市美术馆，纽约—北京友好城市委员会为"今日北京图片展览"举行酒会。北京京剧团赴台演出，这是大陆京剧界赴台湾进行访问演出的第一个京剧团体。作为首都，北京在文化交流中体现的是对中国文化所表现出的自信，以及吸收外来文化时所表现出来的博大胸怀。而北京也在这种文化冲突、交流与融合过程中不断发展。

20世纪90年代至21世纪初期,是北京文化体育事业开放的第一个高峰期。亚运会的成功举办和第二次申奥的最终成功得到了全国人民的热情关注和大力支持,民族自信心前所未有的高涨。

北京奥运会,架设起东西方平等对话、理解交融的平台,世界进入一个更具包容、更加和谐的新时期。

1990年,改革开放总设计师邓小平视察北京亚运会主场馆时,问时任国家体委主任的伍绍祖等人:"你们办奥运会的决心下了没有?"1991年,北京成立奥申委,向国际奥委会递交举办2000年奥运会的申请书。一首《开放的中国盼奥运》歌曲,唱遍全国。

1993年9月24日,蒙特卡洛传来消息,北京以两票之差落后悉尼,无数国人为之扼腕。但中国依然明确要"坚定不移地走向世界"。2001年7月13日,世界终于选择了北京,选择了中国。

举办奥运会,不仅仅是举办体育赛事,更是世界对举办国综合实力的认可。如果说,1993年北京申奥失利,让人们清醒地认识到包括文明素质等软实力在内的国家综合实力尚不够强;那么,2001年北京申奥成功,则意味着世界对中国经济社会发展成就的认同。国运昌,体育兴。跨越一个世纪的奥运梦想,见证了中华民族伟大复兴的坚实脚步。

在两种文明的平等对话中,东西方都在调整视角,在相互了解中走向相互认同。当8月8日奥运会开幕式上,29个大脚印从远方走来,一幅波澜壮阔的中华文明画卷向全世界打开时,那是东西方两种文明的平等对话。这样的对话来之不易。穿越千年,通过丝绸之路、马可·波罗等,这样的对话曾经有过。19世纪,伴着新兴工业化国家的全球扩张,强势的西方文化,使中西对话处于不对等的地位。新中国成立后,不对等的对话又加上了意识形态的有色眼镜。直到改革开放,东西方文化平等对话的大门才开启。在这样的过程中,东西方都在调整着视角,在相互了解中走向相互认同。中国筹办奥运会,更使这种对话加速。

奥运会期间,首都博物馆的一场展出极具象征意味。一层之隔的两个展厅分别以"公平的竞争——古希腊竞技精神"和"中国的记忆:

五千年瑰宝展"为主题,蜿蜒数百米的参观队伍把远隔万里、同样悠久灿烂的两大文明连成一体。

北京奥运会使东西方的理解、包容和合作达到了新高度,预示着一个世界新时代的到来。当在最后一刻获准参加奥运会的伊拉克代表团赶来时,当奥运火炬从希腊跨越千山万水抵达北京时,当全球80多位政要同聚"鸟巢"与数十亿全球观众见证奥运会开幕时,当一枚枚奖牌决出时,梦想变为了现实。奥林匹克大家庭204个成员汇聚的北京奥运会,成为历史上参与面最广、参与度最深的一届奥运会。

（王淑军《北京奥运促进东西方文明交融》,《人民日报》2008年8月28日,有删节）

盛会带给北京的,不仅仅是精彩的赛事和日趋彰显的国际影响力。赛事的收益,场馆建设带来的经济效益,街头的巨幅企业广告,使体育成为一个经济大舞台。借助重大文化体育盛会的举办,现代旅游业逐渐成为北京的重要支柱产业。奥运前夕,北京孔庙和国子监经过修缮,以一座博物馆的形式正式对外开放;已有700多年历史的南锣鼓巷胡同修缮整治后,已成为展示古都风貌、文化创意和休闲旅游的特色街区,文化旅游资源的丰富在很大程度上反映着首都开放的新形象。以现代旅游为代表的现代服务业的崛起,势必要求城市综合功能有进一步的提升,这为解决城市工业化带来的环境污染、交通拥挤、资源短缺、生态失衡、城乡冲突等"城市病"提供了新契机。

北京根据世界城市发展大势和自身优势,确立"文化"和"宜居"为城市发展的最优空间,打造、强化城市品牌。在后奥运时代,文化创意产业成为北京发展的新引擎。北京大力发展网游、动漫等文化新兴业态,一批数字文化企业快速崛起,使北京的经济重新焕发活力;中国(北京)文博会、中国设计节、北京国际文化创意产业博览会、北京国际图博会等活动搭建了文化产业创新交流平台,成为北京文化创意产业发展的品牌活动,为建设北京文化中心提供重要支撑,也进一步推动了北京乃至全国的产业升级;中国北京出版创意产业园区建设不断取得实质性进展,入驻企业人才汇集,自主创新能力强,适应市场能力强,已逐渐成为传统出版领域以及数字网络出版等新兴出版领域的领军企业。

作为世界闻名的文化古城,北京拥有大量的古建筑,许多北京的宅园代表了造园艺术的高度成就,大片的四合院住宅也是北京城市的一个特色。文化承载于有形的建筑之中,更是一种无形的精神气质,让北京形成了与众城不同的文化面貌。在快速的城市化进程中,北京一度对那些无价之宝的古建筑不够重视,城市规划缺乏通盘考虑,各自为政地设计,结果到处是主楼,破坏了原来城市的基本布局和它的艺术完整性,造成了城市风格的怪异,也让市民的文化认同出现危机。2012年2月,北京市启动"名城标志性历史建筑恢复工程",在尊重现代建筑的功能的基础上,保证建筑的基本特色和风貌。如一些古建筑成功引入民企打造成公共阅读空间,专营老北京书籍。

在北京车水马龙的地安门街头,不少细心的市民注意到,路口的东南和西南两侧悄悄立起一排古建筑,红柱灰瓦,屋檐下的彩绘花朵栩栩如生,飞檐的屋顶瓦上蹲着海马、天马等各种各样小神兽,古韵十足。最近,他们又看到,这建筑打开了门,进进出出的人用书籍、书架、书桌把屋子布置得满满当当,一块"中国书店"的牌匾挂了起来。

这里是景观复建的地安门雁翅楼,也是北京的又一家24小时营业书店。

周边的老街坊以及文化、古建领域的专家、爱好者,对地安门前的这个新建的"老建筑"一点也不陌生。雁翅楼,始建于1420年,是老北京中轴线上的一处著名地标,坐落于地安门十字路口南面的东西两侧,与什刹海仅一街之隔。历史上,雁翅楼与地安门一起构成了老北京皇城最北端的屏障。

专家介绍,当年的地安门上铺黄琉璃瓦,下面红色墙身,面阔七间,中间开3个方形门洞,寓意"天圆地方"。雁翅楼是地安门的戍卫建筑,同样是黄琉璃瓦覆顶,为东西对称的两栋二层砖混建筑,远观好似大雁张开的一对翅膀,所以得名。

但这样数百年的老建筑,曾经不被珍惜,留下了遗憾。20世纪50

年代，地安门地区道路整修，雁翅楼和地安门一起被拆除。这一别离，就是60年。2012年2月，北京市启动新中国成立以来最大规模的"名城标志性历史建筑恢复工程"，地安门雁翅楼作为古城地标之一，也被列入了恢复范围。

2014年，修缮完成的雁翅楼面临着如何使用的问题。西城区最终决定，将辖区的第一家24小时书店落户在雁翅楼内，作为历史文化名城保护和推进"书香西城"建设相结合的一项重要举措。

雁翅楼中国书店是政企合作的产物。据了解，西城区将雁翅楼交给中国书店使用，不收取房租，唯一的要求是"书店必须24小时经营"。根据协议，雁翅楼书店不能提供与经营书籍无关的服务，但可以提供与阅读相关的辅助服务，比如提供咖啡、茶水等。

为了确定雁翅楼的运营主体，西城区对多家国有和民营出版机构、书店进行了接触、比选，既要考虑书店的历史渊源，也要考虑其运营能力。选择中国书店，西城区最看中的是其文化底蕴——中国书店是位于西城区的北京市国有企业，经营范围涉及古籍、文史、艺术、社科、哲学等类图书的出版、发行，是国内古籍领域的知名老字号。由于24小时营业肯定会增加成本，西城区会等书店经一段时间试运营有了精确的成本测算后，进一步商讨可持续运营的扶持政策。

"我们目前正针对探索中发现的问题，制定政策文件。"西城区相关负责人说，根据3家试点书店的情况，未来将进一步研究如何规范空间资源的授权使用，如何以政府购买服务形式进行扶持，如何考核评估等。"总的思路是，通过政府加企业的合作形式，探索新型公共文化服务模式，推动全民阅读。未来，我们会考虑居民的多样化需求，因地制宜地实现不同层次、不同类型的搭配，不仅仅局限于书店、书吧等形式。"

（余荣华《昔日古建筑如今满书香》，《人民日报》2015年7月21日，有删节）

古建筑的文化气质被充分挖掘，由此重新恢复昔日活跃的人气和民间文化的气息。这样的方式既满足了北京市民和海内外游客的需求，同时也保护了文化遗存和文化传统。北京在公共服务和社会治理的基础上,进一步推动了国际一流和谐宜居之都的建设。

四、 本节小结 ▶▶

　　城市形象体现的是城市的整体精神风貌,是城市魅力的一种展现方式。从一座城市的形象变迁,我们看到的不仅仅是形象本身,更能透过它窥见城市的成长与兴衰。城市的形象在很大程度上决定了一座城市的吸引力,吸引力是综合实力的重要因素,是城市在全球网络中的影响力、地位与竞争力形成的关键。城市吸引力是城市创造力发展的源头,为创新、创意、创业的资本要素、人力要素、资金要素的集聚提供了原动力。没有吸引力的城市,绝无可能成为真正意义上的全球城市。城市的形象魅力构成了城市的基础竞争力,是城市化水平的重要标志。当前中国急剧展开的城市化进程,新技术引发的全球性传播革命,为中国城市形象的自我呈现与被呈现提供了一个历史性的舞台。对于北京而言,2022年举办第24届冬季奥林匹克运动会是中国政府主动向世界开放的又一重大举措,将这一盛会的举办地放在北京,对北京乃至全国进一步塑造开放的现代城市形象有重大意义。北京应利用这一平台,大力宣传并实时更新北京自改革开放以来的城市形象,使其成为北京城市形象展示的重要平台。同时,作为首善之都,北京还应发挥城市形象塑造的引领作用,将中国的改革开放和创新的经验在全球性的舞台上宣传推广,将传播"中国方案、中国智慧"作为一项重要的工作,使得北京的城市形象以更加宏阔的方式被呈现。

第二节　上海40年:从中国经济
中心走向全球的"魔都"

　　作为全国最大的经济中心,上海在国家发展大局中占有重要位置,继续承担并践行着当好全国改革开放排头兵、科学发展先行者的光荣使命与职责。城市形象的建设是上海提高城市吸引力的重要抓手,是上海践行社会主义核心价值观的有机组成部分。如何把上海"海纳百川、追求卓越、开明睿智、大气谦和"的城市精神与实现"中国梦"结合起来,着力提升核心价值观的感召力,践行"四个自信"是上海目前的一个重要课题,不仅需要通过推进国际文化大都市建设,把上海的城市精神和核心价值观的要求体现到城市的政策法规制定和社会治理之中,也需要通过引导社会主义核心价值观日常化、具体化、形象化、生活化,使每个市民都能感知它、领悟它,内化为精神追求,外化为实际行动,从而充实城市形象的内涵。

在经济全球化的背景下,如今的上海已经在多个领域成为具有全球影响力的国际化大都市,并正在向"卓越的全球城市"迈进。与此同时,国内与国际媒体也不断加大对上海的报道。我们有充分理由关注上海的城市形象在媒体上的呈现,因为这一方面反映了上海 40 年来的发展之路,另一方面又塑造了中央对上海的认知框架,而这些特征又将在某种程度影响上海未来发展的趋势。

2016 年的《上海市城市总体规划(2016—2040)》提出,到 2040 年,建成"卓越的全球城市,包括国际经济、金融、贸易、航运、科技创新中心和文化大都市"。2017 年,习近平总书记在参加十二届全国人大五次会议上海代表团审议时,更是寄语上海要解放思想,勇于担当,敢为人先,坚定践行新发展理念,深化改革开放,引领创新驱动,不断增强吸引力、创造力、竞争力,加快建成社会主义现代化国际大都市。

上海的城市形象与上海的城市发展与建设息息相关,其中最重要的就是吸引力、创造力、竞争力的"三力"上的建设。增强城市国际竞争力,将上海建成社会主义现代化的国际大都市的目标是将上海放在全球经济发展的坐标上,在综合体现城市发展实力和可持续发展能力的同时,更强调国际比较和国际竞争的参与,这体现了国家发展战略对上海发展提出的新要求,未来中国将会成为世界第一大经济体,上海将按照国家战略的部署,担当起"全球城市"的国家使命,坚持全球视野,对标国际一流,不断增强习总书记所提出的"城市的吸引力、创造力、竞争力",提升城市综合实力,代表国家参与全球竞争和合作,加快向卓越的全球城市迈进。对上海全球城市吸引力、创造力、竞争力进行分析与评估,符合全球经济发展、国家战略和区域发展的大格局。

第一,从全球经济发展来看,上海是中国改革开放的前沿,是联系全球经济与中国经济的桥梁和纽带,是国际经济循环的重要节点。当前正面临经济全球化深化发展、世界经济格局深刻变化的新形势,同时也正面临全球金融布局、产业布局的大调整、新一轮科技革命等新机遇,上海迎来了大力发展全球城市的大好时机。

第二,从国家发展战略来看,上海是市场经济改革的重镇和对外开放的重要窗口,从原来的计划经济工业城市,到现在承担起建设"四个中心"和科创中心、全球城市的目标,是上海实现又好又快发展的重要契机,也将为全国其他地方深化改革、扩大开放和科学发展提供经验借鉴,发挥示范和服务功能,带动全国经济大循环。

第三,从区域发展上看,中央进一步推进长三角区域发展,长江三角洲城市群发展规划为长三角城市圈、城市群、城市带的发展带来了新机遇,这要求上海进一步增强综合服务功能,服务长三角、服务长江流域、服务全国,成为长三角地区发展的发动机,引领区域经济小循环。

基于此,本研究运用《人民日报》图文数据库(1946—2018),通过关键词搜索得到1978年1月1日至2017年12月31日涉沪报道共14 491篇,通过抽样的方法分析这些报道的基本特征,并从关键词、重大事件、"三力"(吸引力、创造力、竞争力)等分析框架进行内容分析,从而能较为客观、准确地描述上海在国内权威媒体中的城市形象的基本特征和变化趋势。

一、 总体综述 ▶▷

基于样本,本研究以《人民日报》涉沪报道的时间为参考轴,从篇幅、报道向度、报道是否涉外等方面对报道进行描述,以勾勒出这些报道的基本特征。

（一）《人民日报》涉沪报道的时间分布

从报道的时间上看,《人民日报》涉沪报道呈现出阶段性的特征（见图 3-2）。从 1978 年开始,经历了若干年的报道增长后,到 1989 年开始出现下降；从 1990 年开始,由于浦东开发开放的报道使得这一阶段在前期出现了小幅增长,但是总体而言这一时期的报道量是处在低位的；这一现象到了 21 世纪初的 2003 年开始逐渐发生变化,并于 2010 年世博会期间,达到了报道量的最顶点；随后,从 2013 年开始,报道量逐渐回落。我们可以据此判断,《人民日报》涉沪报道的数量存在着时间性的特征。

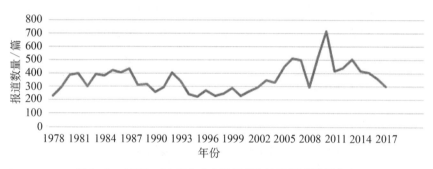

图 3-2　1978—2017 年《人民日报》涉沪报道数量分布

进一步分析《人民日报》涉沪报道的内容,可以发现上海城市的发展大致分为四个阶段：① 1978—1989 年,改革开放伊始阶段；② 1990—2002 年,浦东开发开放阶段；③ 2003—2012 年,世博会筹备及举办阶段；④ 2013—2017 年,浦东自贸区成立及发展阶段。每个阶段都有各自的"标志性事件"作为时间节点；使用方差分析发现,$F(3, 36)=9.446$,$p=0.000$。Tukey 的事后检验程序表明,第一阶段的报道量（$M=359.42$,$SD=63.52$）和第三阶段的报道量（$M=454.50$,$SD=120.91$）有显著差异,第二阶段的报道量（$M=279.62$,$SD=51.105$）和第三阶段（$M=454.50$,$SD=120.91$）、第四阶段的报道量（$M=399.60$,$SD=75.119$）也有显著差异。不仅如此,假定样本对于总体有一定代表性,可观察到,前两个阶段和后两个阶段在篇幅、报道向度、报道是否涉外等基本特征上,有着明显的区别。

(二)《人民日报》涉沪报道的篇幅变化趋势

对时间段分类变量和篇幅长度变量交互影响的观察发现,与前两个时间段相比,2003年后中长篇的报道增多。卡方检验显示,差异十分显著(χ^2=28.341, p=0.000)。可见,《人民日报》对上海的关注度随着改革开放的推进而不断增强,不仅在"标志性事件"(如1992年设立浦东新区和2010年召开世博会)发生的当年有大幅报道,而且延伸到了事件发生之后的一个较长时间段;报道篇幅也从一个侧面展现出上海在国内城市的重要地位。

与此同时,对《人民日报》涉沪报道的时间段和报道是否带有图片的交互影响的观察发现,后两个阶段图文并茂的报道比前两个阶段明显增多,卡方检验显示差异十分显著(χ^2=60.512, p=0.000)。这说明随着时间推移,《人民日报》涉沪报道的形式更加多元、直观,报道的"故事性"叙事与日俱增。

(三)《人民日报》关于上海的涉外报道变化趋势

以前述时间段为划分标准,分析《人民日报》关于上海的报道中涉外报道所占的比例,发现这个比例是随时间的推移而上升的。卡方检验显示,不同时间段的差异十分显著(χ^2=24.608, p=0.000)。这说明改革开放以来,上海在官方媒体中呈现的形象的国际化属性非常鲜明,尤其随着世博会等盛会的成功举办和自贸区的成立,上海的全球影响力日益增强。

(四)《人民日报》涉沪报道的向度变化趋势

从报道的向度来看,《人民日报》的涉沪报道中,正面报道占59.0%,中性的占40.2%,负面占0.8%。卡方检验显示,不同时间段的报道向度呈现显著差异(χ^2=852.355, p=0.000)。负面报道主要产生在21世纪初期,多为短篇、非涉外的报道。总体而言,正面报道和中性报道占据了绝大部分,一方面是由于《人民日报》作为中共中央机关报的属性,另一方面也说明从改革开放以来上海一直以正面的姿态和形象出现在主流媒体上。

二、《人民日报》对上海的报道内容趋势分析 ▶▷

对《人民日报》涉沪报道所涉及的内容发展趋势,我们遵循上述的研究发现,亦即将上海城市的发展大致分为四个阶段:① 1978—1989年,改革开放伊始阶段;② 1990—2002年,浦东开发开放阶段;③ 2003—2012年,世博会筹备及举办阶段;④ 2013—2017年,浦东自贸区成立及发展阶段。不同阶段的报道有如下特点:

(1)按报道主题进行分析,卡方检验显示,不同时间段的报道主题差异十分显著(χ^2=74.581,p=0.000)。分析这些报道主题的占比发现,前两个时间段经济类报道占据了较重要的地位;近期虽然比重有所减少,但是仍然占据了一定的报道量,表明上海的城市形象与经济领域的发展息息相关。除此之外,政治类的报道在世博会筹备及举办阶段是最多的,文化类报道总体增加,社会民生的新闻随着时间的推移显著增加,表明上海的城市形象与社会民生领域的关系更加紧密(见表3-6)。总体而言,随着时间的推移,以经济为主题的报道减少,以社会民生为主题的报道增多。

表3-6 1978—2017年《人民日报》涉沪报道主题占比情况

时间段 / 报道量占比(%)	政 治	经 济	文 化	社会民生	其 他
1978—1989年	12.8	48.5	23.2	15.5	0
1990—2002年	12.7	39.8	23.9	23.5	0.1
2003—2012年	24.8	22.0	24.2	29.0	0
2013—2017年	14.5	23.2	29.0	33.3	0

(2)从报道对象看,卡方检验显示,不同时间段所报道的对象差异十分显著(χ^2=69.863,p=0.000)。关于企业的报道减少,对政府、民众和环境的报道增多(见表3-7)。一方面,《人民日报》涉沪报道的对象以政府和企业为主,体现了其对上海的报道主要还是集中在政府和企业,这也和报道主题中

所呈现的上海的城市形象基本是吻合的；另一方面，对于民众和环境的报道逐渐增加，尤其是在第四阶段，有关环境方面的报道明显增多，表明环境问题也是近期上海城市形象中不容忽视的一部分。

表3-7　1978—2017年《人民日报》涉沪报道对象占比情况

报道量占比（%） 时间段	政　府	企　业	事业单位	民　众	环　境	其　他
1978—1989年	27.6	37.7	23.2	8.8	1.0	1.7
1990—2002年	34.3	28.7	20.3	10.4	0.8	5.6
2003—2012年	47.1	19.4	11.8	11.8	1.3	8.6
2013—2017年	44.2	18.1	18.1	11.6	2.2	5.8

（3）从报道产业看，卡方检验显示，不同时间段所报道的产业差异十分显著（$\chi^2=116.202, p=0.000$）。首先，上海不涉及产业的报道的占比与北京相比是略少的，可以看出经济发展在上海的城市形象中的重要性，具体分析不同产业在不同时间段的变化，可以发现，关于第一、第二产业的报道减少，关于第三产业的报道显著增多（见表3-8）。这表明上海在改革开放前期主要以"工业城市"的形象出现，而随着金融业、信息业等服务经济在上海的不断发展，上海的形象也从一个单一的工业城市转变为一个产业要素高度集聚并且以高端服务业为主导的经济中心。

表3-8　1978—2017年《人民日报》涉沪报道产业占比情况

报道量占比（%） 时间段	不涉及产业	第一产业	第二产业	第三产业
1978—1989年	43.4	4.4	27.6	24.6
1990—2002年	48.6	3.2	10.8	37.5
2003—2008年	55.7	2.2	2.9	39.2
2009—2017年	58.7	0.7	2.2	38.4

（4）从关键词分析，卡方检验显示，不同时期关于上海的报道的关键词有显著的差异（$\chi^2=82.464$，$p=0.000$）。早期报道（1978—1989，1990—2002）的关键词多为"改革"和"发展"，中期报道（2003—2012）的关键词多为"开放"和"治理"，近期报道（2013—2017）的关键词多为"创新"和"治理"（见表3-9）。也就是说，"发展"和"开放"是改革开放以来上海城市形象的主旋律。然而，随着时间推移和世博会的举办，养老、交通、基层治理等问题与城市发展同时成为媒体所报道的重点，并成为城市形象的重要组成部分。

表3-9　1978—2017年《人民日报》涉沪报道关键词占比情况

时间段　　报道量占比（%）	改　革	开　放	创　新	发　展	治　理
1978—1989年	6.3	21.3	5.6	38.1	28.7
1990—2002年	8.0	21.1	4.4	46.2	20.3
2003—2012年	3.5	25.8	5.4	28.3	36.9
2013—2017年	6.5	18.1	13.8	23.9	37.7

（5）卡方检验显示，不同时间段对"三力"的关注程度存在显著差异（$\chi^2=128.396$，$p=0.000$）。早期报道多关注上海的竞争力，世博会筹办期间对于城市吸引力的关注显著提升，到了上海自贸区成立阶段，对于创造力的报道有所增多，但是占总量的比例仍然有待提高（见表3-10）。其中，吸引力、创造力、竞争力分别与政府、事业单位（如高校和科研院所）、企业更多地联系在一起。从中可以看出，竞争力的提升是上海迈向全球城市的实力基础；吸引力是上海面向全球开放的核心竞争优势；创造力是上海实现"卓越"的未来之路。

表3-10　1978—2017年《人民日报》涉沪报道"三力"占比情况

时间段　　报道量占比（%）	吸引力	创造力	竞争力
1978—1989年	40.4	3.4	56.2
1990—2002年	52.6	3.6	43.8

（续表）

报道量占比（%） 时间段	吸引力	创造力	竞争力
2003—2012年	71.3	5.4	23.2
2013—2017年	74.6	13.8	11.6

三、媒介中呈现的上海城市形象变迁 ▷▷

（一）开放的故事

　　上海"海纳百川"的城市精神象征这座城市不断变革和开放的精神。它既浓缩了上海的历史背景和文化传统，又反映了上海作为国际都会的现代风尚。自上海开埠以来，开放就是上海历史发展的大势；到浦东开发开放阶段，邓小平同志南方谈话作出"以上海浦东开发开放为龙头，带动长江三角洲和整个长江流域地区经济起飞，尽快把上海建成国际经济、金融、贸易中心之一"的战略决策以来，上海已成为我国改革开放的前沿。

　　经济上，开放的形象背后体现的是产业结构的调整。改革开放伊始，上海是以第二产业开放为主，其中以中国和当时的联邦德国合资经营的上海大众汽车有限公司为代表，一批中外合资企业向世界展示了我国工业向现代化迈进的灿烂前景。尽管其中也面临不少困难，但经过治理、整顿，已总体呈现出良好的态势，这在当时是十分鼓舞人心的。而浦东开发开放以来，上海进一步将自己的开放领域进行扩展，尤其在第三产业上取得了许多成就，如在高新技术方面与多个外资企业合作成立开发区，短短几年时间，三个开发区各具特色，形成各自合理的发展布局、完善的基础设施、便捷的通信信息系统和良好的自然生态环境，成为上海对外开放的有力支点。与此同时，世界超级商业连锁企业开始进入中国市场。而上海作为中国的商业中心自然是世界超级连锁企业重点发展的领域。

　　在中外超市的竞争中，上海本地的连锁企业占尽了地利、政策的优势。但是有备而来的世界超级商业连锁企业,凭借资金、技术设备及管理经验上的优势也不甘示弱,出尽风头。由于受到超市数量及连锁规模上的严格限制,所有大型"洋超市"往往在经营规模上做足文章。从麦德龙到易初莲花等合资超市,其经营面积都在1万平方米以上,由于经营规模大,其经营品种也十分丰富,从蔬菜、家居用品到服装、电器、自行车,几乎样样俱全。

一方面,大型"洋超市"由于全部实行单品管理及高效的订货和存货计算机控制系统,提高了商品的流通速度,极大地降低了营运成本。另一方面,由于进货量大及资金上的优势,大型"洋超市"往往能进到比国内超市进货价更低的商品。由于占据资金、技术设备、管理经验上的绝对优势,大型"洋超市"已呈现出一种"咄咄逼人"的气势。在这轮竞争中,已经有一些国内超市被淘汰出局或举步维艰。上海本地连锁企业意识到靠单兵作战、各自为政已绝非大型"洋超市"的对手,于是纷纷通过资产重组、兼并、合作、加盟实施联手,以争取自己的市场份额。

上海市商委某部门负责人在接受记者采访时说,在市场竞争中只要合资零售企业对这个市场起到有益的推动作用,我们不会去刻意压制一方。经济界人士也普遍认为:超市竞争虽然会对我们国内连锁企业产生压力,但也不失为一件好事,上海本地连锁企业可以从对手的经营管理中获取有益的启示。它也将成为推动上海超市发展的动力。

(杨联民《合资超市:崛起上海滩》,《人民日报》1997年10月30日,有删节)

21世纪之后,开放的重点转移到人才流动的突破上。人才战略随着改革开放浮上台面。"择天下英才而用之"是上海对待人才的开放态度,上海通过各种方式开展更积极的人才引进政策,在大力培养国内创新人才的同时,更积极主动地引进国外人才,特别是高层次人才。上海一方面积极派出留学人员,另一方面欢迎海外留学人员到上海工作、创业。为了更好地服务人才,上海制定了许多具体的政策,扶持海外留学回国人员在沪创办企业。

正是有了开放的姿态，万千人才从四面八方赶来，推动着这座城市的不断更新。

上海开放的城市形象不仅应体现在经济上，同时也要体现在文化上。上海由政府办文化的旧体制改变为对文化进行宏观调控的体制，而手段就是文化经济政策。随着改革开放的深入和经济的发展，文化市场日益活跃，许多事业单位和科研机构向市场开放成为上海城市的特色。其中包括文艺院团管理向社会开放，经营向"三产"开放的路径；也有上海的科技攻关取得显著经济效益，科研的经营方式由封闭学术型向开放经营型转变，等等。与此同时，政府支持引导企业积极参加世界各大文化节和著名展会，主动利用国际文化产品交易平台或者各种政府交流机会为文化产品大力"吆喝"，宣传文化品牌。如通过每年举办上海国际艺术节，上海打造了一个服务全国、交融世界的独特的文化艺术交流平台，奠定了这个艺术节作为世界知名艺术品牌的地位，使其成为海内外艺术院团以及艺术大师和中外艺人心驰神往的艺术盛会；上海的对外信息服务热线、动漫出版传媒公司正通过语言与文化这两大要素，不遗余力地推动中国文化"走出去"，传播好中国声音，将更多的中国故事讲给世界听。这些都展现了上海接纳西方艺术与文化的开放姿态，赢得了媒体的关注和赞赏。

政治上，上海合作组织作为欧亚地区最具影响力的建设性机制之一，展示了中国始终不渝地奉行互利共赢的开放战略，又彰显了以互信、互利、平等、协商、尊重多样文明、谋求共同发展为内容的"上海精神"；世博会的成功举办，展现了中国从封闭到开放，从赢弱到强大的历程，这是提升国际影响力的有效途径，也是国家实力与责任的生动体现；亚信峰会、两岸和平论坛以及大大小小的政府高层访问也表明上海在政治上的独特定位。

上海，2010年5月1日。承载着欢乐和期望，世博会这个游历世界各地150余年、无数次点燃人类文明智慧火花的奇幻之梦，将在这里拉开大幕。这将是一次探讨新世纪人类城市生活的伟大盛会，是一曲以"创新"和"融合"为主旋律的交响乐章，更将是人类多元文化的一次精彩对话。

大幕未启，一项纪录已经刷新。截至2009年4月28日，234个国家和国际组织确认参加上海世博会。这是有史以来第一次在发展中国家举行的综合类世博会，也是历史上国际参展方最多的一届世博会。中国的国际影响力和上海世博会的吸引力，构成了强烈的世博磁场。世界各国和国际组织的积极反应，源自对世博会理念——"理解、沟通、欢聚、合作"的深刻认同，源自对思想交流、平等对话、观念创新的强烈渴求，源自对城市未来发展道路的深切关注，也体现了对改革开放中国的信任和期待。

从世博会诞生的那一天起，中国人就开始了对它的憧憬与追求。1851年，上海商人徐荣村偶知英国伦敦将举办首届世博会，寄出12包精选的"荣记湖丝"并一举获奖，中国参与世博会的历史由此破题。1910年，上海人陆士谔在幻想小说《新中国》里，神奇地预言了上海世博会："万国博览会"在上海浦东举行，为方便市民参观，上海滩建成了浦东大铁桥和越江隧道，还造了地铁，租界的治外法权已经收回，汉语成了世界通用的流行语言……

让中国重拾"世博梦"的是改革开放。"世博会是战略的，管50年"——在改革开放的中国，在深谋远虑的决策者心中，世博会承载起一个民族开放、创新、腾飞的宏大命题。1982年，中国重回世博大家庭。2002年，中国郑重申办世博会。几代中国志士仁人薪火相传，终圆世博东道主之梦。那座红彤彤的"中国之冠"——中国国家馆，如同又一枚郑重的"中国印"，鲜明地嵌入世博会新纪元的扉页。

创新是世博会不变的灵魂。"城市最佳实践区"将把"城市"作为展示主体引入世博会，"网上世博会"将实现世博的"永不落幕"，这是组织行为的创新；零排放、太阳能、江源动力——科技创新点亮了世博会的场馆设施，老厂房、老建筑被保留改造，使历史与未来紧紧相握，这是价值理念的创新……作为东道主的中国上海还需继续思考，世博会还将展现的奇思妙想，以及给当代人类社会带来的启示。

（任仲平《"一切始于世博会"——写在上海世博会倒计时一周年之际》，《人民日报》2009年4月30日，有删节）

值得一提的是，上海不仅注重对外开放，对内开放也在不断拓展。从政府到企业，都不约而同地把目光投向上海以外的区域，"融入全国"和"服务全国"成了上海的主旋律。其中，以上海积极参与西部大开发战略为代表，自从党中央发出西部大开发的号召后，上海始终全力参与且勇于创新。对于上海而言，积极主动参与西部大开发已不仅仅是传统意义的区域经济发展，也不意味着一般意义上的扶贫帮困，这是对外开放的进一步深化和对内开放的进一步拓展。上海的人才、技术、管理、资金一直"对口支援"给边远省份，即使在上海最困难的岁月，也没有间断过。这些开放的成果无不呈现并塑造了上海的海纳百川的胸怀和开放融合的明智的城市形象，并让这个城市保持着旺盛的发展活力。

（二）发展的故事

改革开放伊始，以制造业为主的工业改变了上海，为它创造了新的形象。随着经济前景与工业发展的密切联系，对城市经济的看法成为区域经济的缩影，而区域经济又被视为国民经济的较小规模的复制品。如上海市制线织带公司改革管理制度，坚持按劳分配和市场调节，把全公司的生产搞活了。

线带公司所属厂子不多，但在生产、流通和分配领域里，"合理不合法"的怪事却不少。许多利国利民、合情合理的好事，却因为不合"法"而行不通，一些合"法"的事情又极不合理。例如，上海线带机械厂塑木车间，每年要用一百四十多立方米檀木、枣木和进口红木生产梭子和梭箱，供应全国十九个省市的有关单位。这些贵重木材加工后剩余的边角余料，过去一直当劈柴烧掉，这样做是完全合"法"的。前不久，厂部采纳工人建议，利用厂休日加班劳动，把积存的边角余料拼制成两千多只梭箱上的中横木，每只价值八角钱。这样，工厂可净得利润一千八百多元，厂里希望从这笔利润中提取百分之九，作为给工人额外劳动的报酬。但是，这却不合现行财务制度的"法"，没有被批准。因为按制度规定，废木料既然做成了产品出售，利润就应当全部上交。

像这类鼓励人们心安理得地把有用之物化为灰烬的"法",不胜枚举。

公司党委分析了为什么有些同志至今还抱住不合理的"法"不放？一方面是受现行体制的束缚,另一方面受极"左"思想的毒害,思想僵化或半僵化,把社会主义的按劳分配和市场调节,误当作资本主义。

公司党委在开展了真理标准问题的讨论以后,实事求是地改革管理制度。为了使合理的事情能够合法地通行,公司党委经过调查研究,并经上级领导批准和有关方面的同意之后,先后在九月底和十月底作出了一系列新的规定:根据国家、集体、个人三者利益兼顾,国家多得、个人少得的原则,凡是工人在业余时间利用废物给国家创造的财富,允许提取一小部分利润作为工人额外劳动的报酬。凡是完成国家计划以外的超额产品、商业部门不收购的新产品、积压产品,允许自行销售,直接供应市场。凡是供不应求的产品,确实需要通过工人加班来完成增产任务的,可以发放计件工资,鼓励工人多劳多得。工厂的生产能力有富余时,可以承接协作任务和来料加工,以增加企业收益。工厂生产的新产品,在试销期间因成本高、利润过低或有亏损的,在征得有关方面的同意后,可以申请减税或免税,对新产品问世实行保护政策。工厂有权将基本折旧基金、大修理基金和公司下拨的生产发展基金合在一起使用,改变"打醋的钱不能买酱油"的不合理状况,以利于现有企业的挖潜、革新、改造。本行业内厂与厂之间,物资可以互相自行调剂。

线带公司的这些规定,使全行业思路大开,门路大开,财路大开,生产就这样搞活了。

（新华社《改革管理体制　合理的事要合法》,《人民日报》1979年11月10日,有删节）

20世纪80年代,上海市的形象是工业门类齐全、经济发展水平一直处于全国先进行列的老工业基地;上海的工业发展不仅要适应内外贸市场需求的变化,降低外汇减少对生产的影响,而且还要促进产品的升级换代。除此之外,上海的发展任务不单单是城市自身的发展,更要在技术装备不断更新的基础之上,带动兄弟省区发展各具特色的工业。

为了进一步发展市场经济,单纯以产品来划分行业,以行业来约束企业显露出诸多弊端。为了更好地适应丰富多彩、千变万化的市场需求,工业企业经过转换经营机制的改革,购买急需的技术,开发新产品,形成新产业。这样的改变既利于企业间生产力要素的优化配置,也使得企业立足自己的技术专长,开展跨行业的多元经营。上海商业系统中最深刻的变革正是商业企业机制的转变,企业可以选择和创造适合自己特点的改革模式,并自主决定分配形式,也正是在这个阶段,上海这个城市的"商业性"逐渐显露,上海开始了推动组建商业企业集团,优势互补,内部联合,增加发展潜力,提高竞争实力,上海成为国内最大的工商业城市,形成了有利于社会主义市场经济发展的大市场、大商业、大流通局面。

21世纪以来,上海经济发展方式悄然发生深刻变化,消费对上海经济增长的贡献稳居第一,成为经济发展的第一动力。高端服务业成为上海经济发展当之无愧的主角,上海的城市形象正式转变为以国际经济中心、金融中心、航运中心、贸易中心为一体的国际化大都市。

随着以"世界第一高楼"为目标的上海环球金融中心宣布即将复工,新加坡政府产业投资有限公司办公大楼等3个项目正式签约,汤臣海景公寓项目打下第一桩,上海银行总部大楼、中国和古巴合资的五星级酒店等项目即将开工,浦东陆家嘴,这个在财富论坛与APEC会议上赢得全球瞩目的地区,正启动新一轮开发建设高潮。

陆家嘴金融贸易区方圆28平方公里,是中国唯一以"金融贸易"命名的国家级开发区。经过20世纪90年代的开发建设,陆家嘴的外资银行数量占我国大陆境内外资银行总数的1/4,其资产总额的比例超过了40%。浦东4 000余家中外服务机构中,85%以上的机构、96%以上的业务收入都集中在此区域。今天签约和宣布即将开工的项目总建筑面积达85.4万平方米,总投资为135亿多元人民币。涉及旅游会展设施项目3个,其中上海海豚馆项目总投资约为2亿元;金融项目2个,包括中国银联及环球金融中心项目。另外5项为高级商住楼宇项目，今日打桩的汤臣海景公寓项目，建成后将成为上海标准最高的景观住宅。

　　新区负责人在此间召开的新闻发布会上透露，近日，还将与世界著名地产公司签约，进行陆家嘴地区组团式开发，共包括5幢大楼，建筑面积为41.5万平方米，总投资达90亿元人民币。

　　浦东新区负责人称，陆家嘴地区是上海浦江两岸综合开发这一世纪性工程的主体区域。新一轮开发建设将体现三大特点：其一，要素市场、国际银行楼群、休憩旅游、顶级江景住宅及跨国公司区域总部五大功能组团进一步强化；其二，建设具有全频道、全天候、全方位的金融贸易信息交换能力的国际一流区域；其三，会展旅游成为重要经济增长点。

　　（吴焰《上海陆家嘴启动新一轮开发》，《人民日报》2002年2月22日，有删节）

　　上海的转型动力与发展优势在于创新，如上海先后开展了跨境贸易人民币结算试点、在沪外资银行发行人民币债券等金融创新业务，推出了中期票据、股指期货等大批金融创新产品。一项项创新之举，使上海的市场环境更加完善、更加开阔。作为中国现代工业的发源地、众多国家级高科技项目的开发前沿阵地，上海也没有抛弃制造业，但所有制造业都必须瞄准"高端"，核电设备、大飞机、海上深水钻井平台……既是高精尖技术的凝结，又是国家战略的生动实践。在贸易方面，除了看上去更实在的汽车制造等贸易以外，上海积极打造国际文化贸易平台，使文化贸易迅速成为经济增长的新的驱动轮。同时，贸易这一从丝绸之路开始就促进中西文化交流的形式正在重新担负起文化"走出去"的重任，全球化时代的文化贸易开辟的将是另一条更为深远的交流之路。在航运方面，上海港的吞吐量屡创新高。此前，中国的创造力量或多或少地来源于政治，而在上海的发展故事中我们看到，领导公司前进的企业家也成为推动社会前进的力量，经济本身也在创造力量。改革开放促进了城市的发展，发展又进一步促进了开放和交流，推动着城市形象的更新。

（三）治理的故事

上海的城市形象，其魅力来源除了经济区位优势，还有备受赞誉的规则意识。遵守基本的行为规则，秉持法治思维和法治方式，是上海发展的一条隐形的准绳，是上海商业文明注重契约精神的体现。我们看到缺乏契约精神的传统社会在上海得到改造。

作为中国最发达的现代化城市，如何加强政府自身建设，打造服务政府、责任政府和法治政府，一直以来都是上海亟待破解的课题。早期的上海行政管理体制还存在一些问题，比如部门职责交叉、权责脱节、综合协调能力不强、办事效率不高等。这些问题直接影响政府全面、正确履行职能，也在一定程度上制约着上海经济社会的发展。

到了20世纪90年代，城市管理重心向社区转移，上海以理顺管理体制作切入口，以社区建设为载体，通过事权逐级下放，强化街道一级的行政管理职能，取得积极的成果。如位于上海市区西北角的华阳街道，曾经是一条典型的"穷街"：坑坑洼洼的小路，成片的棚户矮屋，马桶煤球炉伴随着居民度过了一代又一代；在街道干部的积极行动下，居民住房条件得到改善，地区生活设施齐全，人际关系也愈加亲近。

街道，是各种矛盾的交汇点。社会治安、环境卫生、计划生育等上级布置的工作要做，居民开门七件事得管。凡群众找上门来，华阳街道能解决的，他们做到及时帮助解决，一时解决不了的，也不推诿，而是干部们自己四处奔波，设法解决。有年春节前，办事处主任崔秉南带着居民们的84个各类"老大难"生活问题，跑了整整一个月，解决了54个，让居民们过了一个满意的春节。为居民建新楼，动迁矛盾十分突出。6 000多户居民散居各处临时房，街道干部经常兵分十几路到近郊临时安置点走访，了解居民的困难，调解租房纠纷，并组织医生参加下乡巡回医疗活动，帮助医病配药。由于工作做到了"家"，华阳居民中没有因动迁问题上访的。华阳干部平时的一言一行，群众都看在眼里，谁心头没有一本账：盛夏酷暑，干部们头顶烈日给困难户送去防暑用品；寒冬腊月,他们走街串巷,看看居民有什么困难,每当发生灾害性气候或突发事件,总有干部党员冲在第一线。

华阳干部的行动准则有一条是:群众需要什么,我们就做什么。有位老教师因家庭纠纷一时想不开而寻了短见,大家在悲痛之余想到,人们在感情上的交流和帮助亦是不可缺少的。于是,"情感服务小组"应运而生;为关心离异等原因产生的单亲子女家庭,街道又有了"知心妈妈",给缺乏母爱的孩子以更多的爱护。如今,华阳已从"知心妈妈"发展出众多的"知心姐姐"和"知心哥哥",担负起关心、帮助青少年的重任。

（吕网大《春满华阳——记上海长宁区华阳街道》,《人民日报》1994年9月29日,有删节）

随着城镇化的推进,社区面临着利益格局与生活方式的调整;信息化时代的到来,人们的诉求表达渠道更加多样。21世纪以来,上海的治理问题得到了持续性的关注,其中绝大部分负面报道都是与治理有关,反映的是上海遇到的一些治理上的难题或困境。但是随着上海不断深化改革,开展创新社会城市治理的探索,尤其在党的十八届五中全会提出推进社会治理精细化之后的两年时间里,对于上海的治理问题多是正面报道,其中的关键词是"法治"和"创新"。上海近年来在基层治理、交通整治等领域的改革突围,无一不是围绕关键词"法治"展开;上海人讲规则、守规则的文化,落实在城市治理上,就是追求制度化,秉持法治思维和法治方式。而"创新"体现在社会治理实践中则是"智能化"和"标准化"。智能化表现为更多地运用信息技术手段提高管理效率,而不是采用简单的"人海战术";标准化,就是用相应标准来给精细化管理提供依据。典型的例子就是"智慧社区"的建设以及物联网技术的规模化应用。

上海浦东新区金桥镇的不少居民已习惯于"智慧社区"的便利:点击"碧云大管家"智能家庭终端,可查询社区内商场、大卖场等消费场所的优惠信息,还可直接下单;这位"大管家"还会向居民提供料理医疗、交通、餐饮、家政、垃圾管理等服务——曾经陌生的"物联网",不仅改变了上海人的生活习惯,更成为上海大力推进的战略性新兴产业。在上海市"智慧城市"建设三年行动计划中,物联网成为重点产业专项,年产值在全国率先达到千亿元规模,相关企业超过300家。

2012年,物联网被列为上海市战略性新兴产业发展专项资金扶持的11个产业之一。在全球经济增长放缓的背景下,上海物联网产值在2012年保持坚挺。目前,上海企业拥有的传感器芯片、实时数据库、海量实时图像处理等一批关键技术打破了国外垄断,自主研发设计的CMOS图像传感芯片年销量达6.4亿个,占全球市场份额的1/4。在射频识别标签(RFID)芯片及智能卡领域,上海集聚了华虹集成电路、复旦微电子等一批国内领军企业,初步形成了从芯片设计和生产到应用系统的国内技术最先进、规模最大、产业体系最完整的产业链。

在核心技术研发突破的同时,上海通过政府搭建公共平台和建立示范工程,助推物联网技术的规模化应用。如今在射频识别标签、手机物联网、车联网等领域,已产生了多个百万级终端的规模工程。特别是在民生应用方面,这些规模化示范工程为市民构建了便捷高效的出行网、安全网和健康网。

目前,上海已建成覆盖全市主要道路,融交通、治安等功能于一体的综合性管理平台,上海市民通过交通导览牌、智能手机、车载终端、电脑等方式,能实时查询全市交通信息。2010年上海世博会期间,这套平台的试运行使路网通行能力提高5%、道路畅通时间增加7%,并减少了大量尾气排放。

上海运用物联网结合创新商业模式,为老式小区装上了安全网,通过企业直接投资为居民免费安装并联网管理门禁系统,联网小区的门禁完好率达95%以上。物联网技术还广泛应用于健康医疗领域,对居民的血压、血糖等7项体征指标进行日常监护和智能管理,市民足不出户就能享受免费的专业健康监护服务。

(励漪、孙小静《上海物联网年产值率先达千亿》,《人民日报》

2013 年 7 月 7 日,有删节)

　　上海大力发展"物联网",既推动了数据资源的深度融合共享和跨领域应用,同时也为新产业发展提供了强大的信息化基础支撑。城市在飞速发展,出现的问题不是一成不变的。上海的治理故事,就是重新建立一套符合特大城市精细化管理的制度,让人民生活更便利、城市管理更精细、产业发展更协调,提升以宜居性为代表的软实力。

　　从制造业唱戏到服务业担纲,从投资拉动到创新驱动,从保障民生到创造百姓更加美好的生活——不断更新城市形象的上海,在改革开放中始终勇立潮头。

四、 本节小结 ▶▷

　　上海作为中国改革开放的前沿和对外开放的重要窗口,其形象塑造也应该对标国际一流城市,围绕全球城市的内涵进行建设。总的来看,上海的商业气息非常浓厚。相较而言,文化通常作为产业性的因素被呈现。城市形象背后所呈现的,不应只有过于浓厚的商业导向,而要有包容各种异质的文化基因。上海的经济中心、金融中心的形象,在某种程度上削弱了文化的多样性和内在气质。这和北京、巴黎等城市是有区别的。纽约人口中,在国外出生的人口占比为35.9%,其居民祖籍遍及世界180个国家和地区,使用的语言多达121种。纽约市区有很多社区都保留了明显的民族特色,如曼哈顿的唐人街、小意大利、日本街、韩国城等。伦敦以其拥有300多种不同语言的社区为荣,而纽约、悉尼则以各种各样的社区节日反映其多样性。这些多样性和包容性,对于爵士乐、说唱音乐等的诞生,提供了重要的基础,而这些文化元素的发源,已经成为纽约等城市的重要符号和形象来源。上海要精确定位自身的文化特色,以作为城市形象的文化内核,打造核心的文化地标,建立类似纽约的百老汇、洛杉矶的好莱坞、悉尼的歌剧院等国际著名文化地标,进一步凝练海派文化的特色,从而便于城市形象的传播。

第三节　广州40年：从中国
花城到全球商业中心

作为中国的南大门，广州既不像北京以华夏政治和文化中心而闻名天下，也不像上海在开埠后的短短百余年间内迅速发展成经济中心而矗立东方。有着2 200多年悠久历史和丰厚的文化遗产的广州，自古至今更多的是在商业方面有杰出的表现，而这又主要是海外贸易经过千年锤炼终成的商都特色。据史学家考证，在秦始皇还没有统一岭南之前，广州已经同南海沿岸诸国有了贸易往来。秦汉时期，船队频繁往来于广州与东南亚、西亚之间，成为"海上丝绸之路"的发祥地；清代闭关锁国，广州长时间处于"一口通商"局面。十三行"一口通商"成为当时中国对外贸易的垄断场所，成为中国首个官设海外贸易"经济特区"，对外贸易空前繁荣（胡幸福，2009；温朝霞、何胜男，2010）。

作为近现代革命的策源地和当代改革开放的前沿地，广州一直以经济的发达和开放的形象享誉全国。改革开放以来，随着我国经济的快速发展，广州在经济发展、商业市场拓展、城市基础设施建设、经济政治文化对外影响方面取得了巨大成就，城市面貌焕然一新。广州经济发达，就业容易，因此曾有"东西南北中，发财在广东"之说。广州市场繁荣，"购物在广州"吸引了众多的游人。随着社会经济以及岭南文化的对外影响力与日俱增，广州产品在全国市场有良好的地位，"吃珠江粮，喝珠江水"（食品等产品影响大）成为时尚。"食在广州"和"玩在广州"是广州人衣食住行风貌的反映，是广州具有吸引力的又一个方面（傅云新，1998；温朝霞、何胜男，2010）。广州在城市特色方面可谓丰富多彩：一是悠久的历史文化，"五羊"传说引人入胜，历史文化、宗教习俗、近现代革命等遗迹众多，是全国第一批历史文化名城之一；二是融汇中外文化精华，形成了独特的岭南文化，建筑、园林、音乐、粤剧、饮食、城市景观、生活习俗等都自成一体，充满了浓郁的岭南风格；三是对外交往历史源远流长，从秦汉时期开始频繁的海外交往到现在发展34个国际友城，积累了深厚的海外人脉资源，形成了遍布五大洲的对外关系网络；四是优美的自然环境，山清水秀、风光旖旎，人居环境良好，旅游资源丰富；五是开放与兼容的城市风气和务实、奋进的广州人精神，创造了一个又一个城市建设和社会发展的里程碑。这些都是构成广州城市特质的重要方面（姚宜，2009）。

广州是岭南文化的中心地。岭南文化具有"天人合一、兼容并蓄"的特点。"天人合一"的岭南文化继承了中华文化开放的历史情境和多元话语，具有"开眼看世界"的文化视野，较少有意识形态和专制制度的羁绊，在文化选择上相对自由（唐孝祥，2003）；岭南文化"兼容并蓄"的文化内涵，既糅合了土著的原生态文化和正统的中原文化，又吸收、融合了各种异域文化，具有"杂交"的文化特质，深深地影响了岭南地区的城市社会结构（刘海唤、刘海清，2010）。岭南文化区别于中国其他地域文化的特殊本质在于：它是一种原生型、多元化、感性化、非正统的世俗文化，这种本质决定了其基本特征：重商性、兼容性、多元性、享乐性、直观性、远儒性（李燕，2003：41）。这些特征反映在广州这个城市发展的多个方面，重商体现为经济发达、市场化程度高；兼容和多元体现为开放，因为开放而兼容，因为兼容而多元；而享乐、远儒则体现为世俗（栗鑫，2010）。由此共同塑造了广州经济发达、时尚、开放、生活闲适的城市形象。

40年的改革开放历程，见证了我国经济的快速发展。我国城市化进程不断加快，每个城市之间都发展得极为相似，差异越来越小。在中国任何一个城市当中，随处可见高档写字楼、商业街等。而城市与城市之间的差异的关键在于文化，一个城市的灵魂在于文化长期积淀所反映出的那份气质。城市形象便是一座城市的气质的呈现，而且也是人们对这座城市的深刻印象和整体感知。"千年羊城，南国明珠"的城市形象表述词，就显示出了广州这座城市的鲜明个性和特色，使广大公众对广州城市形象有了初步认识。"敢为人先、奋发向上、团结友爱、自强不息"的新时期广州人精神和"思想开放、前卫、易于接受新事物"的形象业已深入人心。

如今，广州仍是华南文化的重镇和岭南文化的中心，广州经济发达和开放的形象享誉全国。广州自然地理环境优越,气候条件有利于花木四季常开,素有"花城"之称;广州还是国家公布的第一批历史文化名城。在新一轮城市总体规划调整中,广州将其城市性质确定为东南亚地区的政治、经济、文化交往中心,国际重要的交通枢纽之一,华南地区的商贸中心和华南重要的重型装备制造业基地。到2020年广州的城市定位为:国家中心城市、影响东南亚的现代化大都市。我们有充分理由关注广州的城市形象在媒体上的呈现,因为这一方面反映了广州改革开放40年来的发展之路,另一方面其中呈现出的特点又将在某种程度上影响广州未来发展的趋势。

基于此,本研究运用《人民日报》图文数据库(1946—2018),通过关键词搜索得到1978年1月1日至2017年12月31日涉穗报道共4 600篇,通过抽样的方法分析这些报道的基本特征,并从关键词、重大事件、"三力"(吸引力、创造力、竞争力)等分析框架进行内容分析,从而能较为客观、准确地描述广州在国内权威媒体中的城市形象的基本特征和变化趋势。

一、 总体综述 ▷▷

基于样本,本研究以《人民日报》涉穗报道的时间为参考轴,从篇幅、报道向度、报道是否涉外等方面对报道进行描述,以勾勒出这些报道的基本特征。

(一)《人民日报》涉穗报道的时间分布

从报道的时间上看,《人民日报》关于广州的报道呈现出阶段性的特征(见图3-3)。从1978年开始,当中经历了广州经济技术开发区的成立,报道量有小幅上升,然后回落;从1992年邓小平南方谈话开始,对广州的报道量呈现出相对稳定的状态,随后出现了报道量的下降;2003年,非典肆虐全国,广州作为主战场之一受到高度关注;2004年开始,广州筹备亚运会的进程也得到了充分报道,从这一时期开始,对广州的报道量逐渐提升,并且于2010年亚运会期间,达到了报道量的最顶点,随后从2011年开始,报道量逐渐回落;直到2014年,国务院决定设立中国(广东)自由贸易试验区,其中涵盖了广州南沙新区片区(广州南沙自贸区),接下来几年中,有关广州的报

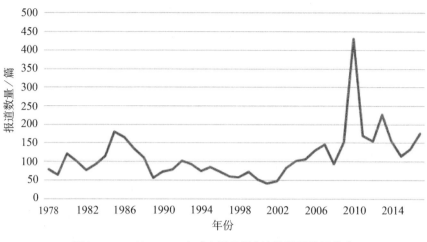

图3-3　1978—2017年《人民日报》涉穗报道数量分布

道量再次回升。综上所述,《人民日报》关于广州的报道数量存在着明显的时间性特征。

　　进一步分析报道年份与报道量之间的关系,可以发现有关广州城市的报道大致分为四个阶段:① 1978—1991年,改革开放伊始阶段;② 1992—2002年,邓小平南方谈话之后的发展阶段;③ 2003—2013年,亚运会筹备及举办阶段;④ 2014—2017年,广东自贸区(涵盖广州南沙新区片区)成立以及发展阶段。使用方差分析发现,$F(3,36)=5.434$,$p=0.003$。Tukey的事后检验程序表明,第二阶段的报道量($M=69.27$,$SD=19.556$)和第三阶段($M=163.45$,$SD=98.086$)的报道量有显著差异;除此之外,不同阶段的报道量虽然也有差异,但差异不显著。

(二)《人民日报》涉穗报道的篇幅变化趋势

　　以前述时间段为分类变量,探究其和篇幅长度变量的交互影响,卡方检验显示,不同时间段的报道篇幅差异十分显著($\chi^2=99.833$,$p=0.000$)。总体而言,随着时间的推移,对于广州的报道篇幅是增加的,尤其是长篇报道的占比不断增长。可见,《人民日报》对广州的关注度随着改革开放的推进而不断增强。

在2010年广州亚运会前后,《人民日报》对这座城市的报道量有明显增加。进一步分析2010年当年所有涉及广州的报道,对报道是否涉及亚运会这一分类变量和篇幅长度变量交互影响的观察,卡方检验显示,涉及亚运会与不涉及亚运会的报道篇幅差异十分显著(χ^2=10.292,p=0.006)。这充分说明标志性事件可被视为现代城市形象塑造的关键性因素,以事件为基础的强有力的城市形象已经在城市特征的识别过程中扮演主导性的作用。

除此之外,对《人民日报》有关广州的图片报道进行分析,研究图片的出现频率和报道时间段的交互影响,卡方检验显示,不同时间段的差异十分显著(χ^2=51.608,p=0.000)。可以发现,越往后的时间段,带有图片报道越多。这说明随着时间的推移,《人民日报》采用了图文并茂的方式报道,从而增加了广州城市形象的识别度。

(三)《人民日报》关于广州的涉外报道变化趋势

以前述时间段为划分标准,分析《人民日报》关于广州的报道中涉外报道所占的比例,发现这个比例并不是随时间的推移而上升的,涉外报道比例最高的是改革开放伊始的阶段,样本中涉外报道的比例达到38.5%;涉外报道比例最低的是第二个阶段,自第二阶段起,广州涉外报道的比例随时间的推移而上升。卡方检验显示,不同时间段的差异十分显著(χ^2=22.975,p=0.000)。

假定样本对于总体有一定代表性,广州在改革开放初期,往往是各国领导人访问中国时会经过并访问的城市,因而官方媒体中呈现的广州城市形象的国际化属性非常鲜明。随后的时间段内,广州城市形象的国际性相对削弱了,但是随着时间的推移,尤其到亚运会的举办,广州开放的、国际化的城市形象再次彰显,并在这次体育盛会上得到了充分展示。在此之后,乘着自贸区成立的东风,广州的开放性继续增强,国际化程度到达了新的高度。

(四)《人民日报》涉穗报道的向度变化趋势

从报道的向度来看,《人民日报》涉穗报道中,正面报道占60.3%,中性的占30.4%,负面占5.7%。卡方检验显示,不同时间段的报道向度呈现显著的差异(χ^2=23.067,p=0.001)。负面报道主要产生在第三阶段,即亚运会筹备至举办期间。进一步分析报道向度与报道篇幅之间的关系,卡方检验显示,不同篇幅的报道之间差异十分显著(χ^2=70.895,p=0.000),正面报道以中长篇为主,中性报道多半是短篇,而负面报道占比最少,主要都是中短篇。一方面,总的来说,关于广州的报道中,正面报道和中性报道占据了绝大部分;另一方面,与北京和上海相比,广州的负面报道更多,涉及的主题也更广泛,负面报道中,长篇报道的比例也比北京、上海要高,考虑到《人民日报》的属性,我们可以认为广州的形象正面程度比起北京和上海而言,稍显不足。

二、《人民日报》对广州的报道内容趋势分析 ▷▷

对《人民日报》涉穗报道所涉及的内容发展趋势,我们遵循上述的研究发现,亦即将广州城市的发展大致分为四个阶段:① 1978—1991年,改革开放伊始阶段;② 1992—2002年,邓小平南方谈话之后的发展阶段;③ 2003—2013年,亚运会筹备及举办阶段;④ 2014—2017年,广东自贸区(涵盖广州南沙新区片区)成立以及发展阶段。不同阶段的报道有如下特点:

(1)按报道主题进行分析,卡方检验显示,不同时间段的报道主题差异十分显著(χ^2=117.405,p=0.000)。在这些报道中,我们可以发现,在改革开放初期,广州有两个特别明显的特点:一方面,广州是许多外国政要访问中国国内的各个城市乃至中国周边国家(如朝鲜)的必经之地;另一方面,广州率先尝试打破计划经济的藩篱,有限度地开放市场,又加上广州以对外贸易为导向。因此早期的报道主要涉及的是宏观的、战略性的政治和经济方面的主题,这些都反映出广州是中国最早开放的城市之一,同时也是体制改革的开拓者以及对外的重要通商口岸。在南方谈话之后,广州也充分吸收了南方谈话的精华,并将基本实现现代化和建设国际大都市作为新的城市建设目标。这一时期,以政治、经济为主题的报道的比重有所降低,文化、社会民生成为新的关注焦点。到21世纪初期亚运会筹备与举办阶段,文化和社会民生依然是广州的报道重点。直到近年来,随着广东自贸区的成立,经济方面的议题重新成为涉穗报道的焦点,表明广州形象与经济领域的关系更加紧密。总体而言,早期的报道中政治、经济主题所占的比重较多;随着时间的推移,以政治为主题的报道减少,以文化和社会民生为主题的报道增多;近期受自贸区成立的影响,经济报道重新成为报道的重点(见表3-11)。

表3-11　1978—2017年《人民日报》涉穗报道主题占比情况

时间段 / 报道量占比(%)	政　治	经　济	文　化	社会民生	其　他
1978—1991年	33.4	35.6	18.0	12.9	0
1992—2002年	10.2	28.3	24.7	34.9	1.8
2003—2013年	13.6	23.3	28.7	33.1	1.3
2014—2017年	9.4	42.5	19.7	27.6	0.8

(2)分析不同时间段的报道对象占比,卡方检验显示,不同时间段所报道的对象差异十分显著($\chi^2=207.300$,$p=0.000$)。改革开放伊始,《人民日报》涉穗报道的对象以政府为主,这也和这一时期报道主题中所呈现的特点是吻合的;邓小平南方谈话后,以企业为对象的报道的占比有所提高,反映出企业在这一阶段作为改革开放的发展生力军的角色;随着时间的推移,官方媒体关注的重点逐渐转移到了文化软实力以及社会治理等方面,由于亚运会的筹备与举办者主要是政府,所以这一阶段的报道对象主要是政府;而自贸区成立以来,许多改革措施也是政府主导推行的,这一阶段的报道对象,政府占据了主导地位(见表3-12)。值得一提的是,有关广州环境方面的报道并没有像上海与北京那样明显提升,表明相比于京沪,广州的环境问题在城市形象的塑造中起到的作用比较有限。

表3-12　1978—2017年《人民日报》涉穗报道对象占比情况

时间段 / 报道量占比(%)	政　府	企　业	事业单位	民　众	环　境	其　他
1978—1991年	42.3	21.5	24.0	11.0	0	1.3
1992—2002年	29.5	29.5	17.5	12.0	0.6	10.8

（续表）

报道量占比（%）　时间段	政府	企业	事业单位	民众	环境	其他
2003—2013年	65.9	10.8	4.1	14.1	1.8	3.3
2014—2017年	82.7	9.4	0.8	6.3	0	0.8

（3）分析不同时间段对产业的报道占比，卡方检验显示，不同时间段所报道的产业差异十分显著（$\chi^2=80.605$，$p=0.000$）。具体分析不同产业在不同时间段的变化，可以发现，关于第一、第二产业的报道减少，第三产业相对于第一、第二产业的报道占比显著增多。在改革开放前期，广州的蔬菜产销体制改革得到了全国范围内的广泛关注，有关第一产业的报道多半与此有关。而随着城市战略定位的发展和调整，工农业作为基础，第三产业逐渐成为重点，广州也转变为一个以高端发展和绿色增加为取向，产业结构和布局不断优化的国际化城市（见表3-13）。

表3-13　1978—2017年《人民日报》涉穗报道产业占比情况

报道量占比（%）　时间段	不涉及产业	第一产业	第二产业	第三产业
1978—1991年	65.0	4.1	15.8	15.1
1992—2002年	63.3	1.8	9.0	25.9
2003—2013年	80.0	0	6.7	13.3
2014—2017年	92.1	0	0.8	7.1

（4）从关键词分析，卡方检验显示，不同时期关于广州的报道的关键词有显著的差异（$\chi^2=122.017$，$p=0.000$）。早期报道（1978—1991）的关键词多为"发展"，中后期报道的关键词多为"治理"（见表3-14）。也就是说，从1978年起，广州在改革开放中先行一步，在各个方面为中国改革开放探路，市场取向一路领先，"发展"成为广州改革开放初期的主旋律；然而，正是因

为广州在改革开放中扮演的先锋角色，在发展过程中也会遇到许多问题，加上广州一直以来就是一个开放性很强的贸易城市，因此出现了许多治理上的问题，这些会同城市发展一起成为媒体所报道的重点，并成为城市形象的重要组成部分。

表3-14　1978—2017年《人民日报》涉穗报道关键词占比情况

时间段 报道量占比（%）	改　革	开　放	创　新	发　展	治　理
1978—1991年	1.3	22.4	4.1	42.9	29.3
1992—2002年	3.6	6.6	15.1	33.1	41.6
2003—2013年	4.4	12.3	10.3	18.2	54.9
2014—2017年	3.9	15.0	14.2	14.2	52.8

（5）卡方检验显示，不同时间段对"三力"的关注程度存在显著差异（$\chi^2=91.930$，$p=0.000$）。官方媒体报道始终关注广州的吸引力，这与广州的开放性息息相关；到了自贸区成立阶段，对于竞争力的报道有所增多（见表3-15）。总的来说，吸引力主要和城市的开放以及解决问题的效率联系在一起，创造力则更多的是与体制创新相关。因此，早期广州作为经济体制改革的先锋，有关创造力的报道的比重是所有时间段内最高的，竞争力则与城市定位的变化密切相关，也意味着广州在不远的未来将承担更重要的国家使命。

表3-15　1978—2017年《人民日报》涉穗报道"三力"比重

时间段 报道量占比（%）	吸 引 力	创 造 力	竞 争 力
1978—1991年	62.1	29.3	8.5
1992—2002年	76.5	12.7	10.8
2003—2013年	69.7	11.8	18.5
2014—2017年	58.3	7.1	34.6

三、 媒介中呈现的广州城市形象变迁 ▶▶

（一）改革开放的"先锋"的故事

在改革开放的过程中，广州在很多方面先行先试，为中国改革开放探路，经历了从农村到城市，从经济体制到社会、政治和文化体制，从对内搞活到对外开放的波澜壮阔的历史进程。其中，在蔬菜经营方面，长期以来，广州的蔬菜经营是由国家统购包销，不注重市场调节的作用，农民种菜几乎无利可得，生产积极性不高，消费者只能有什么吃什么，为了解决这一问题，广州大胆改革，放开菜价，对蔬菜的购销不限价、不包购、不补贴，让价值规律在蔬菜经营工作中起到调节作用。放开蔬菜经营后，农民根据市场需要安排生产，使市场蔬菜品种增加，质量提高，大街小巷到处是个体菜贩的身影，极大地方便了市民。广州还允许外地蔬菜自由进入广州，流通渠道更为通畅，丰富的菜源保证了市场的繁荣，市民买菜从此不再成为难题。广州实行蔬菜购销全面开放政策的改革措施也对全国大中城市产生了积极的影响。

20 世纪 80 年代中期以来，广州经济技术开发区不断取得新成果。广州以市场为导向，进行建立社会主义市场经济体制的试验，实现了由计划经济体制向社会主义市场经济体制的跨越。此后，广州的市场取向一路领先，使其在全国脱颖而出，经济体制改革走在全国前列。广州的开放性在这一阶段的发展中体现得淋漓尽致。广州开展对外经济技术合作与交流，走国际化的经济发展道路，积极开拓国际商品市场，发展外向型经济。作为以加工工业为基础的外贸城市，广州按国际市场需求调整产业和产品结构，一投放市场就得到外商的青睐。

白云山制药总厂虽远在市郊，却有两件事成为广州市里大小企业的议论话题：一是原来仅有二三十人的农垦系统小厂，在国内药品市场激烈的竞争中，却奇迹般地成为闻名的大型企业。二是去年国家给予它外贸出口权后，很快把 90 多种产品打到了国际市场，创造了大笔外汇；还积极寻求到中国香港以及新加坡、日本、美国去办厂的机会，快步走向外向型企业的行列。白云山制药厂腾飞的原因何在？

企业搞活振兴，不但要"婆婆"放权，更需要企业有内功。在白云山制药总厂采访中强烈地感到，内功强大的企业才能真正从旧的产品经济体制所形成的笼子里解脱出来，在商品经济条件下自主地用人、用设备、用资金搞活经营；同时，强化了内功，企业自我积累、自我改造、自我发展的潜力才会奔涌而出。

用人权是白云山制药总厂获得的第一项自主权。总厂随即把一批懂技术、精业务、会管理的人才放到生产管理的关键岗位上，让他们有职、有责、有权；还从社会上招收二三十名技术人员，分别委以重任，使企业骨干队伍很快适应了新形势的要求。只用了几年时间，小厂从一个瘦骨嶙峋的老头返老还童变成了身强力壮的小伙子。他们研制成功的"活心丹""感冒清""咳特灵"等新产品，能和国外的同类名牌产品相媲美。

国家对这个制药厂三不管：原材料供应不管；扩大再生产的投资不管；产品没有收购计划。工厂背着高价原料、高额银行利息的沉重包袱。它和其他制药厂在不平等条件下展开竞争，然而它却取得了优胜的成绩。

反弹琵琶，把"产、供、销"倒过来，让"销"字坐第一把交椅，这是白云山制药总厂经营管理的秘诀之一。该厂在全国设立了1 500个销售点，销售人员在推销产品的同时，四处捕捉信息。根据信息反馈更新产品和决定产量。这几年，全厂每天生产产品达千万吨，但库存时间却不超过五天，资金周转之快不同寻常。在产品经济的体制下，物质、资金和产品计划调拨分配制度，使企业上级热衷于争投资、争原料，而不关心产品的销售和经济效益。所以，那些企业虽然条件优越，但在竞争中往往会失利。

（陆振华《内功是关键——广州白云山制药总厂腾飞的启示》，《人民日报》1987年4月20日，有删节）

广州打破旧体制的束缚,大力培植以开拓国际市场为目标的企业集团,以联合投资、相互参股等多种方式,使人才、资金、技术、资源等生产要素重新组合,形成有利于国际竞争的内部机制。同时,广州以市名牌产品为"龙头",组织培植一批出口企业集团,推向国际市场竞争第一线,带动了全市外向型经济的发展。

20世纪90年代后,广州进行了建立现代企业制度的实践,国有大型企业深化改革以建立现代企业制度为主线,面向市场及时调整企业内部结构和资本结构,加快技术改造步伐,完善内部管理机制,在商品经济条件下自主地用人、用设备、用资金搞活经营。同时,广州的个体经济也得到了稳步发展,个体劳动者队伍不断扩大。广州以产业转型升级为核心动力,以技术创新带动产业转型升级,促进生产方式转变,实现经济增长方式从自然资源依赖型向科学技术、人力资源支持型转变,大大增强了城市的综合经济实力。

随着劳动密集型产业的转移,经济发展依靠大规模的投资拉动和廉价的土地、劳动力等生产要素的投入。在新时期新形势下,这种粗放型增长模式已经难以为继了。

21世纪以来,借助筹办亚运会的契机,广州在实现城市环境面貌"大变"的同时,积极推动产业转型升级,加快孕育现代产业体系,迅速从"要素驱动"向"创新驱动"转变,从"世界工厂"向"中国服务"飞跃,从"汗水经济"向"智慧经济"嬗变。以商贸会展、金融保险、现代物流、文化创意、信息化为核心的现代服务业和汽车、石化、数控、造船、钢铁、重大装备等先进制造业逐渐成为经济增长的新动力,远程医疗、远程教育、电子商务、研发设计、管理咨询、人力资源、检测认证、四方物流等服务业新业态如雨后春笋般出现。广州经济正经历一次深刻的转型。此前,广州作为全球重要的商贸中心,更多的是汇聚全球货物流、人流;如今,随着经济转入高质量发展阶段,广州汇聚智力和技术要素,逐渐形成全球性的高端要素配置枢纽。至此,广州迈向国际商贸中心的路径更加清晰。

(二) 城市"魅力"的故事

作为国家中心城市,至少要具备两个基础条件:一是有与国家中心城市相匹配的经济硬实力,能够代表国家参与国际经济分工合作与竞争;二是有与国家中心城市相匹配的文化软实力,在内外文化交流合作中能够产生较强的吸引力、集聚力、辐射力和影响力。广州是中国"海上丝绸之路"的起点之一,是国家重要的通商口岸。自古以来,广州就和许多国家和地区有着经贸往来,与近邻亚洲国家和地区的经贸往来更是密切。改革开放以来,广州充分利用政策优势和毗邻港澳的地缘、人缘优势,积极发展与亚洲各国(地区)的经贸往来。广州缘何有此"魅力"? 答案恐怕来源于三个方面:一是一直以来重视软环境的建设;二是其开放性和国家战略的交互;三是其社会治理的成效。

1. 软环境的建设

广州经济技术开发区是我国首批国家级开发区之一。改革开放初期,作为体制创新"试验田"和对外开放的"窗口",广州经济技术开发区积极发挥排头兵作用,坚持走集约式发展道路;同时,该区努力建设开发区的软环境,坚持与国际接轨。

广州开发区的成功,首先在于它闯出了一条集约式发展的新路。该区提出"用一流的环境引进一流的项目",让每一寸土地都最大限度地取得社会效益和经济效益,要求入区项目必须科技含量高、投资规模大、经济效益好、污染程度低。通过抬高准入门槛,引进更多的高素质、有实力的项目。该区还高标准建设以广州科学城为核心的高新技术产业平台,积极构建科技企业孵化场地30多万平方米;整合区内资源,为科技企业提供融资、管理、咨询等各种中介服务;设立科技发展基金和奖励基金,吸引15家国内外风险投资机构,并与市科委组建了广州科技风险投资公司,提供多渠道资金保障。

去过广州开发区的人,都对那里良好的软环境印象很深。该区坚持与国际接轨,不断提高政府竞争力。在管委会和部分负责行政管理的事业单位全面推行ISO9001国际质量管理体系,规范政务工作,提高办事效率。区内设立"一站式"投资服务中心,经办各类日常业务216项,其中63项可当场审批办理,82%以上的事项可在5个工作日内办结。该区兴建了办证中心，集聚公安、工商、人事、劳动保险、就业服务等部门，受理多种业务，方便企业和居民，并对重点企业实行驻厂代表制，为企业提供"贴身服务"。全区力推电子通关、工商并联审批、电子报税等信息化工程，形成"人人都是投资环境，处处都是区域形象"的氛围。去年，该区在广州率先推行"无费区"试点，取消了大部分行政事业性收费，1 年来共减免收费 1 658 万元，大大降低了企业运作成本。

建设一流的开发区需要一流的管理，广州开发区在各项体制改革创新上勇开先河，使区域管理水平日益提高。该区首创"四区合一"的政府管理体制，让经济技术开发区、高新技术产业开发区、保税区、出口加工区合署办公，实施四块牌子、一套管理机构、覆盖四个区域。这在国家级开发区中是一种全新的探索，使土地的集约利用更有效，政策优势更凸显，项目资源整合效果更明显，管理服务更高效，区域配套更完善。该区在广州市最早进行了土地使用制度改革，变行政划拨土地为有偿有期使用土地，进行了土地向外商转让和成片开发的探索。同时，推行了财政管理体制等多项改革。这些实实在在的创新，不仅使广州开发区较早建立起"仿真的国际投资环境"，也为其他各类经济区体制改革提供了值得借鉴的好样本。

（广开研《广州开发区：争当开放排头兵》，《人民日报》2004 年 11 月 29 日，有删节）

正是广州空前开放的优质营商环境与链接全球高端资源要素的能力，吸引国际"大咖"纷纷来到广州。例如，为顺应跨境电商这种"外贸新业态"的发展势头，广州海关、商检等口岸部门大胆改革，简化通关程序，推动信息共享。同时，广州也着力营造市场化、国际化、法治化的营商环境，规范有形之"手"，严防行政过度干预和乱作为，日益完善的法治化营商环境让广州成为"充满机遇的广州"吸引众多中外企业纷至沓来。市场化、法治化、国际化的营商环境，正在构筑广州未来发展软实力的重要基石。

广州经济快速发展，为文化建设奠定了坚实的经济基础。如广州交响乐团，原来只是一个默默无闻的地方乐团，20 世纪 90 年代以后，随着政府不断扶持，经过体制改革的洗礼和市场化的有效运作，该团迅速崛起，终于发展成为国内一流的交响乐团，足迹遍及五大洲，其演奏水准得到了国际乐坛的普遍认可。而这一切也与广州常年推广交响乐、为社会进行公益演出、建设社会效益品牌有着因果关系。因为这些演出培育了听众、培育了市场，也培育了人们的艺术素质。

不仅如此，广州正在形成国际会议的"广州品牌"。在广州举办的国际会议和活动的数量、规格与规模都在同步提升，实现了从"旁观者"到"参与者"和"合伙人"的角色转变。目前，广州已经有多个展会规模居世界或亚洲第一。国际投资年会、世界经济论坛商业圆桌会议、亚欧互联互通媒体对话会等高端国际会议纷纷在广州举办。广州还创办了广州国际城市创新奖（简称"广州奖"），得到全球城市的关注和积极参与。此外，广州与220多个国家和地区保持贸易往来，与全球65个城市、38个港口以及120多个区域性民间组织或机构建立了友好关系。随着《财富》全球论坛的成功举办，广州正加速形成集聚高端资源的洼地和价值创新的高地。

一连三天，一场全球企业界的风云际会，在花城广州激情上演。

苹果首席执行官（CEO）库克来了，沃尔玛董事会主席格雷格·彭纳来了，富士康总裁郭台铭来了，中国互联网经济的领军者马云、马化腾也来了……他们奔着2017年广州《财富》全球论坛而来——这场在中国举办的、最具国际影响力的全球经济界的盛会，参会500强企业数量及CEO数量均突破历年之最。

12月6日，广州正式进入"财富"时间。三天里，政府、与会企业和社会各界知名人士以论坛为平台，围绕"开放与创新：构建经济新格局"的主题，探讨如何以开放与创新为动力，为经济增长注入新动能，引领世界经济走出困境，构建世界经济新格局。

时代公司首席内容官兼《财富》杂志总裁穆瑞澜表示，本届《财富》全球论坛恰逢三大趋势：人工智能蓬勃发展、世界政治气候变化带来的新冲击以及中国持续崛起。在这种情况下，本届论坛得到全球更多关注，更多的企业来到广州。

《财富》全球论坛在广州举办,这既是一个结果,又是一个开始,代表着全球政商名流对广州开放创新环境和成绩的看好,让广州借此机会又一次站到中国改革开放和全球城市竞争的舞台中央,展示出一个新的广州。由于参会的都是掌控或影响全球资源流向的"大人物",如跨国公司的董事长、CEO、知名政治领袖和顶级的学者等,这将为广州下一步由开放之都跨越到国际枢纽城市创造无穷的新机遇。

广州完全有条件、有能力抓住这些重大的机遇。事实上,广州已经成为中国营商环境最好的城市之一。在过去6年时间里,广州有5年在《福布斯》杂志中国内地最佳商业城市排行榜中位居第一。更重要的是,随着广州枢纽型网络城市的稳步推进,广州的"政策优势"和"辐射优势"也得到了加强。

从世界500强高管纷纷到访,到国内外企业家赶来学习、拓展商机,面向世界配置资源的广州,加快融入全球发展体系。世界经济论坛执行董事、大中华区首席代表艾德维说,未来10年,广州有充分的条件在全球商业及思想领域保持开放和创新的领先态势。

(罗艾桦、贺林平、杨迅《2017年广州〈财富〉全球论坛闭幕》,《人民日报》2017年12月9日,有删节)

广州的"魅力"还不止于此。广州是国内最富包容性的现代化大都市之一,许多来自全国各地的人选择在广州定居。人们之所以愿意来到广州,是这里既适宜工作,又适宜生活。对于已经落户的"新广州人"而言,这座城市很开放、很包容,只要有本事、肯努力,就能得到认可,就有立足之地。对很多农民兄弟来说,"城里人"也早已不是一种遥不可及的身份。他们融入城市、成为市民的过程,也展示出广州这座城市独一无二的吸引力。

2. 城市开放性与国家战略的巧妙联动

作为中国南方的贸易重镇,广州一直在中国的对外开放中扮演着关键角色。同时,广州也在重大国家战略中发挥着不可替代的作用。广州,是连接港澳和中国内地的桥梁。作为粤文化的发源地,广州和香港、澳门两地地缘相近,人缘相亲,关系密切,改革开放以来,香港同胞为广州的发展作出了重要贡献,是广州利用外资的主要来源。在广州迅猛崛起的今天,穗港之间的互利合作关系面临调整、提升。香港可以向广州学习,广州也可以对香港经济复苏"有所帮忙"。

作为国际一流湾区和世界级城市群的创新引擎,"大湾区"核心区正崛起番禺世界级创新高地。作为其中最引人关注的项目,思科(广州)智慧城的建设被认为是广州和"大湾区"未来创新的动力和重要源泉。思科全球首席执行官罗卓克表示,双方共建的思科(广州)智慧城将集产、学、研、商业、金融于一体,是中国首个以智能制造云产业为核心、全球领先的智慧城。在这里,思科专注于IoE(万物互联)及IoT(物联网)的创新业务,发挥思科在网络技术领域的资源优势,和合作伙伴一起成立创新应用研发中心,搭建万物互联云平台,建设高标准智慧产业体系,以万物互联及物联网技术为核心的智慧产业体系正以前所未有的速度迅速发展。

思科大中华区资深副总裁张力表示,选择将该项目在番禺落户,其中一大原因就在于番禺有很好的产业基础。同时,思科(广州)智慧城项目与广州大学城连为一体后,大学城逾20万大学生对于项目发展来说,是很好的人才储备。思科表示,它们已经开始推进思科(广州)智慧城精英人才项目,计划未来3年将培养10万名大学生,通过提供持续的系统培训和创新实践来满足珠三角产业升级所带来的人才需要。

思科为制造业企业提供数字化和自动化解决方案,帮助其提高生产效率;广汽智联新能源产业园提供智能出行、智慧生活的载体;企业依托思科、广汽进行创新。数字化解决方案离不开网络解决方案,两者结合才有可能大规模地实现柔性生产、远程实时监控和全球化生产。

届时"粤港澳大湾区"将以"中国智造"的升级版模式继续引领"世界工厂"。而在未来的珠三角城市生活,将十足地体现"未来之家",冰箱、电视以及空调,这些原本一动不动的家用电器将注入"智能":通过手机远程看到家中的冰箱里食物的数量和保鲜信息,提醒你补充食材,甚至直接进入购物网站帮你采购;你该做饭了,厨房电器根据冰箱里的食材,推荐菜谱;而"无人驾驶"将走进人们生活,智慧社区、智慧医疗、物联网等广泛应用,有全球创新高地支撑的"大湾区",将率先建成"智慧城市群"。

（李刚《"大湾区"崛起世界级创新高地》,《人民日报》2017年5月5日,有删节）

千亿规模的创新龙头企业在这里落户,令"粤港澳大湾区"建立之初就被赋予了将粤港澳城市群发展成为国际科技创新枢纽的使命,意味着支撑广州乃至整个粤港澳地区正在大步向前迈进。从过去30多年前店后厂的经贸格局,升级成为创新产业、先进制造业和现代服务业有机融合的最重要的示范区;从区域经济合作,上升到全方位对外开放的国家战略。湾区的成立,进一步推进了经贸、金融领域的整合和要素市场的互联互通,成为探索粤港澳城市群未来发展的新路径。

作为"海上丝绸之路"的发祥地,广州成为我国对外开放的门户和"一带一路"建设的枢纽。围绕"一带一路"等国家倡议,广州港不断推进广州国际航运中心和国际航运枢纽建设,积极对接"一带一路",参与国家主要港口建设;同时,通过"内陆港"的建设,从而联通了内地城市与"一带一路"沿线城市。"一带一路"建设也为航线开通带来更大机遇:南航在"一带一路"沿线城市频频开辟新航路,基本实现了对"一带一路"重点区域的全面覆盖;广州还为"一带一路"参与国家提供汉语培训。此外,一批本土企业搭上了"一带一路"的列车,参与共建国际经济合作走廊和境外产业集聚区,打造广东制造品牌。"一带一路"战略与粤港澳大湾区以及广州南沙自贸区战略相互联动,共同推进广州在绿色金融、高端制造业、科技创新等方面的建设,令"广州制造"和"广州服务"大步走向世界。

3. 卓有成效的社会治理

曾几何时,"岭南文化中心、改革开放前沿"的广州,城市环境面貌在飞速的经济发展之下,没有得到很好的保护。为了妥善处理这个问题,广州在20世纪末至21世纪初的这段时间,对许多城市在其现代化进程中必然面对的城市改造与环境等问题进行广泛研究。

在第四十六届国际规划大会上，广州市战略规划项目获"国际杰出范例奖"，成为我国首个获得全球规划最高级别奖项的城市。

然而20世纪末的广州，却还在经济快速发展和城市建设狂飙突进中历经"成长的烦恼"：环境污染、道路拥堵、规划无序、城市功能缺失……300多万城市人口拥挤在几十平方公里的老城核心区，而围绕"核心区"，一圈又一圈的钢筋混凝土建筑由内向外"摊大饼"。新城建设欠缺品位，旧城改造一筹莫展，高楼大厦被讥为"站在路边的乞丐"，而被新城包裹起来的"城中村"成为一块块城市"牛皮癣"……

如今，虽然未能尽善尽美，但借助国内第一部城市发展战略规划的指引与约束，作为国家中心城市的新广州正逐步呈现。

不久前，在肯尼亚内罗毕举行的第四十六届国际规划大会上，大会奖项评审团一致认为：2000年开始的广州战略规划实践，充分学习和吸收了20世纪60年代以来世界各国在编制城市发展战略规划方面的有益经验，结合中国的社会经济现实进行了深入的制度创新，其战略规划的编制与实施模式，值得全世界的发展中城市广泛借鉴。

（李刚、唐晓玲《看广州如何摆脱成长的烦恼》，《人民日报》2010年10月29日，有删节）

在广州旧城改造的过程中，一方面，为了最大限度地保留岭南特色，广州的决策者并没有采取大拆大建的改造方式，而是将以骑楼为代表的都市建筑保留下来，旧城中一些有纪念意义的建筑、街巷、历史景物都得到了最大限度地保留，许多老式建筑群整饬一新却又原汁原味。

另一方面，工业化发展引发的灰霾严重、交通拥堵、房价飙升、城中村管理混乱等"城市病"，令广州步很多国际大都市的后尘，在快速扩张的现代化道路上付出了环境上的沉痛代价。

为了解决交通拥堵问题，广州确定了以地铁轨道交通为主的"公交优先"规划。在确定"公交优先"同时，广州通过提高机动车使用成本，调控中心城区个体出行方式。针对交通"潮汐现象"，即每天一早大量车流从外围区域涌进市中心区，到了晚高峰期，车流又从市中心区涌向外围区，广州对中心城区实施规划调整,并打通断头路等交通瓶颈,推进新城区建设,抽疏中心城区功能和人口;同时,通过新建轨道交通线路等方式治理交通拥堵。

20世纪80年代后期,"发黑发臭"成了珠江的代名词。曾经穿城而过的珠江,是广州人的母亲河。历代所列"羊城八景",都少不了亮丽的珠江。黑臭的江水严重地影响环境卫生和市民生活,为了治理珠江水系污染,广州以"超常规思维""超常规行动",大力改革水务体制,将涉水职能集中在市水务局一家,变"九龙管水"为"一虎管水"。面对资金缺口较大的现状,广州大力改革投融资体制,专门成立市水务投资集团,搭建了市场化的投融资平台;面对治水责任以往由市里承担、区街积极性不高的问题,广州改由市水务局进行统筹,把治水任务和责任全部分解到全市12个区、县级市和市水务投资集团,充分调动基层治水的积极性、主动性、创造性。广州的水环境经过治理,水质明显好转,尤其是那穿城而过的东濠涌已变为闹市中的一条亲水"绿色长廊",曾被戏称为"黑龙"江的石井河也已不黑不臭,水景观、水生态有效恢复。广州水更清了,"一湾溪水绿,两岸荔枝红"的美景又渐渐回到了百姓生活中。

治理大气污染,广州同样出手不凡。环保部门联合监察、经贸等部门,瞄准56家二氧化硫排放重点企业,派人驻厂蹲守、巡查,脱硫不达标不走人,由此形成长效管理机制。另外,广州在全国率先颁布机动车污染控制地方法规的基础上,又成为继北京之后第二个提前实施机动车国III排放标准和车用燃油地方标准的城市;广州大部分的公交车和全部出租车使用LPG(液化石油气)清洁燃料,摩托车全部退出城市中心区;全城多家餐饮服务业商户改烧管道煤气、液化石油气,油烟污染投诉大幅下降;全城多个工地安装了视频监控系统,从源头上控制工地的余泥洒漏和粉尘污染。

对待各类固废垃圾处理,广州治理的标准高、技术新。广州垃圾焚烧发电厂的大部分控制指标达到欧盟标准;兴丰生活垃圾卫生填埋场采用反渗透、浓缩液蒸发等处理工艺,处理后可达国家一级排放标准;引进国际一流的医疗废物处理系统,处理彻底,几乎没有外排污染物。

治理过后的广州空气环境质量稳定保持在二级水平,获得了"联合国改善人居环境最佳范例奖"、国家环保模范城市、国家卫生城市、国家园林城市等荣誉称号。传统的"云山珠水"的格局被"山、水、城、田、海"兼具的新格局所取代,形成沿珠江系发展的多中心组团式网络型城市结构。

四、本节小结 ▶▶

作为一座时尚与传统魅力交织的城市,广州的宜居程度逐渐与这座城市的经济实力相映生辉。如今,在新中轴线上的"小蛮腰"——广州塔令广州的夜异彩纷呈;而被妥善保存的青砖老房如同岁月淘洗过的古墨,让这座城市多了一份温润细腻。广州以人为本对城市进行的规划、建设、管理,最终打造成了一个集低碳、智慧、幸福于一体的美好家园。未来,广州将进一步强化精细管理,提升城市品位,进一步美化城市形象,实现城市的可持续发展。同时,站在新的高度上,广州要把握"粤港澳大湾区"建设的历史机遇,进一步深化区域的融合作用,着重改革经验的复制和推广,破除地方行政壁垒,实现互联互通,打造国内城市群发展模式的标杆。活力四射、魅力无限的广州又奋起攀登、欣然启航。

第四节　深圳40年:从小渔村到创新之都

1979年,中央决定成立深圳市;1980年,经全国人大常委会批准,在深圳市设置经济特区。从此,这座城市迅速发展,在短短数十年间,由一个边陲小镇变成了一个新兴的现代化城市,创造了举世瞩目的"深圳速度"。作为中国最早的经济特区、改革的第一块试验田、开放的第一扇窗口,深圳创造了令世界瞩目的奇迹。从改革开放之初"三天一层楼"的深圳速度,到如今有3万多家科技型企业、百万家中小微企业,深圳发生了翻天覆地的变化。始终站在改革开放最前沿的深圳,因改革而生,因开放而强,见证了中国翻天覆地的巨变历程。深圳所取得的成就,是改革开放40年中国实现历史性变革和取得伟大成就的一个缩影。

深圳是全国最早的综合改革试验区，是全国最早确立"自主创新型城市"发展目标的城市之一，也是全国最成功的依靠自主创新实现经济增长方式转变和经济结构调整的城市之一。除了作为改革开放的重要窗口之外，深圳因地貌呈带状，毗邻港澳地区，起到了衔接内地与港澳的功能。在改革开放之初，深圳利用特区政策和毗邻香港的优势，大力发展经济，于 20 世纪 80 年代中期成为国内最早的"万元户村"。近年来，在城市基础设施日益完善，城市功能不断增强，投资环境不断改善的基础之上，深圳开始寻找新的城市定位，许多以高新技术和创新闻名的企业，如腾讯、华为、中兴、比亚迪等纷纷重视自主品牌设计，"深圳品牌"也渐渐崭露头角。深圳还大力发展文化产业，每年的高交会、文博会、科博会等重要商业会展项目吸引了包括旅游、商务、贸易等在内的多方资源。2011 年的大运会更是深圳市向全世界全面展示自身乃至中国的重要平台。秉承着"文化立市"的理念，一度文化资源相对贫乏的"年轻"深圳，率先闯入了"以文化为经济发展主要元素"的世界城市网络，从联合国教科文组织获得了世界第六个、中国第一个"设计之都"的称号。

深圳是典型的移民城市。来到深圳工作、生活的人，都能感受到这座城市的城市精神。城市精神对城市的生存与发展具有巨大的灵魂支柱作用、鲜明的旗帜导向作用与不竭的动力源泉作用。城市精神如一面旗帜，凝聚着一座城市的思想灵魂，代表着一座城市的整体形象；城市精神彰显着一座城市的特色风貌，引领着一座城市的未来发展。作为中国改革的"实验场"和对外开放的"窗口"，深圳成为中国许多新思想、新观念、新制度、新文化的策源地和实践地。自 20 世纪 80 年代开始，深圳的"开拓、创新"观念就影响了中国文化的现代转型，著名的"时间就是金钱，效率就是生命"，"空谈误国，实干兴邦"等口号便是来源于深圳（毛少莹，2011）。自 20 世纪 90 年代初开始，深圳进行了多次关于深圳精神的讨论。21 世纪初，深圳将自己的城市精神提炼概括为"开拓创新、诚信守法、务实高效、团结奉献"。在新的历史阶段，为了适应提升城市文化品位的现实需要，深圳还必须进一步明确城市发展理念和城市形象定位；深圳精神也必须随着时代的发展、社会的进步和城市的变迁，不断丰富、不断扬弃、不断更新，并以宽广的胸怀和足够的张力来容纳与这座城市的历史传统、文化特色和时代要求相契合的精神因素。这就要求深圳要把城市观念与城市精神的本质性内涵体现在城市生活方式、市民日常行为和思维方式之中,同时还要展现在城市的政策法规制定和社会治理之中,这同时也是深圳塑造良好城市形象的一个重要课题。

与上海等具有殖民地经历的沿海城市不同,深圳虽然仅有很短的历史,但它奇迹般的发展历程无不体现了国家自主选择的意志和民族的创造性,这种不同的历史经历形成了不同的城市气质和城市形象。深圳,这个敢于改革开放、敢于创新的城市,正在受到国内与国际媒体持续不断的关注。40年来,深圳的城市形象在媒体上是如何被呈现的,这十分值得我们关注和研究。因为这一方面是对深圳勇于变革、勇于创新、将梦想变为现实的发展奇迹的见证;另一方面,经济特区应该是经济建设实现新突破的尖兵,也应该是文化建设迈上新台阶的旗帜;探索深圳的城市形象的媒体识别,也能为探索科学发展的新路径,为建设中国特色社会主义乃至中国当代文化发展转型提供有益的经验。

基于此,本研究运用《人民日报》图文数据库(1946—2018),通过关键词搜索得到1978年1月1日至2017年12月31日涉深报道共3 243篇,通过抽样的方法分析这些报道的基本特征,并从关键词、重大事件、"三力"(吸引力、创造力、竞争力)等分析框架进行内容分析,从而能较为客观、准确地描述深圳在国内权威媒体中的城市形象的基本特征和变化趋势。

一、 总体综述 ▷▷

基于样本,本研究以《人民日报》涉深报道的时间为参考轴,从篇幅、报道向度、报道是否涉外等方面对报道进行描述,以勾勒出这些报道的基本特征。

(一)《人民日报》涉深报道的时间分布

《人民日报》涉深报道的时间分布,与京、沪、穗三城相比,既有相同之处,又有不同之处。其相同之处就在于,在与深圳有关的重大事件(如1992

年邓小平视察深圳并发表南方谈话、2011年深圳大运会等)中,《人民日报》
在事件发生的当年对深圳的报道数量都与之前相比有明显增加,这与之前所
分析的"标志性事件"的影响和作用是一致的;但是深圳又与之前三座城市
有不同之处,那就是标志性事件发生后,整体的报道数量并不总是增加的。

我们可以观察发现《人民日报》关于深圳的报道呈现出阶段性的特征
(见图3-4)。在建市前,深圳在全国几乎没有什么影响,所以报道寥寥。深
圳建市并成立特区后,城市实力的迅速发展和城市地位的急剧上升,反映到
《人民日报》上,有关深圳的报道数量明显有上升趋势;在经历了几年的波
动之后,到1992年邓小平南方谈话期间,对于深圳的报道数量达到了一个高
峰,同时也是40年来的报道数量的一个顶点。邓小平南方谈话之后,对于深
圳的报道量又迅速回落,其后深圳快速发展,不断取得优异成绩,对于深圳的
报道量也略有增加;2003年非典肆虐,深圳的疫情一直得到了比较有效的控
制,没有发生群体性疫情,这一年关于深圳的报道又有所降低;到了2005年,
深圳经济特区成立25周年之际,有关深圳的报道又一次到达一个小高峰,但
是这之后马上有回落;到了2011年大运会举办期间,对于深圳的报道数量增
加到接近南方谈话时的数量,这也是《人民日报》涉深报道的第二个高点(见
图3-4)。

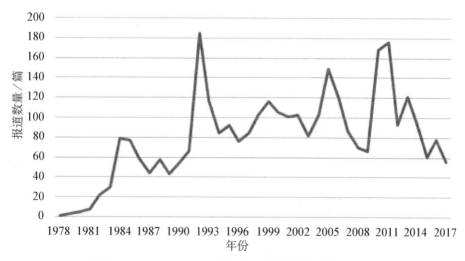

图3-4　1978—2017年《人民日报》涉深报道数量分布

在此基础之上,对报道年份与报道量之间的关系进行进一步的分析,可以将涉深报道大致分为四个阶段:① 1978—1991年,改革开放伊始阶段;② 1992—2004年,邓小平南方谈话之后的发展阶段;③ 2005—2011年,深圳经济特区成立25周年到大运会筹备及举办阶段;④ 2012—2017年,大运会之后到深圳蛇口自贸区成立以及发展阶段。使用方差分析发现,$F(3, 36)=14.40$,$p=0.000$。Tukey的事后检验程序表明,第一阶段的报道量($M=39.29$,$SD=27.814$)和第二阶段($M=104.15$,$SD=27.422$)、第三阶段($M=119.43$,$SD=46.159$)、第三阶段($M=83.83$,$SD=24.078$)的报道量有显著差异;除此之外,后三个阶段的报道量虽然也有差异,但差异不显著。

(二)《人民日报》涉深报道的篇幅变化趋势

以前述时间段划分作为分类变量,我们探究不同时间段与篇幅长度变量的交互影响。卡方检验显示,不同时间段的报道篇幅差异十分显著($\chi^2=77.051$,$p=0.000$)。与北京、上海、广州三座城市相同,深圳的报道篇幅同样是随着时间的推移而增加的。其中,关于深圳的长篇报道的占比不断增加,短篇报道的占比总体是下降的。可见,《人民日报》对深圳的关注在不断增强,尤其关注的深度也在加强。

对《人民日报》有关深圳的图片报道进行分析,研究图片的出现频率和报道时间段的交互影响,卡方检验显示,不同时间段的差异十分显著($\chi^2=50.347$,$p=0.000$)。研究发现,越往后的时间段,带有图片报道越多。这说明和北京、上海、广州三座城市相同,有关深圳的报道也是随着时间的推移,图文并茂的报道的比例也不断增加,说明《人民日报》涉深报道的故事性更强,对于深圳的城市形象的识别度也在不断上升。

(三)《人民日报》关于深圳的涉外报道变化趋势

以前述时间段为划分标准,分析《人民日报》关于深圳的报道中涉外报道所占的比例,发现同北京、广州相似,关于深圳的涉外报道比例并不是随时间的推移而上升的;涉外报道比例最低的是第二个阶段,即南方谈话之后的发展阶段,样本中涉外报道的比例为19.1%;涉外报道比例最高的是第一个阶段,涉外报道的比例达到42.0%;第三、第四阶段涉外报道数量相差无几,处在中间位置。卡方检验显示,不同时间段的差异十分显著(χ^2=33.464,p=0.000)。假定样本对于总体有一定代表性,深圳和广州在涉外报道方面有较大的相似性。深圳在改革开放初期,由于特区的建设和区位特点,外向型经济的属性十分明显,因而它在官方媒体中呈现的形象的国际化属性非常鲜明。在随后的时间段内,深圳城市形象的国际性相对削弱了,但是随着时间的推移,尤其到21世纪,高新技术出口的力度不断加大,一批扎根于深圳的本土企业走出国门,不断扩张其海外影响力,又加上大运会的举办,深圳开放的、国际化的城市形象再次彰显,并在城市举办的体育盛会上得到了充分展示;在此之后,随着区域合作不断深入,深圳同广州、香港、澳门的联动性继续增强,其开放性和国际化程度到达了新的高度。

(四)《人民日报》涉深报道的向度变化趋势

从报道的向度来看,《人民日报》涉深报道中,正面报道占72.4%,中性报道占21.4%,负面报道占6.2%。卡方检验显示,不同时间段的报道向度呈现显著差异(χ^2=17.557,p=0.007)。负面报道主要产生在第四阶段,即大运会之后到深圳蛇口自贸区成立以及发展阶段。进一步分析报道向度与报道篇幅之间的关系,卡方检验显示,不同篇幅的报道之间差异十分显著(χ^2=21.118,p=0.000)。深圳的正面报道以中长篇为主,中性报道多半是短篇,而负面报道占比最少。与北京、上海两座城市不同的是,虽然深圳的负面报道占比是最少的,但是如果单从负面报道的篇幅分布来看,其长篇报道占比明显更高,与广州的情况类似。一方面,深圳的正面报道和中性报道占据了绝大部分,而且深圳正面报道的比例与北京、上海、广州相比而言更高;另一方面,与前三座城市相比,深圳的负面报道比例也是最高的,在负面报道中,长篇报道的比例明显比北京、上海高,与广州相当。总的来说,深圳的形象在官方媒体上呈现两极化的特征,中性的报道占比较少,正面报道和负面报道的比例比起北京、上海和广州都更高一些;如果仅比较负面报道的话,深圳形象的负面程度与毗邻的广州相当;深圳形象的负面程度比北京、上海高。

二、《人民日报》对深圳的报道内容趋势分析 ▷▷

对《人民日报》涉深报道所涉及的内容发展趋势，我们遵循上述的时间段划分，也即将深圳城市的发展大致分为四个阶段：① 1978—1991年，改革开放伊始阶段；② 1992—2004年，邓小平南方谈话之后的发展阶段；③ 2005—2011年，特区成立25周年到大运会筹备及举办阶段；④ 2012—2017年，大运会之后到深圳蛇口自贸区成立以及发展阶段。不同阶段的报道有如下特点：

（1）按报道主题进行分析，卡方检验显示，不同时间段的报道主题差异十分显著（χ^2=117.405，p=0.000）。在这些报道中，我们可以发现，前三个时间段，经济类报道总是占据了较重要的地位；近期虽然其比重有所下降，但是仍然有一定报道量，表明深圳的形象呈现与经济领域的发展息息相关；除此之外，文化体育类的报道在南方谈话之后的发展阶段以及大运会筹备及举办阶段是相对较多的；社会民生类的新闻报道数量随着时间显著增加（见表3-16）。总体而言，早期深圳以经济为主题的报道占主导地位，但是随着时间的推移，有关深圳经济的报道减少，以社会民生为主题的报道增多。报道主题的变化表明，深圳与北京、上海、广州类似，这些城市在发展到一定阶段后，其媒体呈现从原来的经济领域转变为相对微观的社会民生领域。

表3-16　1978—2017年《人民日报》涉深报道主题占比情况

时间段 ＼ 报道量占比（％）	政　治	经　济	文　化	社会民生	其　他
1978—1991年	21.9	49.1	17.8	10.1	1.2
1992—2004年	17.2	46.4	24.2	10.5	1.7
2003—2011年	25.2	30.2	24.0	17.4	3.1
2012—2017年	30.3	19.4	18.1	29.0	3.2

（2）分析不同时间段的报道对象占比，卡方检验显示，不同时间段所报道的对象差异十分显著（χ^2=102.407，p=0.000）。改革开放伊始，《人民日报》涉深报道的对象以政府和企业为主，这反映出政府和企业在深圳特区建设的初期发挥着主导的作用，也和同时期经济主题为主的报道是吻合的；南方谈话后，以企业为对象的报道占比有所升高，反映出企业在这一阶段作为改革开放的生力军的角色；随着时间的推移，官方媒体关注的重点逐渐转移到了社会治理等方面，以民众作为报道对象的比重总体是增加的；而自贸区成立以来，政府主导了制度创新，诸多改革措施也是政府主导推行的，这一阶段的报道对象，政府占据了主导地位（见表3-17）。总体而言，在深圳的发展历程中，政府所扮演的角色，至少从官方媒体的呈现上看，是最重要的；而企业更多的是响应或者配合国家战略与国家政策，扮演的是附属的角色。从另一方面我们也可以发现，这一特点或许是中国改革开放40年来多数城市的共同特点，尤其是在深圳这样一个几乎没有任何发展基础，"从零开始"的城市中，我们得以管中窥豹。值得一提的是，有关环境方面的报道，深圳同广州类似，报道较多的时期是中间两个时间段，表明与京沪出现的环境问题不同，广州和深圳的环境问题并不是以大气污染为主的环境治理问题，而是综合意义上的环境问题。

表3-17 1978—2017年《人民日报》涉深报道对象占比情况

时间段 \ 报道量占比（%）	政府	企业	事业单位	民众	环境	其他
1978—1991年	39.6	24.9	20.1	8.3	0	7.1
1992—2004年	44.3	24.6	15.8	8.1	0.7	6.5
2003—2011年	67.8	8.9	8.1	10.9	1.9	2.3
2012—2017年	69.7	9.0	6.5	12.9	0	1.9

（3）分析不同时间段对产业的报道占比，卡方检验显示，不同时间段所报道的产业差异十分显著（χ^2=68.591，p=0.000）。具体分析不同产业在不同

时间段的变化可以发现，关于第一产业的报道明显减少，第三产业相对于第一、第二产业的报道占比总体增多（见表3-18）。深圳在改革开放前期，各个产业发展如火如荼，第一、二、三产业各有亮点，因此对各个产业的报道也各有侧重；而随着城市战略定位的发展和调整，工农业作为基础，第三产业逐渐成为重点，虽然在近期对于第二产业的报道数量有所回升，但更多的也是在报道第二产业为第三产业进行服务；深圳也转变为一个以发展高端产业结构、布局不断优化的创新型城市。

表3-18　1978—2017年《人民日报》涉深报道产业占比情况

报道量占比（％） 时间段	不涉及产业	第一产业	第二产业	第三产业
1978—1991年	51.5	5.3	17.8	25.4
1992—2004年	74.4	0.7	6.2	18.7
2003—2011年	72.9	0.4	6.2	20.5
2012—2017年	54.8	0.6	12.3	32.3

（4）从关键词分析，卡方检验显示，不同时期关于深圳的报道关键词有显著的差异（$\chi^2=50.862$，$p=0.000$）。进一步分析关键词的分布，我们可以发现，总体来看，从改革开放开始至今，以"治理"为关键词的报道一直是对深圳的报道的重点内容，其所占比重也不断增加。与广州类似，深圳在早期发展的过程中，由于开放性和其外向型经济的特性，在快速发展的过程中也带来了许多问题，如很多货物经由广州和深圳非法进入内地，这些走私案件成为早期治理的重点。而这方面的报道占比不断增加，这与北京、上海、广州三城的总体趋势也是类似的，反映出随着时代发展，深圳要治理的问题更加多样、更加复杂，同时其重要性也不断增强，甚至成为公众关心的首要问题。同时，深圳站在改革开放的前沿，与广州类似，"发展"和"开放"是深圳的主旋律。值得一提的是，以"创新"为关键词的报道数量是稳步增加的，这与深圳创建国家创新型城市的定位是相吻合的（见表3-19）。在近年多个版本的中国内地城市创新力"排行榜"上，深圳无一不是跻身前列甚至位居

榜首,"创新"也成为深圳城市形象中的重要组成部分。

表3-19　1978—2017年《人民日报》涉深报道关键词占比情况

报道量占比（％）　时间段	改　革	开　放	创　新	发　展	治　理
1978—1991年	14.8	21.3	7.1	28.4	28.4
1992—2004年	9.6	15.1	3.1	39.0	33.3
2003—2011年	11.2	19.8	10.5	27.1	31.4
2012—2017年	11.6	16.8	11.0	16.8	43.9

（5）分析时间段和"三力"之间的交互影响,卡方检验显示,不同时间段对这"三力"的关注程度存在显著差异(χ^2=126.451,p=0.000）。对于深圳竞争力的报道随着时间的推移而减少;对于深圳的吸引力的报道相反,随着时间的推移而增加。相比于早期（1978—1991年、1992—2004年）的报道,后期的报道（2003—2011年、2012—2017年）更重视城市的创造力（见表3-20）。从中可以看出,深圳能在改革开放短短几十年内实现城市实力的迅速发展和城市地位的急剧上升,竞争力的提升是最关键的因素;而吸引力和创造力的提升是深圳面向未来,实现其发展目标的最优道路。

表3-20　1978—2017年《人民日报》涉深报道"三力"占比情况

报道量占比（％）　时间段	吸引力	创造力	竞争力
1978—1991年	32.5	7.7	59.8
1992—2004年	45.2	4.1	50.7
2003—2011年	60.5	14.7	24.8
2012—2017年	72.9	12.9	14.2

三、 媒介中呈现的深圳城市形象变迁 ▶▷

（一）改革与开放的故事

　　深圳能成为"排头兵"和"试验场"，能在短短数十年间取得如此成就，改革和开放是其中的关键影响因素。深圳经济特区成立初期，经济体制改革已经从农村转到了城市，进入了一个新阶段。深圳进行了一系列的探索和试验，改革企业管理体制，扩大企业自主权；改革基本建设管理体制；改革流通体制，适应市场调节的需要；改革劳动用工制度，以实现各尽所能、按劳分配；改革人事制度，缓解了特区人才奇缺的问题。一系列的改革措施的实质都是使深圳能够充分发挥市场调节作用，一方面使深圳的工业与由此产生的技术结构、科教结构的变化相适应；另一方面使深圳具有相对独立的、能够适应特区产业结构变化和国际市场变化，做到信息灵通、反应敏捷和效率较高的经济管理体制。20世纪80年代中期，深圳开始将国有企业改造成股份有限公司，搞活国有经济机制，使得这些公司获得了全新的活力和生机。

　　深圳处在对外开放的最前沿，不仅与内地一般城市有明显的区别，而且与沿海开放地带的城市相比，在外向程度上也更高一层次。20世纪80年代，深圳以工业为主、工贸结合的外向型经济为指导思想，卓有成效地吸收外资、引进先进技术和科学管理经验，扩大出口，开展国际经济技术合作和交流，成功地达到资金来源以外资为主，产品以外销为主，为国家增加外汇收入，逐步建立起适应外向型经济发展的经济运行机制。

　　初秋，我们来到深圳特区，访问了这里的电子工业。

　　在这里，到处都可以听到人们在议论"爬坡"。爬坡，是奋斗目标，要把深圳的电子工业，从目前的高度发展到更高的高度；爬坡，是一种精神，行走在深圳电子工业坡状发展的道路上，不怕艰难，开拓前进。

　　电子工业在深圳工业中举足轻重，占其工业总产值的57%。这个数字大大高于全国电子工业在全国工业中的比重，也大大高于电子工业在各大城市工业中的比重。这个成绩就是爬坡精神的体现。深圳特区电子工业几乎是从零开始的。一些电子企业听到国家在深圳将建立特区的消息，便从北京、南京、广州等电子工业发达的城市，从四川盆地、贵州高原和南岭的深山中，先后来到了深圳；许多在北方凉风中生活惯了的人们，毫不计较南方的炎热和蚊咬的环境，住在草棚里，吃在草棚里，铲平凸凹的丘陵，拔掉丛生的野草，盖起一幢幢厂房和办公楼。

深圳特区电子工业成就很大，任重而道远。国家要求深圳特区工业更上一层楼，向以产品出口创汇为主的外向型经济发展。深圳电子工业不能停留在基本上靠组装的低水平上，但要奔向新的目标，难度颇大。目前，一些企业把压力变成了动力，开始迈出了扎实的脚步，用自己的行动实现着电子工业向外向型经济的转变。

华发公司电路板厂生产电视机、收录机、电脑、仪表以及其他电子产品上用的单、双面印制电路板。生产这种产品需要精良的设备和高超的工艺技术，他们引进了设备和人才，按照国际标准生产，得到美国UL质量认证机构的确认，是我国第一家得到这个权威机构认证的电路板厂家。产品行销北美、西欧、大洋洲和中国香港等地，供不应求。去年4月开始投产，当年就创汇一百八十多万美元。

出口的产品并不一定都是高级技术，许多适销对路的出口产品，技术是普通的。但是，高级技术归根到底是出口产品的坚实的基础，在转型的爬坡过程中，不能忽视。这里一些有眼光的企业领导者，对高级技术正孜孜以求，一面开发，一面引进，双管齐下，不辞辛劳。华达电子公司积极开发电脑，新开发出来的汉字系统，有十五种输入方式，深受用户欢迎。

（彭树廉、华敏、王政《目标：出口创汇——深圳特区电子工业向外向型经济发展》，《人民日报》1985年9月24日，有删节）

在实现经济外向型的转变中，深圳不断创造良好的投资环境。如在金融方面，深圳形成了一个以人民银行为核心，以国家专业银行为主体，有非银行金融机构和外资银行共同参与的多层次、多功能、开放型的金融体系和初级的资金市场。其中，外资银行在深圳特区改革开放和经济建设中发挥了重要作用。

20世纪90年代中后期，恰逢香港回归的重大历史机遇，国家加强香港与内地的经济联系，发挥香港与内地的整体优势，通过大幅度降低关税税率，进一步调低出口货物退税率，完善加工贸易监管办法等措施对出口税收政策和加工贸易管理办法进行调整和完善。深圳作为经济特区继续发挥了探路和示范的作用，在已有成绩的基础之上，继续扩大开放，并在优化产业结构、完善城市功能等方面继续发挥对内地的示范、辐射和带动作用，同时又对保持香港的繁荣稳定起到促进作用。

改革使企业快速发展，而使企业进入持续、快速、健康发展轨道的仍然是进一步的深化改革，建立现代企业制度，完善激励约束机制。如华侨城集团根据产业结构调整和内部机制转换的要求，在部分产业和企业进行产权置换，实现产权结构的多元化；根据知识经济的特点，提高给智力劳动的报酬；加强资产责任，确定下属各类企业中的集团资产的人格化责任主体，责任人的个人利益与资产的保值增值状况挂钩。拓宽企业经营者选拔考核渠道，实行市场化和外部化考核。面对20世纪末东南亚金融危机的冲击，华侨城集团公司抓住新产品开发和市场开拓两大关键点，增强市场竞争力，在危机之中能够依然巍然屹立。

深圳推动改革，尤其将重点放在管理体制和法治上，努力营造市场环境的新优势。自从1992年中央正式授予深圳特区立法权后，深圳市人大及其常委会制定了300余个法规和法规性文件，成为中国地方立法最多的城市。深圳成了法治政府建设的"试验田"。改革开放前期，为了创造一个良好的发展环境，深圳在治理经济环境、整顿经济秩序方面丝毫没有放松。一方面，新类型案件不断涌现，如股票纠纷和其他案件，其类型新、审理难度大，有的案件国家没有立法，也没有相应的政策规定。对此，深圳法院大胆受理，对没有法律、没有政策的案件，依照实事求是、公平合理原则处理。另一方面，以深圳为首的几个城市建立了特区工会，这是我国新时期工人运动的重要篇章，在特区的许多港澳工人和外国工人也加入了工会。通过治理这一系列的问题,深圳的经济发展拥有了一个更加健康的环境。

"急用先立,先行先试",始终是深圳立法的重要原则。特区立法权,深圳不辱使命,立法15载,创新15年,深圳创造了国内数十个立法上的"第一":第一批公司方面的立法《深圳经济特区股份有限公司条例》《深圳经济特区有限责任公司条例》,第一个物业管理法规《深圳经济特区住宅区物业管理条例》,第一部有关企业欠薪保障的法规《深圳经济特区企业欠薪保障条例》,第一部政府采购法案《政府采购条例》,第一部有关人体器官捐献移植的地方性法规《深圳经济特区人体器官捐献移植条例》,第一部义工法规《义工服务条例》……

当然,深圳的立法,也有过尴尬。有这样一件事让许多深圳人印象深刻。1988年,深圳市决定设置福田保税区。这一国内首创的做法令海内外瞩目,先后来洽谈投资的外商有50多批。但外商在与深圳的草签协议上大都写明这样的条款:"本协议待《福田保税区条例》颁布后生效。"

然而,由于深圳当时没有立法权,虽然深圳市政府草拟的"条例"早已成文,但几经努力仍未能出台。也正是因为保税区的法律保障问题没有解决,外商后来纷纷终止投资计划。

飞跃出现在1992年。这一年,中央正式授予深圳特区立法权,深圳成了我国立法"试验田"。15年来,深圳市人大及其常委会制定了300余个法规和法规性文件,市政府制定规章190余项,成为中国地方立法最多的城市。

在所立的法规中,约1/3是在国家相关法律法规尚未制定的情况下,借鉴中国香港及国外法律文化先行先试的;1/3是根据特区经济发展及改革开放的实际需要,根据法律、行政法规的基本原则,对国家法律、行政法规进行必要变通、补充和细化的;还有1/3是属于为满足加强行政法制、环境保护、特区城市管理以及精神文明建设需要而制定的。

（傅旭、石国胜、胡谋、曾强《特区深圳的"法治基因"》,《人民日报》2007年8月29日,有删节）

　　21世纪以来,随着经济全球化进程加快,深圳继续推进法制化和管理体制改革的进程。立法促进行政体制改革,使政府不再直接插手企业的经营管理,政府权力"做减法",缩短了商事登记流程,增强了市场活力。在管理体制方面,以海关为例,海关传统台账式管理,手续烦琐、效率较低,难以适应企业对通关速度的要求。对此,深圳海关及时推出联网监管改革,通关难题迎刃而解。随后,提前报关、自动核放、无纸通关等一系列改革举措陆续推出。深圳海关还根据守法信用状况,实行有针对性的分类监管。

　　深圳的对外开放也不断深入。深圳前海毗邻香港特区,区位优势独特,尽享国务院批复的金融、财税、法制、人才等政策优势,被国家定位为"粤港现代服务业创新合作示范区"。为了进一步推进金融业务创新发展,充分利用中央对深圳前海的特殊优惠政策,进一步加强双方合作,发挥各自的优势,深圳前海在金融改革和税制改革方面先行先试。前海深港现代服务业合作区的开发可以说是将深圳的改革性和开放性融合在了一起,"深港"联动让深圳站在巨人的肩膀上,少走了弯路,赢得了时间。

　　作为一个文化底蕴相对较弱的城市,深圳坚持"文化立市",始终将文化产业作为其发展的重点。深圳敢为人先的观念再次使得其成为许多领域的先行者。深圳举办了深圳国际文化产业博览会,首先将会展经济和文化产业结合在一起。文博会的成功举办,不仅为中国文化产业发展搭建了一个高起点、高规格的展示、交易、信息平台,而且使深圳能够大力吸引发展文化产业的资金、项目、观念、信息、技术、人才前来汇聚,在交流中创造新的价值。深圳的文创产业,成为全国文创产业高速发展的一个缩影。自2003年深圳实施"文化立市"战略以来,深圳文创产业以年均20%以上的速度快速发展,并涌现出以华强文化、腾讯、易尚展示、环球数码为代表的一大批拥有自主知识产权、具有较强竞争力的龙头企业。作为文化体制机制改革的"试验田",深圳文化产业的繁荣发展是深圳改革与开放统一的又一例证,同时也是深圳发展到新高度的最佳注脚。

　　没有老祖宗留下的文化遗产,没有圣地、古都等文化头衔……跟国内不少城市比起来,"年轻"的深圳文化资源相对贫乏。深圳文化产业能有如此发展，在很大程度上得益于其"文化立市"的思路和配套改革。

2003年，深圳提出"文化立市"，将文化体制改革明确为"文化立市"的"引擎"；2005年，文化与高科技、金融、物流一起，并列为深圳的四大产业支柱。中国第一个经济特区，保持了一贯的"率先"作风：率先成立负责编制产业规划、拟定配套政策的政府专门机构，率先为文化产业立法，率先设立文化产业专项基金，整合广电网络，连接出版发行"链"……结合旧城改造，深圳先后建起54个文化产业集聚区。"田面设计之都"创意产业园建园仅1年，就引进设计企业200多家。

"竞争为王"的体制，让深圳文化产业全面释放活力。在深圳文化产业圈内，两家或多家公司在一个行业里的"同城争雄"现象，一直颇受关注，也耐人寻味：印刷行业里有"雅昌"与"劲嘉"；主题公园里有"华侨城"和"华强"；网络游戏里有"腾讯"和"网域"……面对"群雄逐鹿"，深圳人明白，竞争才是市场经济的"第一法则"。而政府要做的是平等择优、包容引导，因为"'特保'难出强者，竞争才有实力"。

深圳文化产业的成绩，源自多重元素"对接"带来的活力。

科技与文化的对接。在深圳，"领军"的文化企业有一个共同特点——产品和服务的科技含量很高。比如，凭借高科技开发的PIM业务，A8音乐集团成为中国最大的原创音乐平台，其2008年的经营收入超过国际四大唱片公司在华收入的总和。政府也连连推出鼓励"科技文化"的政策，"高交会"与"文博会"频繁互动……这种上上下下对"科技文化"的清醒认识和主动出击，不仅给创新提供了技术保障，而且培育出新的文化业态，使文化产业的发展有了强大的支撑。搞IT的玩游戏、搞印刷的盘指数、搞制造的拍电影，恰恰是这些"不务正业"，让文化产业的构成更丰富、生命力更旺盛。

政府与社会的对接。深圳人知道，政府必须"有所为有所不为"——2004年，深圳首先从政府的"血亲"下手，将传媒资源整合为报业、广电、发行三大集团，推向市场。其后，深圳市歌舞团、深圳交响乐团、深圳市粤剧团，也先后从政府的"保险箱"搬到了市场的"大舞台"。

政府频频为文化"搭台""点戏",但绝不自己"唱戏"。2008年,深圳447场公益文化活动全部通过"招标采购",交由46家社团、企业承办。"供养者"变为"购买者",有意识地转换角色,使得资源、企业、市场相互匹配。

(胡谋、刘兆明《"拓荒牛"垦出"文化绿洲"——深圳文化产业启示录(下)》,《人民日报》2009年3月24日,有删节)

深圳特区的建设,始终是一个探索的过程。站在时代的高度,深圳推进供给侧结构性改革,构建长远竞争力,在更高层次参与国际竞争合作的战略选择。如何以更少的资源能源消耗、更低的环境成本支撑更高品质、更可持续的发展,是深圳未来要面对的新的挑战。

(二)创新的故事

思想的解放、观念的更新,为深圳经济特区的创新实践提供了强大的精神动力。正是改革创新、开放包容的"深圳观念",让深圳敢于引进世界上先进的管理办法和科学技术,果敢地放开了物价;率先采取建筑工程招标制;首先建立了股票交易所和国内第一家期货交易所;率先引进外资,发展混合所有制经济;率先推行招聘录用、实行新的用工制度,打破了"铁饭碗";率先构建以企业为主体、以市场需求为导向的技术创新体系……在所有这些大胆实践的背后,正是深圳勇于开拓的创新精神。

20世纪90年代开始,深圳的领航者就将增强科技创新能力,全力发展高新技术产业作为未来发展的新航向。高新技术企业和民营科技企业大力推行以知识产权资本化为核心的分配机制,把技术入股制度、科技人员持股经营制度、技术开发奖励制度等全新的制度全面引入企业;企业依靠自己的能力开发出具有自主知识产权的产品,而不是依靠模仿西方技术然后以低成本产出。

20世纪末至21世纪初,深圳的高新技术产业群迅速崛起。深圳有良好的产业配套环境,以计算机为例,早在20世纪后期,深圳就已经拥有1 500多家配套工厂,生产除芯片以外,从机箱、板卡、接插件、显示器到磁头、硬盘驱动器等几乎所有的计算机配件。深圳的产业配套优势,已成为其吸引跨国公司投资深圳的重要因素。深圳具有良好的融资条件,国内金融机构人民币存贷款余额、外汇存贷款余额均居全国大中城市前列,资金拆借市场、保险市场、证券市场、外汇市场发达。深圳还在国内最早建立无形资产评估事务所,制定了知识产权保护条例,高科技人员的科技成果能受到有效的保护和尊重,最大限度地减少了他们的后顾之忧。

马蹄声声。上半年,深圳的出口马车依然在疾驰。回顾身后,其出口额已连续8年稳居中国大陆城市首位。

深圳的富士康集团主产电脑外围设备、路由器等IT类产品,今年从国际IT大公司手中接到了20多亿美元的出口订单,比上年同期增加了1.5倍。它们的“秘密武器”是一种全新的海关监管模式。今年1月12日,深圳海关在富士康集团所属的11家企业试办中国第一家联网监管的保税工厂,企业开展进出口业务,从申报、审批、备案、通关到定期报核,全部在网上进行。先前,办理各种出口审批手续要15天,如今只需要1天!

“网络海关”使富士康在国际市场上的身价倍增。尽管上半年全球IT行业阴云密布,但索尼、戴尔、苹果、诺基亚等大公司还是纷纷向富士康增下了订单。

“网络海关”的故事只是深圳优化高新技术产品出口环境的一个缩影。为了实施科技兴贸战略,大力增加高新技术产品出口,深圳的政府、海关、银行等部门纷纷改善服务,施以援手。

在深圳,高新技术出口大户都能领到“优先证”。一证在手,去政府任何部门办事不必排队,优先办理。

今年以来,深圳的不少高新技术出口企业打起了时差的主意。它们在美国和深圳各设一个研发中心。美国的研发人员白天工作14个小时,夜幕降临以后,就通过因特网将图纸传给深圳研发中心。此时正是深圳的白天,深圳的研发人员继续工作14个小时,加快了研发速度。

深圳的企业看到,虽然美国经济放缓不利于高新技术产品出口,但事实上全球对于高新技术产品的需求量并未减少,仅仅是价格下降而已。它们在黯淡中看到了亮点,或者通过加快新产品的研发,来创造新的市场需求,赢取新的利润;或者通过降低成本,来维持和拓展利润空间,并增强在国际市场上的竞争力。深圳的高新技术出口之舟,正在各方好风的合力下,稳稳地破浪前行。

（田俊荣《好风合力送舟行——深圳市促进高新技术产品出口纪实》,《人民日报》2001年10月13日,有删节）

21世纪以来,深圳在指导国内企业创新产品上,演绎了许多动人心弦的创新故事。如深圳地铁大面积实现地铁装备的国产化,不仅降低了地铁的造价和运营费用,而且能够促进自主创新企业的发展。深圳不断抢占科技发展的制高点,以引领式、颠覆性创新为主体的未来产业。例如,光峰光电的激光荧光粉显示核心专利技术,解决了激光显示"不发散、热量高、散斑"三大难题,为显示产业带来了革命性变化,成为全球第一个成功实现产业化的激光显示技术。除了光峰光电,许多深圳的企业不断开拓进取,如华为、中兴成为全球通信技术的"先行者",华大基因、光启研究院成为全球基因测序、超材料技术的"领跑者";在4G技术、超材料、基因测序、3D显示、新能源汽车等新兴产业,深圳的创新能力已处于世界前沿。近年来,为建设"智慧城市",深圳的创新还进一步延伸到了社会治理的领域:在起步阶段,深圳是在数字化和信息化的硬件上下功夫,而在精细化治理的新时期下,新型智慧城市建设就是要通过云计算、大数据和物联网等技术,深挖数据潜能,推动机制改革,为城市治理、产业发展和改善民生提供决策支撑,让城市真正具有"大脑"和"灵魂"。其中,华为公司通过深挖用户的驾驶数据,保险公司通过大数据对驾驶人的驾驶习惯进行基于驾驶行为的保险定价,降低保险理赔风险;租车公司可以实时监控车辆行驶状况,提高租车管理水平。

第十八届中国国际高新技术成果交易会,专门设立了"智慧城市"展馆,大量案例和数据向人们展示了智慧城市给生活带来的变化。

作为我国改革开放的地标,深圳的智慧城市建设备受各界瞩目。

能否将深圳打造成智慧城市的新标杆，也是包括华为在内的众多科技企业、开发商和运营商，一直在思考的问题。

一提到行政服务大厅，人们脑海中浮现出的往往是疲惫的队伍、漫长的等待和嘈杂的环境。但在深圳龙岗区行政服务大厅内，却是另一番景象：宽敞、明亮、安静、全无线覆盖，更加让人印象深刻的是，基本不用排队。

2014年7月，华为与合作伙伴针对龙岗区的情况，为龙岗量身打造了一套智能政务的操作平台和系列应用。短时间内，龙岗行政服务大厅建立了标准统一的权责事项管理体系，建设了一体化的政务服务体系，全面推行了"一窗式"改革，真正推进"受审分离"，大大提高行政效率，群众满意度也大大提升。

"过去民政只有一个窗口，每次来都要排长队，现在办事大厅里几十个窗口哪个都可以办，而且是即来即办，高效、方便了很多。"前来龙岗行政服务大厅办理业务的徐女士说。"智慧政务建设一方面是实实在在地提升了服务效率和服务质量，群众的满意度自然就上来了；另一方面为行政审批改革提供了看得见的抓手和平台，大数据为政府决策提供了可视化的数据参考，哪些审批需要合并，哪些需要调整，哪些需要取消，都一目了然。"

华为致力于成为新型智慧城市解决方案的首选合作伙伴，聚焦于ICT基础设施，通过开放能力聚合合作伙伴，推动智慧城市生态圈的良性发展，共同为客户提供新型智慧城市整体解决方案。"华为力争扮演的是新型智慧城市生态中'土壤和能量'的角色。目前，华为在解决方案层面的合作伙伴有1 100家，在投融资、集成、运营、销售与服务层面的合作伙伴有5 500多家。在数字化转型的巨大蛋糕中，华为只拿1%，其他都是合作伙伴们的。"华为企业BG中国区总裁蔡英华表示。正是由于这份自信和担当，华为在智慧城市建设领域得到了越来越多的认可。

（于洋《让城市拥有大脑和灵魂——华为"智慧城市"亮相深圳高交会侧记》，《人民日报》2016年11月29日，有删节）

作为创新活动中最为活跃、最为积极的因素，人才始终是深圳发展最大的财富。深圳一方面通过制定上百项优惠政策和举措培育与引进人才，让一批致力于自主创新的企业家群体和科技人才群体迅速成长；同时，深圳还积极创新社会管理，改善公共服务体系，乃至致力于城市的人文精神建设，以营造一个良好的人才发展综合环境。作为一个移民城市，深圳充分发挥了其人才资源优势，建立起了比较完善的高级经理人才市场、科技人才市场和激励人才积极性、创造性的利益机制。全国各地的各类人才纷纷来到这座城市，为深圳各个高新技术企业补充新鲜血液。除此之外，毗邻香港的地缘优势，使深圳又能借助香港的资金市场、信息市场及其国际贸易中心的地位来发展高新技术产业。深圳在规划、投资导向等方面制定了一系列扶持政策，及时引导产业发展，培育高新技术产业的主动适应能力；深圳强化企业技术开发的主体地位，在资源配置、人才引进等方面向企业倾斜。这些措施让深圳在这个创新发展的时代始终勇立潮头。

四、 本节小结 ▶▶

改革创新是深圳的灵魂。深圳的发展，走的就是一条发扬敢闯敢试、勇于探索的创新之路。深圳的城市精神，成全了许多"不安分"的梦想家；而这些梦想家的奋斗、奉献，也成就了这座城市。这个充满生机和活力的城市，正书写着一部不断创新的历史。"深圳速度"或许一度是这座城市的形象标签，但是在科学发展、社会和谐的时代强音之下，"深圳质量"更应是城市形象的内涵呈现。深圳作为中国改革开放的前沿和对外开放的重要窗口，其形象塑造也应该对标国际一流城市，并从中找寻差距，为城市形象的内涵添加更多文化因素。未来的深圳城市的形象呈现，其核心是创新精神和现代人文精神的文化价值观的统合，其中既包含了丰富的物质文明，又有先进的精神文明。深圳要精确定位自身的文化特色作为城市形象的文化内核，进一步凝练城市的文化特色，从而便于城市形象的传播。

第四章

中国省会级中心城市
形象发展40年

省会级中心城市在其所在区域内的政治、经济、文化等社会活动中处于重要地位。以成都、杭州、武汉、沈阳为代表的省会城市，在各自区域内都具有相当的影响力以及对周边城市的辐射带动能力，其城市形象的变迁既反映中国城市发展的一般特征，又有一定的区域特色，展现出了一定的丰富性。

第一节　成都40年：天府之都的现代化之路

成都作为中国西部地区四川省的省会，是我国西南地区重要的科技、金融、商贸中心和交通、通信枢纽。成都是西部地区的门户城市，也是西部地区最大的城市。它地处西部地区的东部，直接与中部地区相接，是承接华南华中、连接西南西北、沟通中亚东南亚的重要交汇点。成都地处西南腹地，位于丝绸之路经济带和长江经济带交汇处，是国家新一轮向西开发开放的枢纽城市，具有独特的区位条件和巨大的发展潜力。

成都是一座具有悠久历史和独特文化底蕴的历史文化名城。早在3 000多年前，成都就成为长江上游古代文明中心——古蜀王国的都邑，现在位于市西郊苏坡乡金沙村的金沙遗址，代表着悠悠数千年的古蜀文化，是当时成都的政治、经济、文化中心。成都文化资源丰富，形态多样：都江堰是全世界至今为止，年代最久、唯一留存、以无坝引水为特征的宏大水利工程；武侯祠是西晋末年为纪念诸葛亮而建，其所代表的三国文化闻名于世……这些历史文化遗存，串联起成都作为国家首批历史文化名城的悠远文脉与深厚底蕴。千余年来，朝代更替，成都的名称从未更改，作为首府的位置从未变动，堪称中国历史上最悠久的省会城市。

成都拥有得天独厚的自然地理条件，因为它四周都有高山，冬无严寒、夏无酷暑，土地肥沃、气候温和、水源丰富、物产富饶。成都自古以来即被称作"天府之国";久而久之,成都人懂得享受自然、享受人生。正是这样的自然条件,塑造了成都独具一格、极具地域特色的民风世俗,让成都人形成了悠闲的生活习性以及乐观、豁达、幽默的性格。今天的成都人正是以这种平和、从容的心态代替市场经济下普遍浮躁的心态。

改革开放以来,成都迎来了新一轮的发展机遇,逐步发展成为中国西部特大中心城市。在统筹城乡科学发展、区域协调发展的过程中,形成了独特的"成都模式",成都受到国内外的广泛关注和一致好评。2007年,成都被确定为国家统筹城乡综合配套改革试验区,这显示了国家对成都推进城乡一体化实践的高度肯定,也为成都开创城乡统筹发展新局面提出了更高要求。同时,从20世纪90年代起,成都开启城市形象塑造活动。河道整治、道路扩张、CBD建设等物质层面的形象塑造,使成都顺利被评为首批中国优秀旅游城市、国家卫生城市;作为中国会展名城,成都举办了许多国际性的高级别会议和展览,并于2013年成功举办了"财富全球论坛"和"世界华商大会",打响"财富之城,成功之都"的城市品牌,进一步提升了成都的国际知名度和影响力。历史上,对于成都的形象描述,有"天府之国""蜀都""锦城(锦官城)""蓉城(芙蓉城)"等。而现在,成都闲适的生活方式和成都人平和的生活态度给予了这座城市"休闲之都"的美誉;作为川菜的发祥地,成都也被联合国教科文组织授予"美食之都"的称号,成为亚洲第一个世界"美食之都";成都还先后荣获联合国颁发的"最佳人居奖"和"最佳范例奖"两项殊荣;同时,成都又是稀世珍宝大熊猫的故乡,熊猫移居海外与频频"出访",给人们带去了对它的故乡的美好印象。可以说成都的形象正不断受到各方的广泛关注,也让我们有充分理由关注它的形象在媒体上的呈现和变迁。

基于此,本研究运用《人民日报》图文数据库(1946—2018),通过关键词搜索,得到1978年1月1日至2017年12月31日涉蓉报道共2 207篇,通过抽样的方法分析这些报道的基本特征,并从关键词、重大事件、"三力"(吸引力、创造力、竞争力)等分析框架进行内容分析,从而能较为客观、准确地描述成都在国内权威媒体中的城市形象的基本特征和变化趋势。

一、 总体综述 ▶▷

基于样本,本研究以《人民日报》涉蓉报道的时间为参考轴,从篇幅、报道向度、报道是否涉外等方面对报道进行描述,以勾勒出这些报道的基本特征。

(一)《人民日报》涉蓉报道的时间分布

我们可以观察发现,《人民日报》关于成都的报道呈现出阶段性的特征(见图4-1)。改革开放开始阶段,成都被国务院批准为综合体制改革试点城市,成为全国最早开始扩大企业经营自主权改革试点、放权发展县域经济的城市之一;南方谈话以后,改革开放开始向纵深延展。1993年,国务院确定成都"西南地区的科技中心、商贸中心、金融中心和交通、通信枢纽"的城市发展战略定位;同年11月,国家批复同意成都为国家综合配套改革试点城市,率先建立社会主义市场经济体制。这一阶段,成都围绕着"三中心,两枢纽"的定位与西部战略高地的奋斗目标,进一步深化改革,建立完善社会主义市场经济体制。2003年之后,成都又进入了推进城乡一体化的新发展阶段;2007年6月,成都市与近邻重庆市同时获批设立全国统筹城乡综合

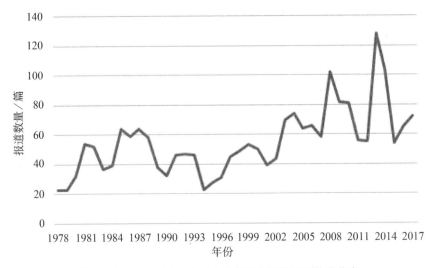

图4-1　1978—2017年《人民日报》涉蓉报道数量分布

配套改革试验区；2008 年汶川地震发生后，成都在抗震救灾和灾后重建的过程中都扮演了十分关键的角色，有关成都的报道也在这一年到达了一个高点。2013 年 6 月，财富全球论坛在成都举行；同年 9 月 24 日，世界华商大会在成都成功举办。这两次会议的成功举办，充分展示了成都的城市形象，《人民日报》对于成都的报道在这一年达到了最高峰。

在此基础之上，对报道年份与报道量之间的关系进行进一步的分析，可以将涉蓉报道大致分为四个阶段：① 1978—1992 年，改革开放伊始阶段；② 1993—2002 年，邓小平南方谈话之后，成都建设"三中心，两枢纽"的发展阶段；③ 2003—2013 年，推进城乡一体化的建设阶段；④ 2014—2017 年，财富论坛举办后的发展阶段。使用方差分析发现，$F(3, 36)=12.038$，$p=0.000$。Tukey 的事后检验程序表明，前两个阶段的报道量与后两个阶段的报道量有显著差异。也就是说，第一阶段的报道量（$M=44.53$，$SD=13.820$）和 第 三 阶 段（$M=76.00$，$SD=22.113$）、第 四 阶 段（$M=73.75$，$SD=21.484$）的报道量有显著差异；第二阶段（$M=40.80$，$SD=10.196$）和第三阶段、第四阶段的报道量有显著差异；除此之外，第一、第二阶段的报道量之间，第三、第四阶段的报道量之间虽然也有差异，但差异不显著。

（二）《人民日报》涉蓉报道的篇幅变化趋势

以前述时间段划分作为分类变量，我们探究不同时间段与篇幅长度变量的交互影响，卡方检验显示，不同时间段的报道篇幅差异十分显著（$\chi^2=58.386$，$p=0.000$）。总体而言，成都与北上广深四座超级城市有相似的趋势，即总体报道篇幅同样是随着时间的推移而增加的。其中，关于成都的长篇报道的占比不断增长，短篇报道的占比总体是下降的。可见，《人民日报》对成都的关注也在不断增强。

在第三个阶段，有关成都的中长篇报道居多，短篇报道的占比是所有时间段中最小的，而在这一阶段，成都发生了许多大型事件，包括设立全国统筹城乡综合配套改革试验区、汶川地震、成功举办了财富全球论坛和世界华商大会等。进一步分析，这一阶段的报道是否涉及上述事件以及与报道篇幅之间的交互影响。卡方检验显示，涉及与不涉及以上事件的报道在篇幅上的差异是十分显著的（χ^2=12.038, p=0.002）。但凡涉及城市战略定位、大型自然灾害和大型事件的报道，往往其篇幅较长；反之，则篇幅较短。此类事件对于城市形象塑造的重要性可见一斑。

除此之外，对《人民日报》有关成都的图片报道进行分析，研究图片的出现频率和报道时间段的交互影响。卡方检验显示，不同时间段的差异十分显著（χ^2=37.740, p=0.000）。可以发现，越往后的时间段，带有图片的报道越多。这说明和北上广深四座超级城市相同，有关成都的报道随着时间的推移，图文并茂的报道的比例也不断增加，成都的城市形象在官方媒体上的识别度也在不断提升。

（三）《人民日报》关于成都的涉外报道变化趋势

以前述时间段为划分标准，分析《人民日报》关于成都的报道是否涉外与报道时间段的交互关系，卡方检验显示，不同时间段的差异十分显著（χ^2=12.812, p=0.005）。总体而言，有关成都的涉外报道的比例是随时间的推移而上升的，只有在第三阶段，这一比例有所下降。这说明改革开放以来，成都在官方媒体中呈现的形象的国际化属性与日俱增，尤其随着"一带一路"倡议的深入推进和更多国际大型会议的召开，成都的国际影响力会日益增强。

（四）《人民日报》涉蓉报道的向度变化趋势

从报道的向度来看，《人民日报》涉蓉报道中，正面报道占69.3%，中性报道占26.5%，负面报道占4.2%。卡方检验显示，不同时间段的报道向度呈现显著差异（χ^2=16.967, p=0.009）。负面报道主要产生第三阶段，这与上海的情况是相似的，可见在这一时期，官方媒体对成都的负面问题和城市治理情况更加关注。进一步探究报道向度变量与报道篇幅变量的关系，卡方检验显示，不同向度的报道的篇幅之间的差异十分显著（χ^2=77.930, p=0.000）。正面报道多为中长篇报道，负面报道多为短篇报道。此外，所有的负面报道中，没有一条是涉外报道。由此可见，对于成都的报道向度，总体还是正面的；如果与超级城市比较，成都形象的正面性不如北京、上海，但是好过广州、深圳，正好处于中间的位置。

二、《人民日报》对成都的报道内容趋势分析 ▶▶

对《人民日报》涉蓉报道所涉及的内容发展趋势，我们遵循上述的时间段划分，也即将成都的发展大致分为四个阶段：① 1978—1992 年，改革开放伊始阶段；② 1993—2002 年，邓小平南方谈话之后，成都建设"三中心，两枢纽"的发展阶段；③ 2003—2013 年，推进城乡一体化的建设阶段；④ 2014—2017 年，财富论坛举办后的发展阶段。不同阶段的报道有如下特点：

（1）按报道主题进行分析，卡方检验显示，不同时间段的报道主题差异十分显著（χ^2=53.460, p=0.000）。在这些报道中，我们可以发现，前两个时间段，经济类报道占据了较重要的地位；但是随着时间推移，经济类报道的占比越来越小，表明成都的形象呈现与经济领域的关系正在逐渐削弱；除此之外，文化和社会民生类的报道总体在增加，其中文化方面，报道成都旅游产业的文章占据了相当的比重（见表4-1）。

表4-1　1978—2017年《人民日报》涉蓉报道主题占比情况

时间段＼报道量占比（%）	政　治	经　济	文　化	社会民生	其　他
1978—1992年	28.6	35.2	14.3	22.0	0
1993—2002年	11.8	30.0	29.1	29.1	0
2003—2013年	19.8	20.7	18.9	36.1	4.4
2014—2017年	16.0	19.8	33.3	27.2	3.7

值得注意的是，在第三个阶段，文化类报道的比重下降，而社会民生类报道所占的比重最高。回顾这一阶段，成都一方面在努力建设国家统筹城乡综合配套改革试验区，因此有关政治类的报道数量在这一阶段（包括第四阶段）有所上升。数据统计显示，在选取的样本中，2008年成都的社会民生类报道占比达46.4%，而文化类报道占比仅为3.6%。也就是说，由于经历了2008年抗震救灾以及灾后重建的工作，这部分报道大大增加了成都社会民生类报道

的比重,而以旅游为主的文化类报道比重降低了。进一步探究导致这种变化的原因,其中恐怕既有现实的因素,也有报道本身的因素。从现实来说,灾害的发生很可能导致城市的旅游业出现了暂时性的低迷,报道的价值也就不如旅游业高速发展的时候;而灾害本身有强烈的负面属性,与旅游、娱乐报道的正面属性是冲突的,如果两种属性的报道同时出现,势必会让读者产生疑惑,这种冲突性使得媒体在报道的时候只会侧重其中一类。

（2）分析不同时间段的报道对象占比,卡方检验显示,不同时间段所报道的对象差异显著（$\chi^2=27.365$, $p=0.026$）。改革开放伊始,《人民日报》涉蓉报道的对象以政府和事业单位为主,这既反映出在体制改革方面政府占据的主导地位,也反映出改革开放后成都的文化体育事业就已经在蓬勃发展;在南方谈话后,成都重点建设"三中心,两枢纽",以政府为对象的报道的占比有所提高,政府继续扮演城市发展主力军的角色;随着时间的推移,官方媒体关注的重点逐渐转移到了文化和社会治理等方面,以政府为报道对象的文章进一步增加,这一阶段成都建设全国统筹城乡综合配套改革试验区、2008年汶川地震救灾以及灾后重建工作、2013年财富论坛举办等,政府在这些工作中都扮演了主导型的角色;2014年以后,以政府为对象的报道的比重有所回落,有关企业和民众的报道的比重上升,说明新时期下,政府正在慢慢远离城市报道的重点,相比于上一阶段,企业和民众被更多地关注。这一阶段,有关环境方面的报道也明显增多,表明这一时期下成都的环境问题也是不可忽视的（见表4-2）。

表4-2　1978—2017年《人民日报》涉蓉报道对象占比情况

时间段 \ 报道量占比（%）	政府	企业	事业单位	民众	环境	其他
1978—1992年	39.6	17.6	20.9	12.6	2.2	7.1
1993—2002年	45.5	12.7	20.9	12.7	0.9	7.3
2003—2013年	55.5	10.6	22.5	8.4	1.3	1.8
2014—2017年	51.9	12.3	21.0	11.1	3.7	0

（3）分析不同时间段对产业的报道的占比，卡方检验显示，不同时间段所报道的产业差异十分显著（$\chi^2=53.042, p=0.000$）。具体分析不同产业在不同时间段的变化，可以发现，成都作为省会级中心城市，在有关产业的报道比重上与超级城市呈现不同甚至相反的趋势。改革开放伊始，成都各个产业发展如火如荼，第一、二、三产业各有亮点，因此对各个产业的报道也各有侧重；到了第二阶段，第二产业的报道比重下降，第一产业、第三产业的报道上升幅度明显，体现出这一阶段城市经济发展的变化，即把发展重点放在农业和服务业上；后两个阶段，关于第二产业的报道进一步减少，第一产业的报道比重已经与第三产业相当，反映出成都在第一产业上的发展卓有成效，一方面与其城乡一体化发展的模式是相吻合的；另一方面也体现出成都与超级城市的不同之处，并根据城市自身的特点走出一条特色发展之路（见表4-3）。

表4-3　1978—2017年《人民日报》涉蓉报道产业占比情况

报道量占比（%） 时间段	不涉及产业	第一产业	第二产业	第三产业
1978—1992年	65.9	6.0	12.1	15.9
1993—2002年	60.9	8.2	4.5	26.4
2003—2013年	83.7	6.2	4.0	6.2
2014—2017年	87.7	4.9	2.5	4.9

（4）从关键词分析，卡方检验显示，不同时期关于成都的报道关键词有显著的差异（$\chi^2=23.408, p=0.024$）。进一步分析关键词的分布，我们可以发现，总体来看，从改革开放开始至今，以"发展"和"治理"为关键词的报道一直是对成都的报道重点，但是前者所占比重不断在降低，后者的报道占比不断增加。这一点与上海有相似之处，成都在早期发展的过程中，作为中国西南的中心，在改革开放的全局中占据了一个重要位置，其发展必然是最重要而且具有代表性的；同时，在快速发展的过程中，成都也面临许多问题，而这方面的报道占比不断增加，这与北京、上海、广州、深圳四座超级城市的

总体趋势也是类似的,说明对于省会级中心城市而言,城市治理问题也同样是随着时代的发展,逐渐得以关注并改善的(见表4-4)。

表4-4　1978—2017年《人民日报》涉蓉报道关键词占比情况

报道量占比（%） 时间段	改　革	开　放	创　新	发　展	治　理
1978—1992年	8.8	12.1	10.4	36.3	32.4
1993—2002年	9.1	20.9	2.7	34.5	32.7
2003—2013年	4.8	12.8	8.8	31.3	42.3
2014—2017年	1.2	11.1	12.3	32.1	43.2

(5)分析时间段和"三力"之间的交互影响,卡方检验显示,不同时间段对"三力"的关注程度存在显著差异(χ^2=75.860,p=0.000)。早期,《人民日报》对成都的吸引力与竞争力的关注是并重的,这和改革开放初期成都的发展和经济建设有较大关系。此后,《人民日报》对成都的吸引力的关注不断增加,这与成都的城市休闲气质息息相关,主要和城市的定位以及以旅游业为主的产业发展联系在一起;创造力则更多的是与体制创新相关,因此早期成都作为西南地区经济体制改革的先锋,有关其创造力的报道的比重是所有时间段内最高的(见表4-5)。

表4-5　1978—2017年《人民日报》涉蓉报道"三力"占比情况

报道量占比（%） 时间段	吸 引 力	创 造 力	竞 争 力
1978—1992年	45.0	14.3	40.7
1993—2002年	62.7	7.3	30.0
2003—2013年	80.6	9.7	9.7
2014—2017年	77.8	12.3	9.9

三、 媒介中呈现的成都城市形象变迁 ▶▷

（一）在改革中发展的城市

改革开放伊始，成都以其西南中心的城市地位，于 1984 年被国务院批准为综合体制改革试点城市，成为全国最早开始扩大企业经营自主权改革试点、放权发展县域经济的城市之一。成都历来是川西地区最大的商品集散市场和贸易中心，川西广大地区的许多进出口物资都要经成都与外界联系。但改革开放初期，由于受条块分割的影响，商品流通渠道不畅，束缚了商品生产的发展。成都在改革商业流通体制中，把单纯为保障城市人民供给的旧体制，改造为多成分、多形式、多层次、少环节、能发挥中心城市作用的新体制，改变了过去国有商业一统天下的局面，市场从波动混乱的困境中走向平衡繁荣。不仅如此，企业纷纷改革内部分配制度，并把重点放在改革企业考核制度和奖励制度上，实行效益结构工资制，改变企业"干与不干一个样，干好干坏一个样"的状况，促使企业增产、职工增收。不仅如此，为适应经济体制改革和劳动制度改革的需要，成都开放劳务市场，大大方便了供需双方。除此之外，在农业方面，过去，成都市蔬菜产销渠道单一，蔬菜生产完全靠计划种植的蔬菜基地，购销局限于本市，由国家商业部门独家经营。改革后，以农民个人进城直接出售蔬菜为主，商业部门适当在外地组织购销，大大缓和了旺季的市场压力。不仅如此，针对蔬菜上市的淡季蔬菜供应不足的问题，成都实行蔬菜收购季节差价制，以鼓励农民做到蔬菜均衡上市，或者将旺季蔬菜移到淡季销售，保证了全年蔬菜供应。成都的农贸市场，个体菜贩十分活跃，淡季不淡，旺季更旺；蔬菜商店也一扫以前淡季菜少的冷清局面，货架上的鲜菜品种，也能与农贸市场争辉。

1991 年 9 月，成都市锦江区政府在被称为"成都王府井、南京路"的春熙路办起了常年夜市。在市中心的黄金口岸上办夜市，这在省会城市中是第一家。

　　这个夜市一直繁荣兴旺。在不足1 000米的街道上，有条不紊地排列着400余个摊位，经营服装、鞋帽、日用百货、工艺品、儿童用品、小家用电器、食品等上千个品种的商品，每天人流量2到3万余人。营业额每年超过1.2亿元，相当于一个大型商场的营业额。

　　过去有人把春熙路称为"白天闹市，晚上烂市"：卖假货、旧货的多，卖黄色书刊的多，测字算命的多，要饭乞讨的多，治安案件多。春熙路所在的锦江区（原东城区）政府虽多次整治，但效果总是难以巩固。如何把来自省内各地、素质参差不齐、彼此缺乏了解的个体商贩们合成团，是夜市取得成功的关键所在。

　　夜市办公室摸索出一整套行之有效的管理方法，核心内容是两句话：引进国营商业的组织模式，实行市场经济的管理方式。夜市办公室认为，当一些地方在把市场经济的竞争机制引入国营商业的时候，往往忽视了国营商业也有十分值得借鉴的宝贵财富，这就是国营商业在为人民服务这一思想的指导下经过几十年经验积累而形成的一些行之有效的组织模式。引进国营商业的组织模式，让它的科学内核重放光彩，使商贩们都感到自己就是夜市的主人，而不只是你出租地盘，我花钱买摊位的"买卖关系"，有同夜市共兴衰的责任感，才能把散沙揉成团，使夜市健康、顺利发展。

　　夜市管理引入国营商业的组织模式后，会不会又把国营商业人浮于事、造成事事有人管而实际上又事事无人管的弊端带进夜市？区政府防微杜渐，首先把管理办公室置于"市场经济"的手下：办公室不端铁饭碗，不称职的坚决拿掉。这一招很灵。办公室由从政府的各个部门抽调来的人员组成，不称职者立即退回原单位，他们的工作方法随之发生巨大变化。

　　春熙路是"风水宝地"，步步可以"捡"到黄金，许多商贩都渴望能在此争得一席之地。办公室在决定摊位时，采取了公开张榜的办法，把申请人的姓名公之于众，然后根据申请的先后及其他条件排出名次、依次递补。商贩看在眼里，记在心里，无不称赞政府过得硬。

　　（陈华、贺晓林《这就是成都春熙路夜市。它何以如此红火，请

看——以"市"治市》,《人民日报》1994年1月23日,有删节)

南方谈话之后,成都市加快了市场体系的培育,进一步推动第三产业的发展。成都生产资料市场,积极改革物资流通体制,任何国有企业、集体企业和私营企业均以平等主体的身份参与交易;交易的物资绝大部分随行就市、自由议价、自愿成交。由于大胆进行体制改革,该市场成为当时西南地区规模最大的物资交易场所。成都红旗商场实行"延伸"扩销闯市场的新改革,商场向新的经营品种、新的经营范围延伸,交易还向店外延伸,通过这些手段,商场的销售收入、税利总额、职工收入等都得到了大幅增长。同时,成都进一步发展高新技术,提出并开始实施"科教兴市"的战略。成都以加速科技成果转化为重点,不断推出改革措施,改革了科技拨款制度,促进了科研机构运行机制的转变,增强了科研机构面向经济建设主战场的活力和内在动力;改革市场体系,建立了以促进科技成果商品化、产业化为目的的技术市场。成都通过积极稳妥的改革,取得了一批有自主知识产权、实现技术跨越的成果,全国第一条"磁浮列车试验示范线"为我国城市交通的发展带来了全新观念;"大屏幕、高亮度、高清晰度新型投影电视机"是我国率先在世界上研制成功的以YAG取代传统荧光屏显示器件的新型电子真空显示器件和新一代投影电视机;地奥制药、拓普软件、"蛋奶鱼"、"蓉油3号"等一批高科技产品成为世界名牌。

到21世纪初,凭借雄厚的研发实力,成都市以创新驱动发展,营造创新、创业的良好环境,企业不断向产业链高端攀升。成都以软件产业和信息技术服务业为代表的战略性新兴产业已经有了坚实的基础。

从2001年到2011年,成都市软件产业总规模从40亿元增长到1 309亿元,名列中西部之冠;从业人员由1.3万增长到23万,人才回流频频出现……

10年来,成都市在软件人才队伍、公共平台等方面出台了一系列鼓励政策,编制了关于3G、云计算、软件产业和信息化等10余个产业规划。在政府强力支持下,成都已经形成了信息安全、移动互联、云计算、物联网产业、电子商务、数字新媒体产业六大特色产业集群。

目前，成都市已形成了"一个核心区、两条产业带"的产业格局。一个核心区，即以成都高新区为核心区域，辐射武侯、金牛和锦江的软件产业主体发展区。两条产业带，即以成都高新区为主要聚集区，连接武侯、青羊、金牛和都江堰的软件和信息技术服务产业带；以锦江区红星路连接武侯科技一条街及音乐街区的数字创意和信息服务产业带。

为了推动应用软件发展，成都市编制完善了政府采购软件产品及服务的目录和标准，鼓励采购国产自主创新产品和服务。成都市通过启动企业信息化示范工程，面向电子信息产品制造、汽车、航空、食品物流等传统优势领域的信息化应用需求，推动软件在各传统领域的生产、研发、管理、销售、服务环节的广泛应用。

在成都本土成长、擅长银行业务流程外包的成都三泰电子，正积极向金融整体业务流程外包、知识外包转型。同样，十几年前就开始做欧美外包的巅峰软件，其70%以上的业务来自欧美，正从传统的软件外包向"创新外包"转型。

正是拥有研发和人才优势，成都也被国际IT巨头寄予厚望。"无论戴尔、富士康，还是联想，IT企业西进成都，都不是以单一的产能转移为核心，而是将成都纳入其生产、研发、销售的全球产业链之中，进行高端整合。"天府软件园有限公司总经理杜婷婷说。

新起点，新征程，新未来。成都市委提出了今后一个时期"领先发展、科学发展、又好又快发展，奋力打造西部经济核心增长极"的总体定位和方向。打造西部经济核心增长极，软件和信息技术服务业将再一次显现支撑引领的力量。

（刘裕国《成都软件产业十年崛起西部》，《人民日报》2012年4月28日，有删改节）

与此同时，从2003年起，成都市开始探索实施以城乡一体化为核心，以规范化服务型政府建设和基层民主政治建设为保障的城乡统筹、"四位一体"科学发展总体战略，提出并实施了"三个集中"的发展思路，即工业向园区集中、土地向规模经营集中、农民向城镇集中。成都建立了城乡统一的户籍制度，为农村居民办理社保和医保，进城务工农民的子女平等享受义务教育，实行城乡统一的就业制度，农民集中居住区实行社区化服务，建设公共文体设施，初步形成了城乡相对均衡的公共服务体系，为进一步提高村级公共服务和社会管理水平、缩小城乡公共服务差距打下了坚实的基础。成都引导城市服务体系向农村延伸，构建新型农村社会化服务体系，着重改革完善农业生产服务体系，建立农村信息服务体系，同时健全农村社会保障服务体系，改进农村公共卫生服务体系。成都市以推进全国统筹城乡综合配套改革试验区为契机，加大住房保障城乡一体化探索，将保障性住房覆盖面向郊区、农村延伸，使城镇低收入家庭户户有房住，实现城乡居民人人居有定所。成都积极推进城乡教育均衡发展，实行大幅度的政策倾斜，增加农村地区的教育投入，同时采取城乡互助的方式提高农村教育水平，有效缩小了城乡学校间的差距。

在 2008 年汶川地震的灾后恢复重建中，成都市在统筹城乡综合配套改革的基础上，统筹配置城乡建设用地资源，运用统筹城乡政策和市场机制重建损毁住房，创造性地采取"吸引社会资金与灾区农民联建新居、实行城乡建设用地指标增减挂钩、变农村资源为资本允许担保贷款"等措施，有效地破解了农房重建面临的资金困境。2012 年，成都实现全域统一户籍，城乡居民可以自由迁徙，并实现统一户籍背景下的平等享有基本公共服务和社会福利，彻底消除隐藏在户籍背后的身份差异和基本权利不平等现象。成都在探索统筹城乡综合配套改革方面再次实现新的突破。

在推进城乡一体化进程中，成都助推传统农业向现代农业转变。成都建立了扶持农业产业化项目的专项资金，重点支持龙头企业进行技术改造、建立原料基地、治理污染以及为农户提供培训和营销服务等，带动发展订单农业。同时，成都把土地集中起来，请有实力的种植公司来盘活土地，农民拿自己的土地承包权入股享受分红，实现农业产业化经营。成都在发展都市现代农业的同时，大力推进新型农村社区建设，让农村更宜居。

刚刚结束了远赴新西兰和澳大利亚的推广，四川成都农产品区域公用品牌——"天府源"回到主场,亮相6月30日开幕的第五届成都国际都市现代农业博览会。

郫县豆瓣、蒲江丑柑、崇州牛尾笋、邛崃黑猪……2000年后,成都各区县开始陆续探索以地标为主要内容的农产品县级区域品牌建设,集中力量对当地优势特色农产品进行挖掘打造——成都都市现代农业,由资源要素驱动进入品牌引领发展的关键阶段。

品质严把关,是品牌之路的起点。为提高柑橘品质,蒲江县从2014年启动耕地质量提升3年行动计划,组建起2.5亿元基金引导各界力量搭建养土肥田、生物防控、高效农机、有机质循环养地利用、土壤环境大数据平台等五个工程。在当地,农户不再施用化肥,转而改用农家肥及生物有机肥和土壤改良剂,打造出全县绿色、有机、无公害和GAP认证基地61个,认证面积达14万亩。

土壤改良、水果提质、销路更宽……一系列连锁效应让农民收入大幅提高。近两年,蒲江丑柑在树上就被一抢而空,产品更远销东南亚、欧盟等地,亩均增收3 000—5 000元,丑柑变身"黄金王子",不少种植丑柑的村民钱包鼓起来了,还住上了小洋楼。

"天府源"频频赴海外推广,是成都打响农业品牌的重要举措,也是成都农业主动融入"一带一路"建设的一个缩影。今年,成都深入推进农业供给侧结构性改革,加快构筑都市现代农业新高地,提出有针对性、可持续的顶层设计。其中包括辐射四川全域、辐射大西南地区、辐射"一带一路"参与国家。

热情拥抱"来客",是成都主动融入"一带一路"的另一种姿态。第五届成都农博会就专门设立了"一带一路"国际合作馆,11个参展国家中有9个"一带一路"参与国家,包括俄罗斯、新加坡、马来西亚、西班牙、泰国、荷兰、日本、巴西等。成都农业在"一带一路"参与国家和城市的合作项目、成功案例也将在展会上亮相。展期内还将举办2017成都+"一带一路"农业推介活动,成都农业与多国农业的深度对话和合作正展开新的篇章。

(陈博《丑柑变身"抢手货"——成都实施农业品牌战略纪实》,

《人民日报》2017年6月30日,有删节)

近年来,成都进入跨越崛起的新阶段。一直致力于西部金融中心建设的成都,是西部金融机构数量最多、种类最齐全、开放程度最高的地区;站在建设国家中心城市的新起点,成都肩负建设西部金融中心的重大使命。成都全面提升经济证券化水平,创新科技金融服务平台和科技金融组织,以促进科技金融创新发展。推进金融载体建设,重点发展总部金融、新型金融。成都还加强与中国香港以及新加坡、德国法兰克福等全球著名财富管理中心的合作,打造面向东南亚的财富管理基地。

成都是四川自贸试验区的核心和主体。在开放方向上,依托中欧班列"蓉欧快铁"沿线及"一带一路"南线等多条经济走廊,实现成都与亚欧知名资本市场的互联互通。同时,成都作为长江经济带西端起点,经由沪汉蓉通道,与上海首尾呼应,在沿海沿江协同开放中发挥重要作用。

成都作为国家全面创新改革试验区的核心城市,近年来深入实施创新驱动发展战略,搭建创新平台,打造创新品牌,形成了浓厚的创新氛围和良好的创新生态环境。作为西部首个国家自主创新示范区,成都高新区积极营造创新环境,激活创新要素,政府办孵化器与社会力量办孵化器互为补充,所有孵化器不分类型、不分投资主体和形态,只要为高新区创业企业提供孵化载体和服务的,均纳入高新区孵化器网络体系,享受孵化政策支持。本土孵化器正吸引越来越多的创新创业者,同时聚集的创新创业者又吸引更多外来孵化器前来寻觅商机。联想之星、创新工场等知名孵化器都纷纷走进这片西部的创新高地。成都举办中国成都全球创新创业交易会,搭建了全球首个创新创业全要素展示交易平台,每年吸引了全球近万名创新创业人士参加。借助创交会的国际平台,成都正在成为"创业之城、圆梦之都"。

(二)宜居而悠闲的城市

改革开放以来,工业生产的迅速发展,人口的日益增多,城市的不断扩大,使得成都的"母亲河"府南河一度失去昔日的光彩。经过数年的整治,河段面貌一新，昔日坑坑洼洼的河堤已用石块砌得整整齐齐，护河通道铺上了柏油，绿化带新栽了树木。一座河水清澈、花团锦簇的优美城市，重新回到了人们的生活中。事实上，成都从20世纪90年代开始，就把更多的资源用于改变城市面貌、优化城市生态。其具体的做法包括重塑城市水系，改善生态环境；锁住城市开发边界，对建设实行严格控制，给市民更多"绿色空间"。21世纪以来，成都面对河道水质差、水量不足，水系、河岸和风道不通，水景观缺乏特色等问题，继续开展水环境综合治理，提升河水的"清洁度"，让这座因水而兴的城市的水韵得以传承。成都的人居环境越来越好，更干净的水，更清洁的空气，更通畅的交通，这些都提升了人们的生活品质，也让越来越多的人向往这座"宜居之都"。成都曾被联合国授予"世界人居奖"，并且荣获"国家环境保护模范城市""国家节水型城市""国家园林城市""国家森林城市"等称号和国际舍斯河流奖，这些都是对成都改善生态、生活环境的努力所做出的最佳褒奖。

　　初秋的四川成都，刚刚挣脱酷暑的包裹，尚未一下子从高温里走出来，中午仍然很热。午休过后，青羊区青羊上街398号院的街坊邻居们拎着水杯，陆续聚到河边的树荫或是凉伞下，下棋、打麻将、摆龙门阵，笑声、争执声、起哄声，伴着摸底河的流水声飘向远方。

　　问到摸底河的变迁，老人们来了兴致。73岁的王光秀老人是土生土长的"老成都"，在摸底河边长大。"小时候河水很清，村民们都在河里洗衣服、洗菜。"68岁的王光祥回忆说，"去河里随意掀开一块石头，都能抓到螃蟹或小鱼小虾"。老人们的下一代也加入讨论，"不知不觉河水就变脏变臭了，经过治理，现在稍有好转"。

　　398号院与摸底河只有一街之隔，河水就在他们眼皮底下，由清变脏，又将由脏变清……今年，成都市在中心城区启动"宜居水岸"工程，将努力重现"六河贯都、百水润城"的盛景。

　　摸底河发端于都江堰，流经郫县、高新区、金牛区，在青羊区送仙桥汇入南河，是成都市中心城区6条主河道之一，汛期能助上游泄洪和沿途排涝，平时可解决沿岸居民生产生活用水。然而，美丽的摸底河一度变得浑浊、肮脏,充斥着难闻气味,变成了人们口中的"臭水沟"。

2016年,成都市重点开展了城市建成区黑臭水体治理、中心城区下河排水口污水治理、农村污水综合治理试点项目,主要涉及岷江内江、沱江流域城乡水环境综合治理。为了提升河水的"清洁度",一方面,成都利用面源治理和活水循环等手法,对黑臭水体进行治理;另一方面,还对全市562个排污口全面截污,并对中心城区河道清淤。

"再不用看着水在眼皮底下流而无法靠近了。"送仙桥边的398号院居民,期盼着水越来越清,期盼着"宜居水岸"早日变成现实。

(王明峰《成都:让河湖与城市共呼吸》,《人民日报》2016年10月8日,有删节)

一座宜居的城市,应当是围绕人的需求服务的有机体,既要求良好的人居环境,也需要良好的人文环境。作为中国首批历史文化名城的成都,文化资源得天独厚,唐代大诗人李白与杜甫都曾将这里当作精神停靠之处。成都利用诗圣杜甫与诗歌圣地杜甫草堂的独特地位、知名度与感召力,将草堂文化内涵发散开来,最终让其成为一个散发着诗歌文化魅力、具有浓厚人情味和诗意氛围的文化场所。与之相对应的,成都城市精神中的包容,"进可天下,退可田园"的文化氛围,使得这座城市现在依然拥有着兴盛繁荣的文化艺术;相比于京、沪的艺术区,田园性植入了成都的基因,位于成都的蓝顶艺术中心,既为艺术家们开辟了一片世外桃源,远离喧嚣尘世;又为他们提供了一处价格低廉的容身之所,减少了奔波的辛苦。在这里,数百位艺术家的相继落脚,形成了以文化资源整合为趋向的聚落生态,蓝顶也成为西南地区最大的当代艺术圈。

成都既是宜居的,也是悠闲的。成都人生活的悠闲,在成都的茶馆里体现得淋漓尽致。在成都,泡茶馆是不可或缺的一种生活方式,不论休闲小聚、交流讨论,抑或是洽谈生意、调处纠纷,都可以在茶馆畅所欲言。成都的茶馆种类丰富,有以川戏为特色的百年老茶馆,也有以"创新创业"为主题的"创客茶馆",还有以志愿服务、居民自治和孝文化为主题的特色茶馆。大家喝着茶,说着话,氛围轻松和谐,好不热闹。

在成都,坐茶馆,谈天说地,说东道西,叫"摆龙门阵"。听民声,看社情,茶馆是个好去处。

春节前夕,记者在成都坐了几次茶馆,颇有见闻。在文化宫茶馆,四块钱,一杯茶,三五个人围成一桌,畅所欲言,很是热闹。

东拉西扯,扯到"法轮功"。提起丑角李洪志,茶客哈哈大笑。有位茶客说:"谁信邪教谁吃亏,老百姓只图太太平平过日子。"他们说了几句形容成都市民生活的顺口溜:"打个小麻将,吃个麻辣烫,炒个渣渣股,跳个轻松舞。"接过这个话头,记者问:"'打个小麻将',是不是赌钱?这可不对呀?"回答是:"有赌钱的,不多,大多是娱乐娱乐。"记者又问:"'炒个渣渣股'是什么意思?"回答是:"小股民炒的低价股票嘛!"

社会治安也是个热门话题。茶客说,在市中心区,包括在这茶馆,别看三教九流,五花八门,有卖粘老鼠板的、挠痒笆的,有擦皮鞋的、掏耳朵眼的,人来人往,但治安情况还不错。因为市面上既有身穿警服的"明公安",还有身着便衣的"暗公安",还有街道的"业余公安",市民很有安全感。可是,在城乡接合部,在外来人口聚集区,比如在驷马桥,治安情况就很糟,有偷的、抢的,还时有命案发生。有些案破了,有些至今还是无头案,市民哪有安全感!

四川出了个邓小平,家乡人引以为荣。用茶客们的话说:邓小平心里有人民,邓小平理论合国情,邓小平事业后继有人,四川老乡永远怀念他。从邓小平又谈到江泽民,茶客们的议论是:他把改革的力度、发展的速度和社会可以承受的程度科学地结合起来,很有章法,很有魄力,大有作为。用他们的四川话说是:"要得!"

一杯清茶,沏了一道又一道。茶淡了,话仍浓,"龙门阵"还在摆下去。有的茶客又掏出钱来:"再沏杯新的!"

（李德民、罗茂城《成都茶馆"龙门阵"》,《人民日报》2000年2月16日,有删节）

宜人的自然生态,悠久的历史文化,独具特色的民俗民风,这些都是成都吸引力之所在。这种吸引力让许多外地人愿意来成都一游。早期过往成都的人，大都忘不了两件事：一是饱眼福，游览武侯祠、王建墓、杜甫草堂、薛涛井等古迹；二是饱口福，品尝"龙抄手""钟水饺""担担面"等风味小吃。随着旅游产业的进一步发展，成都借助现代农业带来的商机，开始大力发展乡村旅游业。如成都锦江区政府在三圣乡相继推出了休闲观光、赏花品果、农事体验等各种形式的旅游项目，逐步形成了各具特色的5个观光农业村，并称为成都市"农家乐"的"五朵金花"。其中，以红砂村为例，在政府的支持下，农民把农房改造成"川西民居"，开始经营"农家乐"。不过两三年光景，红砂村就以"花乡农居"闻名遐迩，观光客络绎不绝。除此之外，成都还举办国际熊猫节、自行车车迷节、创意设计周等活动，不断集聚人气，挖掘地方旅游资源，将其变成一种现代生活方式、生活风情的再建、再造与传承。这也成为渗入城市肌体，成为提升城市形象、凝聚城市文化气质、增加城市认同感的一股重要力量。

四、　本节小结 ▶▷

作为我国西部省会级中心城市，成都在经济金融、高新产业以及传播技术等方面都有一定的优势，这些优势为成都塑造城市形象提供了良好的基础。成都这座城市拥有良好的软环境，又是城乡一体化发展的范本。成都应在已有成绩的基础之上，继续扩大开放，并在优化产业结构、完善城市功能等方面，继续发挥对整个西部的示范、辐射和带动作用。同时，成都是一座具有历史文化底蕴与现代休闲气质的都市。从杜甫的"窗含西岭千秋雪，门泊东吴万里船"，到成都街头的一个茶馆或一顿火锅，无不透露着成都平民化的人文气氛。在如今的城市营销时代，成都敏锐地利用了自己的优势，在"熊猫"上大做文章，如"成都'熊抱'伦敦奥运"活动；电影《功夫熊猫2》植入成都元素，向全球征招熊猫守护使，都是成都城市营销的杰作。许多国际上的友人甚至把"熊猫"与成都直接挂钩在一起①。成都未来城市

---

① 如前美国职业篮球联赛球员罗恩·阿泰斯特（Ron Artest）加盟四川金强职业篮球俱乐部后，一度想把名字改成"熊猫之友"。

形象塑造和传播问题应对历史文化、资源禀赋与未来愿景加以通盘考虑,抓住城市优势进一步凝练城市文化特色,从而提升城市形象的传播效益。

第二节　杭州40年:从"西湖十景"到电商中心

杭州是我国著名的历史文化名城,也是七大古都之一,位于中国东南沿海,长江三角洲的南翼,京杭大运河的南端,是长江三角洲重要的中心城市和中国东南部重要的交通枢纽城市。

杭州历史悠久,源远流长。从新石器时期后期开始,杭州先后出现过极具特色的文化。距今5 300年至4 200年前,作为中国新石器文化之一的良渚文化就源于杭州,当时良渚文化的手工艺已达到较高水平,尤其在玉器制作方面富有特色。五代十国时期,钱镠建立吴越国,定都杭州,杭州首次成为一个政权的首都。吴越国实行保境安民的策略,杭州也成为江南的政治、经济中心;吴越国尊崇佛教,杭州的著名石塔(保俶塔、雷峰塔、白塔等)大多建立于这一时期。到了南宋,杭州成为王朝的都城,同时也是南宋的政治、经济、文化中心;这一阶段是古代杭州发展的鼎盛阶段,丝绸、造纸、印刷、陶瓷、造船业尤为发达。不仅如此,南宋文化的精致优雅居历朝之冠,且市井化特色明显,五花八门的杂戏、杂技等名目繁多的节目(成朝晖,2009)。元朝占领杭州后,意大利旅行家马可·波罗来到此地,曾称其为"世界上最美丽华贵的天城"。明清时期,杭州市井文化繁荣,清康熙与乾隆两帝先后多次驻跸杭州,游览名胜,地方官为迎接圣驾,葺修庙宇,疏浚名湖,恢复名胜,编撰旅游典籍等,促进了杭州旅游人文景观的恢复发展(成朝晖,2009)。此外,杭州手工业发展迅速,出现了大批优秀的"杭商"群体,许多杭州老字号,如张小泉剪刀、王星记扇子、孔凤春化妆品、胡庆余堂丸药、毛源昌眼镜、邵芝岩笔庄等名特产品,都是出自这一阶段,现今许多老字号仍在经营。

杭州是商业之都,也是创业之都。杭州连续四年被世界银行组织评为

"中国城市总体投资环境最佳城市"第一名,连续四年被美国《福布斯》杂志评为"中国大陆最佳商业城市排行榜"第一名。著名的娃哈哈集团董事长宗庆后、阿里巴巴集团董事局主席马云等,都在杭州创业发展、做强做大。杭州有最优越的创业环境,信息经济引领、服务业主导的产业发展格局正在形成,杭州中国民营企业 500 强的数量,连续 14 年居全国城市第一;一批如梦想小镇和"西溪创意产业园"的创业机会也带给年轻人无限的希望(杨树荫、阎逸、程偲奇,2018)。

杭州是生态之都,也是人文之都。千百年来,无数文人墨客在西子湖畔驻足流连,写下赞美西湖风景的诗篇,留下深厚的文化积累。受吴越文化影响的杭州,无论是自然还是人文环境,都体现了中国文化感性、唯美与精致的特质。

改革开放以后,杭州与全国各地一样开始迅速地发展起来,大量直接引进外资,兴办合资、合作和独资企业。21 世纪以来,杭州各类会议、展览、节庆、赛事活动层出不穷。一些品牌会展节庆活动的国际化、专业化、市场化程度不断提高,如西湖国际博览会、世界休闲博览会、中国国际动漫节等大型活动。杭州于 2015 年获得了 2022 年亚运会的举办权;2016 年 9 月,G20领导人峰会在杭州举行,这是中国首次举办 G20 峰会。杭州逐渐成为国内外政治、经济、文化交流的重要平台和桥梁,杭州的国际影响力与日俱增。

基于此,本研究运用《人民日报》图文数据库(1946—2018),通过关键词搜索得到 1978 年 1 月 1 日至 2017 年 12 月 31 日涉杭报道共 2 074 篇,通过抽样的方法分析这些报道的基本特征,并从关键词、重大事件、"三力"(吸引力、创造力、竞争力)等分析框架进行内容分析,从而能较为客观、准确地描述杭州在国内权威媒体中的城市形象的基本特征和变化趋势。

一、总体综述 ▶▷

基于样本,本研究以《人民日报》涉杭报道的时间为参考轴,从篇幅、报道向度、报道是否涉外等方面对报道进行描述,以勾勒出这些报道的基本特征。

（一）《人民日报》涉杭报道的时间分布

如图4-2所示，总的来看，改革开放初期，有关杭州的报道数量在1979年有小幅的增长，在接下来将近20年的时间里，报道数目的变化可以说是波澜不惊的。一直到21世纪初，杭州作为中国会展业的发祥地，于2000年恢复举办西湖博览会；此后，杭州接连举办西湖国际茶文化博览会、中国国际动漫节、世界休闲博览会等大型会展活动；同时，以马云和他的阿里巴巴集团为代表的电子商务逐渐崭露头角，这一时期《人民日报》对于杭州的关注逐渐增多；到2016年G20领导人峰会在杭州举行，对于杭州的报道出现了很大的提升，2016年也成为改革开放以来《人民日报》关于杭州的报道最多的年份。

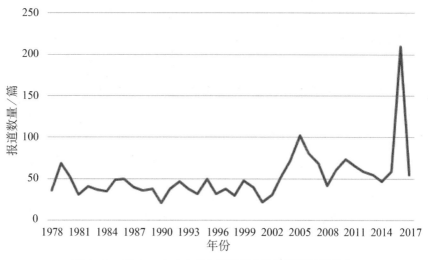

图4-2　1978—2017年《人民日报》涉杭报道数量分布

在此基础之上，对报道年份与报道量之间的关系进行进一步的分析，可以将涉杭报道大致分为四个阶段：① 1978—1993年，改革开放伊始阶段；② 1994—1999年，杭州被列为副省级城市之后的发展阶段；③ 2000—2006年，杭州推进会展业和电子商务兴起的发展阶段；④ 2007—2017年，杭州进一步扩大国际影响到G20峰会举办的阶段。使用方差分析发现，F

（3，36）=3.114，p=0.038。Tukey 的事后检验程序表明，第一个阶段的报道量（M=41.06，SD=10.523）与第四个阶段（M=71.73，SD=46.710）的报道量有显著差异。除此之外，其他阶段的报道量虽然也有差异，但差异不显著。

（二）《人民日报》涉杭报道的篇幅变化趋势

以前述时间段划分作为分类变量，我们探究不同时间段与篇幅长度变量的交互影响。卡方检验显示，不同时间段的报道篇幅差异十分显著（x^2=86.657，p=0.000）。总体而言，杭州与成都一样，同北上广深四座超级城市有相似的趋势，即报道篇幅同样是随着时间的推移而增加的。前两个时间段，关于杭州的长篇报道几乎没有，大部分都是中短篇报道；而21世纪以来的两个时间段，长篇报道的数目大幅上升，尤其在第四个时间段，占据了所有报道的四分之一以上，而短篇报道的占比总体是下降的。可见，《人民日报》对杭州的关注在21世纪以后显著增强。

除此之外，对《人民日报》有关杭州的图片报道进行分析，研究图片的出现频率和报道时间段的交互影响，卡方检验显示，不同时间段的差异十分显著（x^2=62.112，p=0.000）。可以发现，越往后的时间段，带有图片报道越多；尤其是后两个时间段，带有图片的报道大幅增加，这说明和报道篇幅变化的趋势类似，有关杭州的报道随着时间推移，图文并茂的报道的比例也不断增加，尤其到了21世纪之后，图片报道的占比大幅增加，杭州的城市形象在官方媒体上的识别度也在大幅上升。

（三）《人民日报》关于杭州的涉外报道变化趋势

以前述时间段为划分标准，分析《人民日报》关于杭州的报道是否涉外与报道时间段的交互关系，卡方检验显示，不同时间段的差异十分显著（x^2=22.296，p=0.000）。总体而言，有关杭州的涉外报道的比例是随时间的推移而上升的，只有在第二阶段，这一比例有所下降。这说明改革开放以来，杭州在官方媒体中呈现的形象的国际化属性与日俱增，尤其21世纪以来，杭州举办的大型活动逐渐增多，同时商业影响力也不断上升，杭州的国际影响力日益增强。

（四）《人民日报》涉杭报道的向度变化趋势

从报道的向度来看,《人民日报》涉杭报道中,正面报道占75.5%,中性报道占18.0%,负面报道占6.5%。卡方检验显示,不同时间段的报道向度呈现显著差异(χ^2=13.033,p=0.043)。负面报道主要产生在第一阶段和第三阶段,进一步分析报道向度变量与报道篇幅变量以及报道是否有图片变量之间的关系,卡方检验显示,不同报道的篇幅之间的差异十分显著(χ^2=20.039,p=0.000)。正面报道多为中长篇报道,负面报道多为中短篇报道。和其他城市不同的是,杭州的负面报道中,中篇的比例高过了短篇报道。分析还发现,不同报道的向度与是否使用图片也存在着显著差异(χ^2=22.004,p=0.000),虽然总体而言图片报道都是正面或中性的,但是负面报道中图片报道的比重比正面报道要略微高一些。总之,不论与超级城市的形象比较,还是与成都的形象比较,杭州形象的正面性都相对较低。

二、《人民日报》对杭州的报道内容趋势分析 ▷▷

对《人民日报》涉杭报道所涉及的内容发展趋势,我们遵循上述的时间段划分,也即将杭州的发展大致分为四个阶段:① 1978—1993年,改革开放伊始阶段;② 1994—1999年,杭州被列为副省级城市之后的发展阶段;③ 2000—2006年,杭州推进会展业和电子商务兴起的发展阶段;④ 2007—2017年,杭州进一步扩大国际影响到G20峰会举办的阶段。不同阶段的报道有如下特点:

（1）按报道主题进行分析,卡方检验显示,不同时间段的报道主题差异十分显著(χ^2=59.412,p=0.000)。在这些报道中,我们可以发现,杭州与近邻的超级城市上海有类似的趋势。总体而言,随着时间的推移,以经济为主题的报道减少,以社会民生为主题的报道增多;前两个时间段经济类报道占据了较重要的地位;近期这一类报道虽然比重有所下降,但是仍然有一定的报道量。而与上海不同的是,在后两个时间段,尤其是第三个时间段,杭州以社会民生为主题的报道比例更高,表明杭州形象在21世纪以来与社会民生领域的关系更加紧密(见表4-6)。

表4-6　1978—2017年《人民日报》涉杭报道主题占比情况

时间段　　　　报道量占比（%）	政　治	经　济	文　化	社会民生	其　他
1978—1993年	17.90	38.9	25.8	15.3	2.1
1994—1999年	10.6	34.8	27.3	25.8	1.5
2000—2006年	5.3	17.5	22.8	50.9	3.5
2007—2017年	11.8	30.1	17.9	38.9	1.3

(2)分析不同时间段的报道对象占比,卡方检验显示,不同时间段所报道的对象差异显著(χ^2=74.993,p=0.000)。改革开放初期,政府、企业(主要是国企)和事业单位(如医院)作为改革和经济社会发展的主力军,成为主要的报道对象。随着时间的推移,治理的问题逐渐成为报道的重要议题,有关企业的报道减少了,以政府和民众为对象的报道增加。总体来看,同报道主题类似,杭州在报道对象的比重分布与近邻上海有相似之处,但是与上海出现环境问题的时间段不同,杭州的环境问题主要出现在20世纪,是水环境治理方面的问题;21世纪以后,杭州的相关环境治理问题相对减少了很多(见表4-7)。

表4-7　1978—2017年《人民日报》涉杭报道对象占比情况

时间段　　　　报道量占比（%）	政　府	企　业	事业单位	民　众	环　境	其　他
1978—1993年	28.9	37.4	21.6	6.3	3.7	2.1
1994—1999年	33.3	27.3	24.2	10.6	3.0	1.5
2000—2006年	49.1	12.3	16.7	18.4	0.9	2.6
2007—2017年	57.6	18.3	9.6	12.7	0.4	1.3

（3）分析不同时间段对产业的报道的占比，卡方检验显示，不同时间段所报道的产业差异十分显著（$\chi^2=46.113, p=0.000$）。首先，杭州涉及产业的报道的比重相对较大，充分反映出杭州在媒体上呈现的经济化、产业化的形象。具体分析不同产业在不同时间段的变化，可以发现，《人民日报》关于杭州第一产业的报道几乎没有，关于第二产业的报道总体减少，主要都是关于第三产业的报道（见表4-8）。这表明杭州在改革开放前期主要以"工业城市"的形象出现，而随着以电子商务等为代表的创新型经济在杭州的不断发展壮大，杭州的形象中的创新要素逐渐凸显。

表4-8 1978—2017年《人民日报》涉杭报道产业占比情况

时间段 \ 报道量占比（%）	不涉及产业	第一产业	第二产业	第三产业
1978—1993年	32.1	0.5	28.9	38.4
1994—1999年	40.9	0	18.2	40.9
2000—2006年	55.3	1.8	7.9	35.1
2007—2017年	56.3	0	12.7	31.0

（4）从关键词分析，卡方检验显示，不同时期关于杭州的报道关键词差异十分显著（$\chi^2=84.785, p=0.000$）。早期报道更多地关注城市的发展，有关治理的报道整体上升，尤其在21世纪初达到一个高峰。随着电子商务等互联网技术在杭州的蓬勃发展，许多有关创新的报道开始增多（见表4-9）。总的来看，"发展"和"开放"是改革开放以来杭州城市形象的主旋律；然而随着时间的推移，对于城市治理的关注逐渐增加；同时，创新成为杭州报道的一大重点和亮点。

表4-9 1978—2017年《人民日报》涉杭报道关键词占比情况

时间段 \ 报道量占比（%）	改革	开放	创新	发展	治理
1978—1993年	6.3	28.9	8.9	34.2	21.6
1994—1999年	3.0	24.2	15.2	34.8	22.7

（续表）

报道量占比（%） 时间段	改 革	开 放	创 新	发 展	治 理
2000—2006年	0	19.3	19.3	4.4	57.0
2007—2017年	5.2	14.8	19.2	22.7	38.0

（5）分析时间段和"三力"之间的交互影响，卡方检验显示，不同时间段对"三力"的关注程度存在显著差异（$\chi^2=39.034, p=0.000$）。官方媒体报道始终关注杭州的吸引力，这和杭州兼具文化底蕴与对外开放层次较高的特点相关。早期的报道也关注竞争力，更多是和企业相关，这是由于杭州作为20世纪80年代的老工业基地，企业需要推进改革，而改革主要目的就是提升企业竞争力，竞争力的提升是杭州成为经济重镇的实力基础。有关创造力的报道随着时间的推移不断上升，反映出杭州以创造力驱动发展，创新作为发展的重点被呈现，这与深圳有类似的特点（见表4-10）。

表4-10　1978—2017年《人民日报》涉杭报道"三力"占比情况

报道量占比（%） 时间段	吸 引 力	创 造 力	竞 争 力
1978—1993年	50.0	7.4	42.6
1994—1999年	50.0	7.6	42.4
2000—2006年	77.2	11.4	11.4
2007—2017年	56.3	13.5	30.1

三、 媒介中呈现的杭州城市形象变迁 ▷▷

（一）改革与开放的故事

改革开放以后，杭州与全国各地一样开始迅速地发展起来，作为老工业基地，杭州的国有大中型企业成为改革开放的主力军。杭州的国有大中型企业中的多数建于20世纪五六十年代，由于企业负担较重，地方财政又很紧张，因而长期得不到更新改造，导致厂房陈旧、设备老化、工艺落后，产品竞争能力减弱；加上这批企业长期习惯于按计划经济模式生产经营，经营机制不活，不能适应市场经济发展的要求。因此，建立社会主义市场经济体制，对国有大中型企业来说，既是发展的机遇，又是严峻的考验。

　　杭州织锦厂创名牌，多盈利，做到名利双收。去年，这个厂生产的"飞童牌"53103人丝织锦缎和"厂字牌"风景织锦分别荣获国家金质奖章和银质奖章，浙江省人民政府又授予"玉女牌"古香被面为省优质产品，还有四种产品获部颁名牌证书，成为全省创名牌较多的企业之一。全年利润比计划增长五十五万元，比一九七八年长百分之七十五点六九，创历史最好水平。

　　去年，上级下达给织锦厂的利润指标要比一九七八年多六十万元。怎样在不增加机台设备的情况下超额完成利润指标呢？厂党委提出首先从名牌产品抓起。"锦花牌"台毯、靠垫、床罩和"厂字牌"风景织锦是闻名中外的传统产品，其中有几种产品还曾在国际博览会获金奖。他们把这些产品列入一年创名牌计划，并把六十六台丝织机改为生产这类丝织工艺品，努力恢复产品传统特色，不断设计新品种、新花样，重点抓好提高实物质量水平。结果，不仅使其中两只产品创了名牌，而且使企业比一九七八年增加利润收入三十七万八千多元，占全厂总利润的百分之七十一点五。他们还用抓名牌产品来带动其他产品质量的提高。

　　杭州织锦厂创名牌产品越多，名气就越大，销路也越广。去年，他们在广交会上又成交五十多万元丝织工艺品订货。在国内市场，慕"名"而来订货的也很多。他们说，杭州织锦厂名牌产品多，质量我们信得过。到目前为止，仅单装裱锦一个品种，全国各地有二十多个单位前来签订价值一百多万元的合同，但仍满足不了要求。

　　（浙江日报《杭州织锦厂努力恢复产品传统特色　创名牌销路广盈

利多》,《人民日报》1980年2月12日,有删节)

除了杭州织锦厂之外,杭州市解放路百货商店,经过商业部批准改革了按行政区划进货的制度,在向本地批发部门进货的同时,可以直接向北京、上海、天津、广州等大城市的一级百货批发站和各省的二级批发站进货,商品的花色、品种大大增加,发挥了大百货商店的特色,受到顾客的欢迎。杭州市木材公司先后三次改革木材供应管理体制,按照木材生产的实际需要,将原来分散加工、经营、管理的三个部门的五个企业,逐步组成了由杭州市木材公司统一经营,统一加工,统一供应成材、半成品、成品,统一搞综合利用的专业化联合企业,不断提高木材利用率,提高产品质量,降低成本。杭州西湖绸厂依靠科技进步推动企业发展,有效地推动了产品质量的提高和新产品的开发,从而提高了经济效益。

除了依靠科技兴市,搞活大中企业之外,到了20世纪80年代末,素有"天堂"美称的杭州,以其良好的环境吸引了越来越多的香港、台湾企业界的投资者和外商。国企大胆利用外资"嫁接"改造老企业,一方面改造企业的技术装备,增强其市场竞争实力;另一方面,引进国外企业先进的管理经验,改造企业的经营机制,增强市场竞争的活力和能力。这种模式为加快企业经营机制转换和接轨国内外市场摸索出了一条有效途径。于1993年设立的杭州经济技术开发区,经过几年的发展,成为国内外投资者关注的重点区域,许多国内外著名企业都选择在这里落户。

21世纪以来,改革开放和经济结构调整步伐的进一步加快,杭州凭借文化资源丰富、经济比较发达、对外开放层次较高等优势,大力发展现代会展业和旅游业。20世纪20年代就享有盛誉的西湖博览会,集商贸、旅游、展示、交流、研讨等活动为一体,于2000年重新揭开帷幕。杭州以"亲民、益民"的原则办节会,每年西湖博览会都会留出各类门票,赠送给困难家庭、残疾人、退休职工、外来务工创业人员的代表,许多与群众生活、消费有关的项目或展览都免费开放,使市民和游客与西湖博览会更亲近。每年人气极旺的烟花大会,除了部分区域售门票、实行封闭管理外,在沿湖其他地带都可以免费欣赏。原来杭州旅游业以较单纯的观光游为主,如今在西湖博览会的带动下，出现了观光游、休闲度假游、商务会展旅游"三位一体"发展的势头。西湖破除"门票经济"，将景区免费开放，不依赖门票收入，却带动了周边产业的发展。免费开放的杭州西湖景区成为人气极高的旅游景区。每当旅游旺季来临时，世界当地的游客蜂拥而至，西湖景区没有通过"控票"等方式限流，而是加强客流疏导、志愿服务引导，营造安全有序的旅游环境。除了西湖博览会，杭州在2005年、2006年连续两次成功举办动漫节后，成功将"中国国际动漫节"落户在杭州。杭州而后抓住中国动漫产业开始进入大发展阶段的契机，依托动漫节的独特平台，点燃了动漫产业高速发展的引擎。

近年来，在改革开放的新起点，杭州利用民营经济发达的优势，大力发展开放型经济，民营企业不仅能将产品销往境外，而且能与知名跨国公司强强联合，为企业带来先进技术、管理经验和国际市场渠道。2015年，在电子商务的快速发展下，杭州进一步深化改革，公布了《中国（杭州）跨境电子商务综合试验区实施方案》，同年《中国（杭州）跨境电子商务综合试验区海关监管方案》通过了海关总署的批准，该方案简化了杭州海关的跨境电子商务监管流程，提高了通关效率，实现跨境电商进出口B2B、B2C试点模式全覆盖，为杭州跨境电子商务发展提供了更多便利的同时，对我国制造业转型升级、推进外贸供给侧改革起了很大作用。

　　杭州环宇集团有限公司董事长徐林军给记者算了一笔账：一款摇摇马的玩具，在国内实体店或网上卖，差价能有几十元，扣除物流、人员工资等成本，玩具厂的利润就变得"清汤寡水"。得知海外售价高的情况后，徐林军开始想办法把玩具卖到国外去。可是又出现了新问题。海外消费者大部分是在亚马逊等网站买徐林军的玩具，他接到订单号后再把玩具直邮过去。"一个8公斤重的木摇马，我们的售价是97欧元。"徐林军眉头一皱：可是跨国物流运费也要几百块钱，一冲抵，利润还是低。

　　徐林军接着想办法：投入资金在美国、澳大利亚等主要市场先后建立起了海外仓。在海外建立仓储后，直接在当地发货，这样可以省下一大笔物流费用。新问题却又随之而来。"以往的跨境电子商务出口，只有企业直接面向消费者的B2C模式，像公司这样想要把国外消费者喜欢的货物提前、大批量地发往海外仓的B2B模式，尚未纳入跨境电子商务试点范畴。"徐林军说，"这种情况下，公司的货物要么走传统的B2C模式，拆分成一个个小邮包，物流成本高；要么只能通过一般贸易出口，企业需要在线下重新签订传统的外贸销售合同，往来寄递纸质发票等单证，耗时费力。"

徐林军的困扰，也是杭州许多外贸公司的困扰。而对进出境主管部门杭州海关来说，跨境出口包裹的零散化、碎片化占用了大量的监管资源。杭州海关经过调研，开始想办法破解此难题。经过多次实地走访、摸排情况后，决定依据"适应并促进电子商务发展"的原则，先行先试。10月20日，《中国（杭州）跨境电子商务综合试验区海关监管方案》通过了海关总署的批准，杭州启动了全国首批跨境电子商务B2B出口试点。根据方案，杭州海关将对跨境电子商务实行"清单核放、集中纳税、代扣代缴"的通关新模式，实现跨境电商进出口B2B、B2C试点模式全覆盖，同时申报模式将更加简化。

新监管方案出台，做跨境电子商务生意的诚信企业也将体验到更加便利的通关流程。对于不涉及出口征税、出口退税、许可证件管理，且金额在5 000元以内的电子商务出口货物，电商企业可以按照相关规定进行简化申报，提高通关速度。徐林军说，"现在，企业可以做自己的国外经销商、批发商，玩具可以大规模提前发往企业的海外仓，跨境电子商务本地发货时间长、售后服务跟不上的问题也随之解决。我们走出去、抢占海外市场的步伐也可以更快"。与此同时，国内喜欢"海淘"的消费者也从中获得了实惠。新的监管方案中的"集中征税、代扣代缴"等举措将使得"海淘"一族购物更便捷。

（方敏、戴行斌《批量发往海外仓　电商销售路更畅》，《人民日报》2015年12月7日，有删节）

2016年，G20峰会在杭州召开。峰会上，中国坚定不移地推进改革的宣示向世界展示了中国的决心；同时，中国倡议共建"一带一路"、组建亚投行、设立丝路基金，支持发展中国家开展基础设施互联互通建设，都彰显了中国进一步的开放。杭州峰会达成了许多重要共识，这些共识为世界经济稳步复苏注入了动力。中国提出了以"改革、创新、开放、合作、包容"等为关键词的中国方案，中国理念和方案赋予G20新的寓意，为推动世界各国更好地实现经济增长和可持续发展发挥重要作用。

（二）治理的故事

20世纪80年代，杭州开始了自中华人民共和国成立以来的一项最大城建工程，即综合治理唐宋时期开挖的两条古河道中河和东河，在历史上曾是"上运木材下运米"的重要通道，由南至北纵贯杭州市区。过去由于泥沙淤积，河道入门阻塞，再加上工厂排放的污水和沿河居民倾倒的垃圾，使河水发黑发臭。驰名中外的名城杭州因之大煞风景。杭州利用几年时间，埋设污水管、新建污水厂，在连接大运河的东河出水口建造滚水坝、调节水闸，沿河驳坎、疏浚河床、遍植树木、布置雕塑和建立河畔公园等，根治这两条古河道。河道治理之后，杭州启动西湖疏浚工程，优化水质，改善水面景观。杭州政府还专门颁布了《西湖环境保护条例》，从湖边的花草树木、湖中的藻类鱼类，到西湖的水环境、大气环境，再到西湖风景区的整个大环境，都被纳入严密的监测网络之中。

杭州市在治理自然环境的同时，不遗余力地保护历史文化遗产，将"三面云山一面城"和"倚江带湖"作为城市环境格局加以重点保护；不仅如此，杭州还专门划定了良渚文化遗址及历代墓葬保护区、南宋皇城遗址（含太庙、三省六部遗址）保护区等，使后人还能看到"南宋临安城"的面貌。对临湖的建筑物，严格控制其密度、高度、体量、体形及色彩，使湖滨层楼错落有致。杭州陆续修复了明代古建筑茅宅、白衣寺、胡雪岩故居、凤山水城门，全面整修了六和塔、灵隐寺、西泠印社、凤凰寺、于谦故居、吴山宝成寺、求是书院，兴建了丝绸、茶叶、南宋官窑、良渚文化等博物馆和章太炎、李叔同、马一浮等名人纪念馆，大批旧城内的名人故居、古建筑被保护下来。

21世纪初，杭州实施了"三大工程"，对环境进行深入的治理。西湖综合保护工程对西湖风景名胜区内的所有生态环境、自然景观、人文景观、文物古迹、民居村落等,不惜一切代价予以保护。工程还拆除了大量违法建筑,恢复了众多历史文化景观,适当增加了新的历史文化景观,体现了历史延续性。西溪湿地的综合保护工程恢复和重建了杭州湿地植物园、绿堤、福堤、千斤漾、莲花滩观鸟区、高庄、河渚古街、洪钟别业等生态文化景观。运河综合整治与保护开发工程改善了运河水质,自然生态得到进一步修复;同时,一大批历史文化遗存得到妥善保护和修缮,运河文化生态得以修复。

环境治理已见成效,但从城市建设来看,危房改造、垃圾处理、交通问题仍然是困扰这座城市的重要问题。对此,杭州将"礼让斑马线'从一项文明公约上升到制度规范;治理过后,每当有行人穿过斑马线的时候,后面的汽车就会自觉排起队等待行人先过。杭州率先在国内构建公共自行车交通系统,无论是本地市民还是外地游客,只要办个简便的手续,就可以免费骑上一辆公共自行车在大街小巷随意穿行。杭州市给每户居民提供2个用不同颜色和标志区别的专用垃圾筒,用于分装"厨房垃圾"和"其他垃圾",让垃圾分类成为全体市民的习惯。针对看病难、上学难、住房难等民生问题,杭州也分别给出了应对措施,在"生活品质之城"的道路上更进一步。近年来,杭州进一步推动"低碳"城市建设,杭州余杭区推广电能替代工作,实现"以电代煤、以电代油"的新能源产业模式,出现了许多光伏应用项目,很多农户屋顶上都安装了光伏瓦片。

到过杭州的人,几乎都会有这样的感受:这里不但山水秀丽,干净整洁,这里的人也分外"美"——斑马线旁,行人想过马路,车辆会停下来礼让;坐公交,人们排队上车、低语交谈;遇到困难,很轻松就能找到志愿者……无须讶异,精神文明建设正在杭州出现聚变效应。近年来,杭州各行各业涌现7名全国道德模范、130多名省级和市级道德模范、1.9万余名各级各类"最美人物"。

精神文明建设的聚变效应是怎样形成的?"城市发展需要积累物质财富,但精神财富积累更不可少——它是一座城市的灵魂。"有这样的理念指引,有数任主政者不懈的坚持,杭州不断刷新城市文明高度。

　　践行文明,在杭州无年龄之分,无地域之别。"看不见、摸不着"的社会主义核心价值观,如同一颗种子深深植入杭州市民心间,人民群众成为精神文明建设的主体。一系列好的习惯上升为制度规范,做好事有保障、有荣誉,越来越多的市民自觉参与到精神文明建设中来。

　　去年G20杭州峰会期间,杭州市民全方位参与志愿服务,也给中外来宾留下深刻印象。习近平总书记为之点赞:"广大市民识大体、顾大局,真情奉献,自愿服务,为杭州峰会成功作出了重大贡献。"

　　如何在多元中立主导、在多样中谋共识、在多变中建规范? 杭州的方法是:在全社会弘扬积极健康、和谐有序的行为准则。

　　"礼让斑马线"常常是外地游客对"最美杭州"的第一印象。多年前,杭州市公交集团在调研中发现:公交车发生的交通事故中,斑马线前的事故率最高,且多为恶性事故。2007年,杭州制定《公交营运司机五条规范》,明确规定"行经人行横道时减速礼让"。初始,许多司机第一反应是:不习惯! 但杭州动了真格:派管理人员到处蹲点巡查,不遵守的司机会被扣掉当月的"安全奖",且接受处罚。好风尚是一点点培养起来的。2011年4月6日起,杭州交警在市区多条斑马线前现场摄像,重点整治"不让行"行为。密集的"文明出行"宣传与强力的交通整治双管齐下,公交车开始变自觉了。两年后,出租车也加入到"礼让大军"中。渐渐地,私家车也主动让行。如今,这项行车规范变成了杭州司机们的一种自觉行为。在杭州市区主要道路上,斑马线前的礼让率总体已经达到93.91%,其中公交车礼让率达到99%。"礼让斑马线"从一项文明公约上升到制度规范,是杭州注重制度建设的一个缩影。

　　(王慧敏、方敏、李忠《杭州　文明高度是这样筑起来的》,《人民日报》2017年12月1日,有删节)

　　与此同时,在技术不断进步的背景下,杭州通过对大数据的分析和应用,进一步提升治理水平。杭州交通部门利用大数据进行日常交通管理,制定治堵工程决策,消除交通节点、堵点影响。比如,利用大数据和人工智能辅助城市治堵,通过摄像头传回十字路口的交通信息,如果南北向的车流量明显多于东西向，城市大脑就开始自动"调配"，延长南北向的绿灯时间，缩短东西向的绿灯时间。围绕科技治堵的工作目标，杭州还进一步推进了城市交通数据开放共享和数据价值的挖掘。杭州海关与阿里巴巴集团运用大数据分析，联手查获了全国首起跨境渠道出口侵权案；双方还签署知识产权保护合作备忘录，就线索发现、信息互通、资源共享等展开一系列合作，共同打击跨境电商贸易中的侵权行为。

（三）"三创"的故事

技术创新催生了一批创新的企业，也诞生了一批新型企业家。杭州的企业家分两类：20世纪90年代以前，企业家是工业经济的产物，著名企业家冯根生、宗庆后、鲁冠球等，无一不是市场里生、市场里长，都自然而然地按市场规律办企业。20世纪90年代以后，很多知识分子成为新型企业家，创新成为他们脱颖而出的核心竞争力。21世纪初，杭州的电子商务等商业创新技术起步，建立了电子平台，组建了杭州住宿、餐饮网络服务中心，不少商业企业还制作自己的网页。电子商务带给商品流通领域的"革命性"变化，也促进了杭州瞄准创新驱动，率先突破，形成网络信息、智慧经济等产业集群，许多人才也看到了机遇，纷纷辞职下海创业。以信息安全产业为例，杭州安恒信息技术有限公司经过数年发展，从最初的Web漏扫产品，到内控安全产品，再到移动互联网时代的大数据态势感知、云安全体系和物联网安全研究；董事长范渊带领团队打败IBM等国际竞争对手，赢得了中国移动集团漏洞扫描产品的采购竞标，他本人也成为国内互联网安全领域的顶尖专家。医疗器械领域，李方平和他创立的公司通过自主研发国产耳蜗，让中国失聪者听到美好的声音。

如同一项例行的"仪式"，每天十八时五十八分许，当亿万观众准备收看中央电视台《新闻联播》节目时，就会听到那朗朗上口的娃哈哈广告。

娃哈哈的广告投入令许多企业咋舌。去年，这个企业的广告费支出达四千多万元，超过了上年的全部盈利，换来的是七千多万元的利润翻番。据称,今年广告费起码要突破一个亿。

如此举措源于杭州娃哈哈食品集团公司总经理宗庆后对市场特质的洞悉。市场犹似魔方,宗庆后灵活运用广告等各种营销手段,潇洒地转动市场的魔方,把"娃哈哈"产品推向五湖四海,使企业超常规发展,跻身全国工业企业五百强之列。

一九八七年初,企业刚起步时,它仅是一家毫不起眼的校办企业经销部。下过乡、当过推销员的宗庆后被杭州市上城区教育局任命为经销部经理。当时,宗庆后有意观察了许多商店,发现缺少专供儿童用的营养液。我国有三亿多儿童,儿童营养液市场潜力很大。宗庆后决定上儿童营养液。

取个靓名好吆喝。新型营养液研制成功后,宗庆后在省、市报纸上公开征集了三百多个产品名称,从中选取了"娃哈哈"这一名字。

令职工们不解的是,名字取好后,宗庆后又去注册了"娃娃哈""哈哈娃""哈娃娃"等三十多个防御性商标。经历去年的"打假"浪潮,职工们才悟出了宗庆后的先见之明。

宗庆后时刻盯着"娃哈哈"与国际同行业一流企业的差距。在他的笔记本上,密密麻麻地记着那些对比。鸡年伊始,宗庆后决心对娃哈哈进行脱胎换骨的改造。按照国外先进管理经验,着手实行规范化的集团公司管理方式。同时与国际商界合资兴办了医药保健品有限公司、孝农罐头食品有限公司,并在美国注册了娃哈哈美国贸易集团公司。

让全世界都荡漾起娃哈哈的欢笑声——这是宗庆后孜孜以求的目标。

（李宏伟、汤李梁《转动市场的魔方——记杭州娃哈哈食品集团公司总经理宗庆后》,《人民日报》1993年8月4日,有删节）

杭州打造以梦想小镇、云栖小镇等为代表的特色小镇,与孵化器等各类创新创业载体一起,形成从众创到孵化的创新生态链。每年一度的云栖大会,已经成为全球云计算行业的标杆和年度科技盛事。经过数年发展,杭州信息经济已经步入快车道,电子商务、移动互联网、数字内容、软件与信息服务、云计算与大数据领航产业发展,阿里巴巴的云计算、网络设备供应商华三通信、智慧安防的海康威视等一批顶尖企业涌现。杭州业已成为创新中国的生动缩影,喷薄着创业创新的时代气息。

如今,全国甚至全球创业青年向这里集聚,产业发展注入了新鲜的、智慧化的血液和力量。这里的创业者们,既把科技梦想孵化成商业项目,也把创意梦想孵化成商业项目。杭州发展势头看好的几大文化新业态,动漫游戏、数字出版、数字娱乐等,已经形成了优势产业。华数数字电视传媒集团就凭借"新媒体、新网络"双轮驱动,建成国内最大的数字化节目库,并率先涉足"云数据"平台,打通互动电视、手机电视、互联网电视等全媒体业务链。而在临平新城,集时尚服装、配饰及文化创意产业为一体的艺尚小镇,一大批时装设计师、年轻创意家齐聚产业园,用创意为产业转型发展添砖加瓦。针对文创企业无形资产比重大、回报周期长、担保能力差等特点,杭州"量身定制"了一系列金融创新产品。同时,协调金融机构推出集合信贷产品,寻找文化与金融资本有效对接、融合发展之道,突破文创企业的资金瓶颈。发展文化创意产业,最关键的是人才,最需要的是宽容的环境。

杭州作为文化大市,拥有深厚的文化底蕴和人文资源。近年来,杭州引进了数十位文化名人,享受优厚的物质待遇,却没有硬性创作任务;作家都是"来去自由",既不搞"命题作文",也无须"应景之作"。自由的创作空间、宽松的生活环境,为艺术家提供了肥沃的创作土壤。许多文化名人与杭州"结缘"之后,激情迸发,成果迭出。

近几年,杭州市的决策者不止一次地表示:自然生态要修复,人文生态更要修复;"投资者天堂"很重要,"文化人天堂"更为看重。

文化繁荣、创作繁荣,都要依靠人才。为了奖励优秀文艺人才,杭州市2006年拿出了500万元;2007年,文化专项经费达到2 000万元之巨。今年9月,杭州市又专门制定了一项"青年文艺家发现计划",将每年用于青年文艺家发现、培养、引进的专项经费,定在3 000万元。这一数字,还不包括在杭州市人才引进专项经费中列支的文艺家引进安家费等经费。获国家级文艺大奖的,杭州市按照奖项奖金的六到十倍予以重奖。此外，每年至少拿出100套突出贡献人才专项用房，解决文艺人才住房问题，也写入了这项计划。为了能成为吸引文化名人、艺术人才的"文化高地"，杭州采取"一人一策"的办法，涉及户籍、编制、职称、住房、子女就学等问题，都有相应的解决之道。

一些被引进杭州的文艺人才，经过文化环境"服水土"之后，逐渐开始绽放艺术活力。没有高学历、曾经"漂"在上海的青年编剧余青峰，2006年被"不拘一格"引进杭州，成为杭州市艺术创作研究中心最年轻的编剧后，他在杭州的首部作品越剧《李清照》，就摘得中国戏剧文学奖金奖，其锡剧《江南雨》获中国戏剧节剧目大奖。

当然，引进文化名人、文艺人才的效应，不可能简单地以得奖多少来度量。"文化对城市的贡献和影响，需要有个时间过程来消化"，一位文化官员说，"文化艺术对城市人文精神的影响、对人的影响，向来都是春风化雨、润物无声的，很难测定和测算。这种影响力是看不到的，但又是根深蒂固、相当长久的。"

虽然定下了"3至5年"的目标，但杭州市也在尽力避免太过功利的考量。毕竟，文化本非急功近利之事，真正优秀的文艺人才、文艺创作不可能"急火猛攻"，"重赏之下必有勇夫"的规则不适用于文学艺术。

有文艺界人士认为，文学艺术有自身规律，引进文化名人对于改善"文化生态"的作用，不应夸大。政府鼓励文艺创作繁荣，采购更多、更丰富的文艺公共产品提供给市民，是多方共赢的好事；而文艺家成才、成名、出作品，尤其是像文学创作这样的"个体劳动"，个人的因素占了很大比重，政府层面的努力只在其次。

杭州市的文化官员认为，在遵从文艺规律的同时，政府层面并非没有可作的努力。包括"青年文艺家发现计划"在内，杭州市一直在做这方面的探索。"即使短期看不到利益，文化建设仍需政府倡导、引导，提供一片文化沃土。"

（江南《西湖边长出"文化大树"？》，《人民日报》2008年12月3日，有删节）

创新要素的集聚,得益于杭州优良的创业环境。杭州先后实施行政审批制度、行政管理体制、要素市场化配置、商事制度等系列改革,为转型升级提供体制机制保障;杭州出台高层次人才、创新创业人才及团队引进培养政策,凡是符合条件的人才,都能享受户籍、住房、医疗、社保等优惠政策。同时,杭州还对大学生创业提供长效帮扶。创立企业的每一个环节,从选项目、选址到之后的市场拓展等,都有具体的帮扶措施,而且多数优惠提供两年以上,力保企业能存活下来。杭州在过去40年间发生了巨大变化,这种变化是中国整体进步的缩影。过去的杭州或许仅仅只是一个旅游城市;而如今的杭州,还是民营企业和创业的枢纽,很多年轻人在这里开创公司并吸引投资,让他们的梦想变成现实。

四、 本节小结 ▶▷

伴随中国经济"走出去"战略的逐步实施,中国不少城市都进入了"国际化"发展的提速时期。G20峰会的举办,使杭州在国际文化交流中的地位不断提升。未来还将举办亚运会的杭州,应该抓住这一重大历史机遇,通过有效的国际整合营销传播活动,提高杭州的国际知名度、美誉度,增强杭州的国际影响力,乃至成为东方国际文化交流之都。在新媒体时代,以手机移动无线网络为代表的数字新媒体正成为新一轮国际话语权竞争的主阵地。杭州在互联网技术的发展上具有得天独厚的优势,在未来虚拟世界与现实世界的交互呈现中打下了坚实的基础。在新平台、新形势下,杭州应充分运用其在信息社会的创新能力,以数字技术为城市形象传播创造具体形式,充实城市形象的文化内涵,在新一轮的城市形象展现中占得先机。

第三节　武汉40年:"九省通衢"的前世今生

武汉是湖北省省会,位于江汉平原东部,长江与汉水交汇处,长江、汉江将市区分割为汉口、武昌、汉阳三部分，形成"三镇鼎立"的独特地理格局。武汉水资源丰富，有着百湖之市的美誉，其承东启西，在古代和近代，武汉便利发达的航运为其赢来"九省通衢"的称号。如今，武汉又成为南北铁路的大动脉，是中国少有的集铁路、公路、水运、航空于一体的重要交通枢纽。

唐朝诗人李白曾在武汉写下"黄鹤楼中吹玉笛，江城五月落梅花"，因此武汉自古又称江城。作为历史文化名城，早在公元前三四千年前的新石器时代中期，武汉地区就有人类居住和生息。武汉地处荆楚，其历史文化曾深受古楚文化的熏陶和滋润。楚文化的代表作是《诗经》与《楚辞》，《楚辞》闪烁着江汉巫文化所孕育的独特的浪漫色彩，继承和发扬了《诗经》的优秀传统，在吸收民间文化的基础上，融合古代史实和神话传说，结合楚国现实采用方言声韵，用以抒发其眷恋君国情怀，是楚国民风所孕育出的诗苑奇葩，充分反映了楚人形象思维的方式和艺术创作的个性及楚文化的精华（曾端祥，1997）。武汉亦有着"高山流水觅知音"的知音文化；黄鹤楼、卓刀泉、凤凰山等则彰显着三国荡气回肠的历史岁月；再到南宋民族英雄岳飞的抗金重镇，近代洋务派风云际会的大舞台，乃至抗战中保卫"大武汉"的历史壮举，武汉这座城市可谓中国历史人文渊薮之一（丁永玲，2015；李遇春，2012）。

不同于北京的古都文化和上海的"洋场文化"，现代的武汉的文化起源于码头，有着鲜明的市民文化色彩。武汉是南来北往的"集散地"，造就了一座市民气息浓厚的华中重镇。码头不仅是货物的集散与流通之地，更是人和信息的集散和流通之地。码头文化最突出的特点就是开放性。因此，武汉人敢于尝试新事物，耳听八方，眼观四路；同时码头文化培养了武汉人讲义气、讲面子、讲排场的性格。总的来说，码头文化赋予了武汉浓厚的"市井气"和具有浓厚地方特色的武汉话。提到武汉，很多人都会联想到武汉人豪爽的真性情，所以武汉是一座带有极强地方特色的市井城市（邱立，2017）。

武汉历来是我国重要的商业中心，其商业一直在全国居领先地位。武汉独特的地理位置，使其成为我国中部商品集散地，为武汉商业的发展奠定了基础。便利的交通，吸引国内大批商人涌入武汉，使武汉成为商贾集聚地，各种理念、经营方式等在这里交汇与碰撞，不仅促进了武汉商业的发展，更使武汉商业不断升级。汉口开埠后，西方列强在汉口强开租界的同时，也带来了西方商业文明，更促进了武汉商业的发展。同时，武汉也是华中旅游文化中心，黄鹤楼、古琴台、长江大桥、龟山、辛亥革命纪念馆等各大旅游景点，具有鲜明的地方特色，历史与现代文明相交融，山川湖泊与人文景观相辉映，构成武汉旅游之主轴线（陈文武，2011；刘岚、郑雅慧，2007）。

改革开放之后，武汉经济发展速度加快，城市功能逐步完善。1984 年，武汉被正式批准成为经济体制综合改革试点城市，实行计划单列。1992年，邓小平同志视察南方的第一站来到武昌，指示武汉在原有的基础上，建成新的全国三大制造业中心、三大科技开发中心、三大金融贸易中心，要在全国经济中起龙腰的作用。21 世纪以来，武汉大力发展以光电子信息和生物工程为主导的高新技术产业，逐步改变了传统印象中"重工业基地"的形象，变成一座新型经济城市。不仅如此，武汉已经成为中国重要的科研教育基地，是中国高等教育较发达的城市之一。2007 年 12 月 7 日，国务院正式批准武汉城市圈为全国资源节约型和环境友好型社会建设综合配套改革试验区。它包括了武汉及其周边的 8 个城市；城市圈内各城市的市场、资源、交通与通信、资金的内部流通活动十分频繁，是我国最具发展潜力和活力的地区之一。2016 年 8 月，中央正式批复同意武汉设立"自由贸易区"；2016 年 9 月，中央正式印发《长江经济带发展规划纲要》，武汉被列为超大城市；2017 年 1 月 25 日，国家发改委公布《关于支持武汉建设国家中心城市的复函》，指出武汉要加快建成以全国经济中心、高水平科技创新中心、商贸物流中心和国际交往中心四大功能为支撑的国家中心城市。在武汉的发展越来越好的今天，我们有充分理由关注武汉的城市形象在媒体上的呈现，回顾这座城市改革开放 40 年来的发展之路，并探讨城市发展的趋势。

基于此，本研究运用《人民日报》图文数据库（1946—2018），通过关键词搜索得到 1978 年 1 月 1 日至 2017 年 12 月 31 日涉汉报道共 2 939 篇，通过抽样的方法分析这些报道的基本特征，并从关键词、重大事件、"三力"（吸引力、创造力、竞争力）等分析框架进行内容分析，从而能较为客观、准确地描述武汉在国内权威媒体中的城市形象的基本特征和变化趋势。

一、总体综述 ▶▶

基于样本,本研究以《人民日报》涉汉报道的时间为参考轴,从篇幅、报道向度、报道是否涉外等方面对报道进行描述,以勾勒出这些报道的基本特征。

(一)《人民日报》涉汉报道的时间分布

如图4-3所示,从时间轴上看,改革开放初期,有关武汉的报道数量总体在增长。武汉在1984年被正式批准成为经济体制综合改革试点城市之后,对武汉的报道量有较大的提升,并在1985年到达了一个高峰,此后有关武汉的报道就慢慢减少了;1992年,由于邓小平同志视察南方的第一站是武昌,因此对武汉的报道有一个小幅度的增长;1998年,湖北省发生特大洪水,武汉作为抗洪救灾的重点区域,当年的报道数量到了一个高峰;一直到21世纪初期,随着中国经济由出口拉动向内需拉动转型,武汉的区位及科教优势被重新认定;2010年3月12日,国务院正式批复《武汉市城市总体规划》,重新确立了武汉市为中部地区中心城市,这一年关于武汉的报道又有所增长,到达一个高峰。

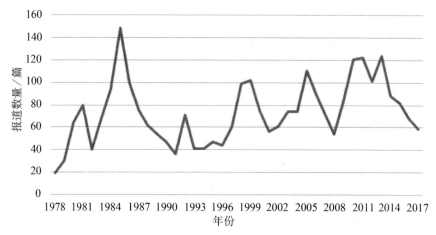

图4-3　1978—2017年《人民日报》涉汉报道数量分布

在此基础之上,对报道年份与报道量之间的关系进行进一步的分析,可以将涉汉报道大致分为四个阶段: ① 1978—1991年,改革开放伊始阶段; ② 1992—1997年,邓小平南方谈话之后的发展阶段; ③ 1998—2009年,从1998年湖北省发生特大洪水到21世纪初期的发展阶段; ④ 2010—2017年,武汉市重新被确立为中部地区中心城市之后的发展阶段。使用方差分析发现,$F_{(3, 36)}=4.253$,$p=0.011$。Tukey的事后检验程序表明,第二个阶段的报道量($M=50.67$,$SD=12.209$)与第四个阶段($M=95.63$,$SD=25.416$)的报道量相比,有显著差异。除此之外,其他阶段的报道量虽然也有差异,但差异不显著。

(二)《人民日报》涉汉报道的篇幅变化趋势

我们探究不同时间段变量与篇幅长度变量的交互影响,卡方检验显示,不同时间段的报道篇幅差异十分显著($x^2=16.635$,$p=0.012$)。总体而言,短篇报道的占比随时间的推移逐渐降低,中长篇报道的占比逐渐增加。对《人民日报》有关武汉的图片报道进行分析,研究图片的出现频率和报道时间段的交互影响,卡方检验显示,不同时间段的差异十分显著($x^2=13.813$,$p=0.003$),中后期对于武汉的图片报道占比显著增加。

(三)《人民日报》关于武汉的涉外报道变化趋势

以前述时间段为划分标准,分析《人民日报》关于武汉的报道是否涉外与报道时间段的交互关系,卡方检验显示,不同时间段的差异较为显著($x^2=8.676$,$p=0.034$)。与前文所研究的城市都不相同的是,关于武汉的涉外报道随着时间的推移,其占比是不断下降的。事实上,改革开放初期,武汉的开放性和国际性更多地体现在政治高层访问、企事业单位的对外交流合作方面,此时,武汉的涉外报道占比与四个超级城市以及成都、杭州两个省会级中心城市相比,相差还不大。但是随着城市的发展,其他城市(尤其以沿海城市为首)借助其区位优势大力发展外向型经济,加上随之而来的文化、体育、教育的互相交流,使得它们的涉外报道占比迅速增加;而武汉地处中部,属于内陆地区,其区位优势在于能很好地辐射周边区域,而外向型经济的发展基础相对薄弱;同时,早期武汉多发展工业,中后期更是把重点放在其工业基础之上的高新技术产业,这些都使得其涉外报道比重相对较小。

(四)《人民日报》涉汉报道的向度变化趋势

从报道的向度来看,《人民日报》涉汉报道中,正面报道占83.5%,中性报道占10.7%,负面报道占5.8%。卡方检验显示,不同时间段的报道向度呈现显著差异(χ^2=15.496,p=0.017)。早期武汉的正面报道占据主导地位,但是中性报道随着时间的推移逐渐增加;负面报道基本上是平均分布在各个阶段;而且在篇幅、是否有图片、是否涉外的比例上,不同向度的报道并没有显著差异。可以说,与前几个城市相比,武汉形象的正面性是最稳定的。

二、《人民日报》对武汉的报道内容趋势分析 ▷▷

对《人民日报》涉汉报道所涉及的内容发展趋势,遵循上述的时间段划分,将武汉的发展大致分为四个阶段:① 1978—1991年,改革开放伊始阶段;② 1992—1997年,邓小平南方谈话之后的发展阶段;③ 1998—2009年,从1998年湖北省发生特大洪水到21世纪初期的发展阶段;④ 2010—2017年,武汉市重新被确立为中部地区中心城市之后的发展阶段。不同阶段的报道有如下特点:

(1)按报道主题进行分析,卡方检验显示,不同时间段的报道主题差异十分显著(χ^2=38.855,p=0.000)。我们分析这些报道主题的占比可以发现,以政治和经济为主题的报道占据了主导地位。早期武汉的企业积极推进改革,经济效益增长较快,因此经济类的报道占据了主导地位;社会民生问题在第二个时间段占比明显增加;到了20世纪末21世纪初,关于武汉的战略定位的讨论使得政治类的报道占比增加,再到《武汉市城市总体规划》《长江经济带发展规划纲要》等一系列规划的纷纷出台,提出发挥武汉的核心作用,武汉也被列为超大城市,因此政治类的报道会同以经济结构转型等为主题的经济类报道再次占据涉汉报道的主流(见表4-11)。

表4-11　1978—2017年《人民日报》涉汉报道主题占比情况

报道量占比（%） 时间段	政 治	经 济	文 化	社会民生	其 他
1978—1991年	21.5	38.2	19.4	18.8	2.2
1992—1997年	8.1	37.1	19.4	35.5	0
1998—2009年	32.3	22.1	21.0	20.5	4.1
2010—2017年	34.4	31.8	12.1	19.1	2.5

（2）分析不同时间段的报道对象占比,卡方检验显示,不同时间段所报道的对象差异十分显著(χ^2=84.513,p=0.000)。通过分析报道对象的比重可以发现,与报道主题相对应,政府与企业在初期是报道的主要对象,随后关于企业的报道有所降低,有关政府的报道增加,这反映出武汉的发展更多地武汉受国家和地方政府规划和战略的影响;同时,由于武汉在科教综合实力方面在国内有一定优势,也是华中地区的教育中心,有关事业单位的报道也占据相当的比重。有关武汉环境的报道在20世纪90年代和近几年比较突出,正好也反映了武汉在环境治理方面的两个重点时期;近期则是因为大气污染的关系,有关环境的报道频频登上版面,对于这个内陆城市而言,环境问题也越来越不容忽视(见表4-12)。

表4-12　1978—2017年《人民日报》涉汉报道对象占比情况

报道量占比（%） 时间段	政 府	企 业	事业单位	民 众	环 境	其 他
1978—1991年	38.7	30.1	17.7	10.8	0.5	2.2
1992—1997年	37.1	11.3	29.0	12.9	3.2	6.5
1998—2009年	55.9	6.2	20.0	13.8	1.0	3.1
2010—2017年	57.3	3.8	25.5	10.8	2.5	0

（3）分析不同时间段对产业的报道占比,卡方检验显示,不同时间段所

报道的产业差异十分显著（χ^2=57.721, p=0.000）。通过分析报道的产业分布，我们更加清晰地看到武汉的产业变迁：改革开放初期，工业报道占据了相当大的比重，而第三产业主要还是商贸，因此改革开放初期的武汉呈现出的就是一个典型的工商业城市的形象；经过不断的发展，其第一、二产业的报道比重逐渐降低，以金融业等为首的现代服务业的报道比重越来越高（见表4-13）。报道的产业结构的变化，一定程度上反映出了城市发展的变迁。

表4-13　1978—2017年《人民日报》涉汉报道产业占比情况

时间段 ＼ 报道量占比（％）	不涉及产业	第一产业	第二产业	第三产业
1978—1991年	49.5	3.8	19.4	27.4
1992—1997年	61.3	3.2	6.5	29.0
1998—2009年	73.3	3.6	4.6	18.5
2010—2017年	67.5	0	1.9	30.6

（4）从关键词分析，卡方检验显示，不同时期关于武汉的报道关键词差异十分显著（χ^2=95.536, p=0.000）。我们可以发现，以"发展"为关键词的报道始终占据的最大比重；随着时间的推移，以"发展"为关键词的报道的比重还在不断上升。这就说明，和大多数城市一样，"发展"是武汉改革开放40年来的主旋律；而且它的重要性还在不断上升。40年间，以"治理"为关键词的报道总体而言也是上升了，尤其在20世纪末21世纪初期，这个比例超过了三分之一。事实上，这一特点也和之前的许多城市有类似之处，即随着城市的发展，治理的问题慢慢出现在各个领域；累积到一定程度以后，在某个时间段内（尤其是21世纪初期），对于治理的问题会特别关注并且在逐步改善（见表4-14）。

表4-14　1978—2017年《人民日报》涉汉报道关键词占比情况

时间段 ＼ 报道量占比（％）	改 革	开 放	创 新	发 展	治 理
1978—1991年	25.3	11.3	7.5	33.9	22.0
1992—1997年	11.3	12.9	8.1	40.3	27.4

（续表）

报道量占比 （%） 时间段	改 革	开 放	创 新	发 展	治 理
1998—2009年	4.6	4.1	7.2	47.2	36.9
2010—2017年	1.9	0.6	10.2	59.2	28.0

（5）分析时间段和"三力"之间的交互影响，卡方检验显示，不同时间段对"三力"的关注程度的差异十分显著（χ^2=77.541，p=0.000）。我们可以非常清晰地看到"三力"的变化：对于吸引力的关注是随时间不断上升的，对于竞争力的关注是随时间不断下降的（见表4-15）。这一变化在许多城市也有类似的情况，但是武汉无疑是最典型的。改革开放初期，城市的建设重点是宏观的政治经济改革，而改革的目的往往是提升城市的竞争力；当竞争力提升到一定程度的时候，一方面，城市开始主动转型，瞄准以提升吸引力为主的"软实力"建设；另一方面，在城市发展的过程中，许多与城市吸引力相关的问题也会暴露出来。因此，吸引力的提升就成为武汉以及许多城市逐渐面对的主要挑战。而创造力则更多的是一种驱动力，它贯穿于城市建设的每个阶段，是城市得以发展的重要动力。而如今的创造力，它被赋予的内涵还包括建设一个良好的创新环境（尤其是软环境），这也对城市提出了更高的要求。

表4-15　《人民日报》涉汉报道"三力"比重

报道量占比 （%） 时间段	吸 引 力	创 造 力	竞 争 力
1978—1991年	39.2	4.3	56.5
1992—1997年	40.3	6.5	53.2
1998—2009年	73.3	4.6	22.1
2010—2017年	73.2	6.4	20.4

三、媒介中呈现的武汉城市形象变迁 ▷▷

（一）产业发展的故事

在改革中，武汉大力发展以专业贸易中心为主的贸易中心群，发展各具特色的批发市场、贸易行栈、集贸市场。武汉踞长江中游、京广大动脉的中段，是我国商品的重要集散地，抓活流通、交通这"两通"是武汉改革开放、搞活经济的突破口。首先是流通，在这方面，武汉充分发挥市场机制中的竞争原则，提出"地不分南北，人不分公私，一律欢迎来汉做生意"的宣言，允许外地产品流入，通过外部的力量冲击保守僵化的经济体制，促进城市经济的发展。武汉在集中力量发展大型骨干企业的重点产品的同时，实行对外开放，让外地产品涌入武汉，这样做虽然会对本地产品造成威胁，但是客观上促进了竞争，这让武汉本土的各企业必须提升自己的产品质量，增强产品的竞争力。这一开放的原则实施之后，武汉的地理和市场优势立即显示出来，并产生了巨大的吸引力。其次是交通，为打破交通"分割的条块"，武汉成立交通委员会，协调铁路、公路、水运、航空、邮电各部门，促进上下左右同步改革。商业的流通带来的是人口的流动。武汉三镇的流动人口，一度增加了3倍。

开放促进了商业的发展，也促进了工业的发展。武汉市打开门户，曾经受全国各地工业产品冲击的武汉的工业系统大胆改革，积极参加市场竞争，由此发生了巨大变化。机构重叠、人浮于事、互相扯皮的管理结构已在不少企业中被打破。曾经大量积压的武汉市工业产品，大都俏销或平销，并且开始销往全国各地，打入国际市场的产品数量也有较大增长。不仅如此，企业的销售渠道更加多样，不同单位的横向经济联系大大加强，技术引进、技术改造的速度也大大加快。工商业的快速发展也带动了武汉家庭服务业的繁荣，进一步充实了武汉的第三产业。

黄鹤楼雕塑工程承担者之一的陈成业工程师，在工程完成后偕同他的妻子,特意来到武汉市江岸区一元街家庭生活服务站,感激他们提供了周到的服务,解除了自己的后顾之忧。

武汉市实行经济体制改革后,城市多功能作用逐步得到恢复。江岸区出现了大街小巷搞服务的好势头。记者看到,区家庭生活服务公司的报表上填着请保姆、购煤气、买菜蒸饭、送牛奶豆浆、接送小孩上学和家庭辅导等,共五十四个家庭生活服务项目。照顾老人起居也是其中的一项。

城里人能得到服务,进城农民也能享受服务。过去农民进城常为住宿难发愁,现在走上街头,"便民旅社"很容易找,农民住店方便了。他们当天进城未售出的鸡、鱼、蛋、菜还可以寄养、存放在便民旅社里。相关负责人告诉记者,居民腾出富余的房子办便民旅社已达七百多家,约占全区旅店床位的一半。一年来已接待进城农民八十九万人次。

不起眼的家庭生活服务站,也为经济实力雄厚的大工厂解了难。铁道部江岸车辆厂一直为职工请假排队买煤发愁,职工代表大会曾讨论过多次,厂里还派专车为职工买煤,但因职工居住分散一直未能解决。居委会的家庭生活服务站帮助他们卸掉了这个"包袱"。如今,工人头天去服务站登记,第二天煤就送到了家里,工厂出勤率显著上升了。

去年以来,江岸区将产品不对路、缺乏竞争力的六百多家"五七"工厂分别改为"综合服务"的厂、组、店、队。同时,组织待业青年、退休工人、居委会干部和进城农民兴办"家庭服务业"。把家庭生活服务由"慈善事业"转变为"服务产业","千家烦忧一业担"。花钱不多,却解决了大问题。居委会从中也得益。全区家庭生活服务业第一次由"赔钱"变成"赚钱"。目前,这个区建立了家庭生活服务公司、街有服务所、居委会设服务站,一度萎缩了的城市多功能开始得到恢复和发挥。到今年4月,一年间家庭生活服务从业人员达四千多人,已为三万九千多户居民送牛奶、豆浆上门,为一万八千户居民做饭烧开水,为两万三千多户居民代购生活用品,为一万一千多户居民送报刊。

(谢邦民、张松青《"千家烦忧一业担"——武汉市江岸区兴办家庭服务业纪实》,《人民日报》1985年7月10日,有删节)

作为从中华人民共和国成立之初国家投入巨资兴建的老工业基地,武汉积累了逾千亿元的工业家底,培养了较好的制造业基础和庞大的产业工人队伍。武汉在已有的基础之上,进一步发挥人才优势和区位优势,建设成华中地区乃至全国的现代化制造工业基地。武汉充分整合行业资源,确定了一批重点扶持的优势产业,有效解决了产销不对路、产业关联度不高的问题,还做长了产业链。以光通信、光电子产业为主导的东湖新技术开发区,延伸产业链成为其快速成长的发动机。激光产业正在探寻产业结构的大跨越,由能量激光产业向应用激光产业转变,将市场触角延伸至医药、农业等更宽广的领域;消费类电子产业的发展也正在加速。

为了改善武汉工业配套环境欠佳的问题,武汉市以优化产业环境为突破口,充分发挥产业政策的引导作用,运用市场之手来配置各种资源。武汉经济开发区为汽车零部件厂商提供优质服务,吸引相关生产要素快速聚集。世界三大汽车企业——法国标致雪铁龙集团、日本日产汽车公司和日本本田汽车公司,不约而同聚首武汉经济技术开发区,构成了中国汽车市场上的"武汉集群"。

在雄厚的工业基础下,武汉市进一步实施"科教兴市"战略,做好传统产业的技术更新改造,并形成大中型企业与科研机构、大专院校共同研究开发的创新机制,推进传统支柱产业高科技化。武汉市以智力型和高附加值产品为主的技术出口方兴未艾,其中各类软件出口更呈现出前所未有的强劲势头。

面对国内外高新技术发展的大趋势、大潮流,我国一些专家学者提出,应不失时机地发展我国的光电子信息产业。2000年3月,12位全国政协委员在全国政协九届三次会议上,正式提出"大力发展光电子产业,在汉建设'中国光谷'"的提案。今年5月7日,周济、李德仁、赵梓森等26名"两院"院士和专家前往武汉东湖高新技术产业开发区,为"光谷"建设出谋划策,并联名向国家建议在武汉建设"中国光谷"。

专家们的热情建议来自他们科学的理性分析。专家们看到,武汉地区在发展光电子信息产业上具有不可替代的技术优势、产业优势和区位优势。

武汉是我国光通信的发源地。1982年，武汉邮科院拉出了我国第一条光纤通信线路。1994年，国家计委批准在这里设立国家光纤通信工程研究中心；1999年，又设立国家光电子工艺中心。同处东湖高新区的长飞光纤光缆有限公司，其光缆产销量多年来一直雄踞全国第一。武汉邮科院院长朱家新说，我国在光通信领域与国外的差距最多一年，武汉则集中了自主知识产权光通信的三大核心技术：光通信系统、光纤技术、光电子技术。这种优势在全国独一无二。

武汉占据我国激光技术制高点。20世纪80年代初，华中科技大学建成我国第一个激光技术国家重点实验室，90年代初，又由国家计委批准建立了我国第一个国家激光加工工程研究中心，十几年来，先后承担国家科技攻关项目21项、国家"863计划"10项。今年6月，以"华工激光"为主体的华工科技股份有限公司在深交所上市后表现惊人，被誉为今年最"牛"的科技股。最近，华工科技刚刚完成对从事高速无线互联网技术研发的汉网公司的收购，开始向市场极为广阔的"光互联网"领域迈进。

武汉建设"光谷"的消息在国内外引起强烈反响。5月13日，美国硅谷科技商务考察团一行20人来汉考察，12小时内就与武汉企业达成了16个光电子合作意向。7月初，"中国高新技术产业与资本市场论坛"在武汉举行，会场内外的气氛像武汉的天气一样火热。短短两天时间，"光谷"办与许多机构达成14项投融资协议，共涉及金额200多亿元人民币。有识之士高兴地说，有了政府的重视和资本的支撑，"光谷"就不会是空中楼阁。

（杨明方《武汉：构筑光谷浇铸希望》，《人民日报》2000年9月17日，有删节）

作为一个集科研、开发、生产为一体的光通信产业基地，"光谷"是我国智力最密集的区域之一。"光谷"位于东湖高新区，在该区50平方公里的范围内，汇集了武汉大学、华中科技大学等高校以及中科院武汉分院等科研设计单位,有数十万名专业科技人员和在校大学生。拥有丰富的高新技术科技人才资源,智力密集成为其抗风险的法宝。武汉在光电信息产业的发展上,一方面把握优势产业,通过资源整合,在调整中做大、做强,提高产品的市场占有率;另一方面,有效地释放高校和科研院所的科技能量,增强技术研发能力。围绕"光谷"建设,武汉的传统产业正加速高新技术改造,促进科技成果产业化。

除此之外,武汉经济技术开发区也在推动武汉产业发展中扮演了重要角色,并使武汉成为中部地区先进制造业的重要基地。武汉经济技术开发区建立之初,主要发展汽车产业,而现在的开发区已经发展形成了独具特色的以汽车及零部件为主的现代制造业基地。开发区在汽车产业发展壮大的过程中,始终将提升研发能力,消化吸收先进技术,努力实现从项目引进—技术引进—联合开发,再到自主开发的飞跃放在首位。武汉经济技术开发区不仅仅是产业的集聚和生产线的罗列,其更重要的功能是催生、培育新型产业。武汉经济技术开发区立足中部,寻找自身产业创新的突破口,集中力量扶持重点领域。如在电动汽车的研制上,开发区主动参与东风电动汽车的研发与产业化进程。东风汽车公司自主研制的电动车率先走出实验室、走向市场。一个新兴的、有竞争力的产业呼之欲出。开发区从政策、体制和具体措施等方面培育良好的创新环境,形成鼓励企业、增加科技投入的激励机制,还为企业提供项目策划、技术引进、人才培训、专利申请、贷款融资等方面的服务;同时,为了降低营商成本,开发区还为投资者开辟了便捷的"绿色通道"。这样的营销环境使科技创新型企业越来越多地出现在武汉开发区。如开发区内的元丰公司借鉴先进技术,吸收再创新,研制出适应我国道路行人多、刹车使用频繁、强度高等特点的新型气压盘式制动器。

近年来,国家将武汉定位为"中部地区的中心城市",借助中部地区崛起战略、武汉城市圈资源节约型和环境友好型社会建设综合配套改革试验区以及东湖国家自主创新示范区的机遇,武汉正大力实施"工业倍增"计划,加快建设国家中心城市的步伐。在发展科技含量高、具备一定规模和效益的先进制造业的同时,武汉也在走新型工业化道路。培育发展新一代信息技术、节能环保、生物、新材料、新能源汽车等战略性新兴产业,推进绿色制造,走绿色低碳发展之路,努力做到"增产不增污",实现绿色倍增。2007年12月7日,武汉城市圈获批全国"两型"社会建设综合配套改革试验区,这意味着武汉及其周边100公里范围以内的8个城市构成的区域经济联合体正式走上资源节约、环境友好的"两型社会"的发展道路,循环经济在武汉城市圈大行其道。

在武汉,居民将废旧电池投到超市里的回收箱,企业就可将电池分解再利用;在孝感市应城市赛孚工业园,武化研公司、长江氟化工有限公司使用孝感市湖北卓熙氟化科技有限公司的氟气,卓熙公司又可使用武化研公司的三氟甲基磺酸,等等,形成了园区企业内的循环经济。

武汉城市圈35个国家级和省级循环经济试点企业、园区,积极探索,初步形成了企业小循环、园区中循环和城市(区域)大循环的循环经济发展格局。圈域内启动了青山—阳逻—鄂州大循环经济试验示范区建设,策划循环经济产业类项目209项,为全国重化工区发展循环经济提供了典型示范;武汉东西湖区建设"工程机械、重型工业装备、汽车零部件、激光再制造装备"四大循环经济再制造产业基地;应城新都化工"联碱综合节能减排"项目列入国家清洁生产应用示范项目和推广示范项目。

圈域内已基本建立了废弃资源综合利用体系,建立了全国第一家专业从事城市矿产交易的交易平台——武汉城市矿产交易所。交易所将报废汽车、工业废钢、磁材、橡胶、建筑废弃物等纳入交易范围,2012年实现成交总量59万吨。

节能减排,循环发展,从"点"到"面",制度先行。武汉城市圈在全国率先建立了节能减排目标责任制和监督考核指标体系,支持企业进行节能改造,加大差别电价、峰谷电价、惩罚性电价的实施范围和力度;推行居民用电、用水阶梯价格,形成有利于节约能源资源的价格机制。5年来,武汉城市圈万元GDP能耗累计下降24.7%,优于全省平均水平,好于全国平均水平。

（田豆豆、杨宁《武汉城市圈的"两型"之路》,《人民日报》2013年11月10日,有删节）

在武汉城市圈,"中国光谷"是一片科技创新的热土,也是带动城市圈科技产业发展的"领头羊"。这里诞生了中国第一根光纤,中国第一个光传输系统,这里有我国最大的光纤光缆、光电器件研产基地,并已成长为我国最大的激光产业基地。这里的企业,一方面通过完善技术创新、并购等策略发展高端制造业,进一步提升产品的技术创新优势和产量产能;另一方面,将触角延伸到与主营业务相关联的加工服务贸易领域,推动整个供应链上下游配套产业的发展。凭借技术创新,这里的企业成功打破了美、德、日为代表的几个发达国家在制造产业中的国际垄断。

在创业方面,在光谷,由龙头骨干企业建立了专业化的众创空间,从配套支持全程化、创新服务个性化和创业辅导专业化三个方面鼓励人才创新创业。通过开放式创新,在服务自身转型升级的同时,结合产业链、供应链,集聚了更多中小微企业,初创成功的创业企业可以围绕大企业形成创新生态圈,共生共荣。科研院所、大专院校的科技人员可以留职创业,创业所得归个人所有;在武汉,高校学生可休学创业,保留学籍;天使投资基金、风险投资基金及金融机构的金融产品创新等,在这里受到鼓励和保护。崇尚成功,宽容失败,已成为武汉深入人心的文化。

（二）治水的故事

武汉雄踞长江中游,两江交汇、三镇鼎立,地理格局独特。世界第三大河长江及其最长支流汉水横贯市区,与武汉发展相关的是武汉治理的故事,而其中最主要的就是治水的故事。

改革开放初期,武汉就为长江流域水土保持的问题召开过会议。与会代表认为,从全流域看,无论是水土流失面积还是流失速度,都在日益加剧;长江流域的山地,土层比较薄,一经流失,治理就十分困难。因此,搞好长江流域的水土保持工作是当时的重点工作。

武汉市处于长江、汉水交汇之处,远近港汊、大小湖泊星罗棋布,真可得水兴利,但是,因为地势低洼,形同"锅底",又常常以水为患。20世纪80年代,黄孝河深藏着渍涝的隐患。由于长年失治,河道淤塞,浊流翻滚,黄孝河不但逐步丧失了日流量50万吨的排污功能,反而成了蚊蝇滋生、污染环境的"龙须沟"。每逢春夏雨季来临,黄孝河污水漫溢,大面积渍水无法宣泄到堤外江河里去。在治理黄孝河的过程中,驻汉部队、军事机关、军事院校和湖北武警总队等成了主力军,几千名官兵在河边坟地上安营扎寨,拓宽疏浚黄孝河的老河套,克服了一个又一个的困难,高质量、高速度地完成了任务。通过治理一条害河,兴建和绿化了3条道路,开辟了5个新住宅区,成就了利国利民,社会、经济、环境效益并重的事业。

　　武汉市当长江、汉水之冲,远近港汊、大小湖泊星罗棋布,真可得水兴利,但是,因为地势低洼,形同"锅底",又常常以水为患。新中国建立以来,堤防建设成绩显著,从1954年开始先后3次战胜了长江特大洪水,在这里生息的300万武汉人民安居乐业。

　　然而,黄孝河却深藏着渍涝的隐患。这条流经江汉、硚口、江岸三个区,担负着排放汉口130万人的生活污水和300多家工厂废水的功能。由于长年失治,河道淤塞,浊流翻滚,黄孝河不但逐步丧失了日流量50万吨的排污功能,反而成了蚊蝇滋生、污染环境的"龙须沟"。每逢春夏雨季来临,黄孝河污水漫溢,大面积渍水无法宣泄到堤外江河里去。

　　1983年12月21日,历史翻开了新的一页。武汉市委、市政府拿方案,作决策,号召全市人民"有钱出钱,有力出力,有人出人",从建设机场河排渍工程首战开始,擂响了治理黄孝河的战鼓。

　　治黄工程规模浩大,需耗资2亿元。近两年市政府就压缩其他项目,投资黄孝河工程6 000万元;避开雨季汛期施工,全部工程要利用5个冬春完成。

　　在去年冬开始的治理黄孝河下游第三期工程中,驻汉部队、军事机关、军事院校和湖北武警总队等15个单位主动请战,承担的任务最重,条件最差。郊外岱家山,是驻汉部队的工地,白雪皑皑,寒风呼啸;

几千名官兵在河边坟地上安营扎寨,风餐露宿。他们要在这里拓宽疏浚黄孝河的老河套,面临着一个又一个困难的考验。

黄孝河出水口的淤泥深达8米,黑色糊状,又臭又脏,锹不能掀,筐不能装,机械也无法下去作业。"参战"的干部战士不顾严寒,喝几口白酒暖暖身子便光着脚,穿着裤衩跳进冰窟般的泥潭里。他们排着长龙阵,用盆端,用桶提。每天下来疲惫不堪,许多人皮肤过敏,红疙瘩满身,疼痒难耐。但凭着"亏了我一个,幸福武汉人"的顽强信念,他们苦干了半个月,硬是靠人力搬走了6万方黑淤泥。

曾多次参加武汉动物园、黄鹤楼等工程建设的武汉空军部队,这次在治黄工程中又写下了新的战史。空军混成旅所在的施工地段地质复杂,经常遇到塌方和滑坡。为了高质量、高速度地完成施工任务,他们旅提出要"抢晴天,战阴天,风雪当晴天,黑夜当白天",开挖了明渠400米。他们说:"我们喝的是江城的水,吃的是武汉的粮,为武汉人民造福,是我们部队的光荣传统,也是我们义不容辞的责任。"

(张砚、乐东和《"张公"外传——记武汉治理黄孝河的决策者和建设者》,《人民日报》1988年3月17日,有删节)

人民子弟兵的奉献远不止于此。对于抗洪救灾,最大的主力就是那些战士。1991年,湖北省全境连续不断地遭受到大雨、暴雨和特大暴雨的袭击,降雨量之大、范围之广、危害之重,是近百年来最为严重的一次,900多万军民投入抗洪救灾第一线。1998年,长江两岸险情迭出,千里江堤数度告急,数百万军民筑起铁壁铜墙共同抗洪救灾。2011年7月,连续半个月的大雨使武汉东湖发生漫堤,影响周边数万群众的生产生活,急需清理东湖港排水河道中的淤泥杂物,尽快将水排入长江。2016年,湖北连续遭遇6轮强降雨袭击。激烈的水上战斗,官兵们每隔几年都要遇上一次,他们次次圆满完成任务。几十年来,无私奉献的精神在一代代官兵中得到传承,全心全意为人民服务的旗帜始终高高飘扬在长江之滨。

湖北是"千湖之省",武汉是"百湖之市"。坐拥大江大湖,是武汉最引以为豪的特色。然而武汉依水而兴,也因水而伤。自20世纪50年代以来,湖泊就成了人们眼中的资源掠夺地,围湖造田、填湖建城、拦湖养殖。随着20世纪末城市规模的快速扩张,湖泊被污染和蚕食的速度也成倍增加,湖泊数量锐减。从某种程度上说,武汉城市化、工业化的进程,就是一段填湖史。近年来,房地产开发商肆意填湖盖楼的报道频频出现。不仅如此,湖体水质急剧恶化、水体自净能力下降、生物多样性衰退等问题随着湖泊面积迅速缩小而不断恶化。为更加严格地保护这些"城市之肺",武汉市水务、园林和规划等部门,实行"三线一路"的规划。"三线"即蓝线、绿线和灰线。"蓝线"为水域控制线,是湖泊最高控制水位的边线,线内水域不得随意侵占、倾倒垃圾和废物等;"绿线"是绿化控制线,线内只可进行绿化及湿地、公园等景观建设;"灰线"划在"绿线"外围,区域内限制房屋高度和密度等。"一路"是指环湖路,每个湖泊都必须建环湖路,"严守"湖岸边界,将所有的开发行为挡在环湖路之外。如今,《湖北省湖泊保护条例》修订了,退田还湖开始了,武汉166个湖泊有了档案和"三线一路"保护规划,武汉打造健康的水生态系统,其效果正在慢慢展现。

　　随着20世纪末城市规模的快速扩张,湖泊被污染和蚕食的速度成倍增加,湖泊数量锐减。数据显示,目前武汉城区有湖泊40个,而在新中国成立初期,这一数字是127个——60年来武汉城区近90个湖泊消失。"幸存者"中,也有不少地段不错的湖泊难逃房地产"铁桶式"开发的"毒手",成了一个又一个楼盘的"内湖"……西北湖、沙湖等湖泊的大部分湖岸被建筑包围,沙湖面积由2001年的4.7平方公里缩减到2013年的3.08平方公里,而后官湖则由20世纪80年代末的45.8平方公里缩减到了目前的37平方公里。

　　"不仅市区现有的40个湖泊,辖区内的166个湖泊,也一个都不能少,湖泊面积一寸也不能缩小!"危机之下,保护湖泊渐成共识,武汉市委提出如此愿景。

　　在武汉保护湖泊的顶层设计中,法规建设和划定"三线一路"是最大的亮点,一个是让护湖有法可循,一个是让护湖行动有的放矢。划定"三线一路"的目标在于"锁定岸线",在地图上为湖泊"安家",不让填湖悲剧重演。然而从房地产开发的"虎口""夺湖",显然不会顺利。因为土地经济的巨大诱惑,无论是湖岸沿线的开发商还是沿线街道办,都不愿意将湖泊沿岸的土地划入"三线"范围。

后官湖"三线"制定过程就是一场拉锯战。先是沿湖街(乡镇)认为一些湖边塘、低湖田不应该划入蓝线内,再是划定绿线时遇到的问题更多、阻力更大。按规定,绿线距蓝线不少于300米,因此不少建设用地被划入绿线控制范围,甚至一些已经出让的土地,也需要开发商退还,而在后官湖区域,土地出让价格达到每亩百万元,划定"三线"就动了当地政府的"奶酪"。

在位于后官湖蔡甸街彭家山村段,按照"三线"规划,要收回区政府已出让给开发商的3.5公顷土地还湖,开发商坚决不愿意退让,蔡甸区政府经过多次艰难谈判,才与开发商达成一致,退还湖面。

2014年岁末,武汉市湖泊"三线一路"保护规划编制完成。相比2005年武汉市水资源普查确定的779平方公里湖面,蓝线的划定让全市湖泊面积"长大"了近90平方公里,约相当于3个东湖的面积。

(程远州、程敏《武汉,再也不能填湖了》,《人民日报》2015年1月19日,有删节)

事实上,自从1998年特大洪水之后,武汉就加大了城市建设力度,新修、改建了中山大道、东湖路、江汉路步行街等市区主要道路;十大市政建设工程陆续开工;改造了老城区的危房,新建了常青花园、百步亭小区等安居工程,解决了部分市民的住房困难。在治水的同时,武汉也没有忘记其他的城市治理问题。道路建设、城市绿化、垃圾治理,每个项目都赢得了群众的喝彩。武汉市政府实施"湖改江"工程,东湖人喝上了干净的长江水,改变了过去在东湖周边,十多万人长期饮用东湖水的情况。在交通干道中南路上,武汉建造了华中地区最大的洪山广场,一组组楚文化浮雕展现在广场中间。过去拥挤不堪的武汉,如今绿荫成片,成为"广场城市"。2016年,第十届中国园林博览会在武汉开幕。武汉"好氧修复+封场治理"的综合处理技术,把亚洲最大单体垃圾场改造成了园博园,不仅让市民享受到了城市发展、生态治理的福利，而且让这里成为城市废弃地区的自然生态和社会生态的再造范本。

四、　本节小结 ▶▷

改革开放以来，武汉在各个方面都取得较大发展。武汉有区位市场、产业基础、科教资源和较好的自然环境，武汉经济圈在我国区域经济发展中发挥越来越重要的作用。在此背景下，要让武汉的城市知名度与美誉度在全国乃至世界范围内能够有一席之地，必须高度重视城市环境建设，同时充实城市的人文生态，打造城市文化名片。武汉有深厚的历史文化积淀，以及智力密集、人文荟萃的大学区、科技城，又是"九省通衢"的交通通信枢纽，应该充分利用自身的水资源（江、湖）优势与历史文化古迹等一系列的人文景观，提升城市的吸引力和感召力；同时大力宣传发展以光电子信息为主导的高新技术产业，并在国内外各个重大平台及活动中加以呈现和推广，树立武汉科技强市的形象，让世人一说到光电子信息就想到"光谷"，一说到"光谷"就想到武汉。武汉要把握好自身的城市定位，优选城市的文化资源，辅以强大的交通与通信网络作为支撑，使其城市形象能够更快、更好地传播到世界各地。

第四节　沈阳 40 年：老工业基地蜕变展新颜

沈阳是辽宁省省会，位于我国东北地区南部，地处东北亚经济圈和环渤海经济圈的中心，是长三角、珠三角、京津冀地区通往关东地区的综合枢纽城市。沈阳是国家历史文化名城，有两千多年的历史。同时，沈阳还是我国最重要的以装备制造业为主的重工业基地，有着"共和国长子"和"东方鲁尔"的美誉。

沈阳由于其独特的地理位置和战略地位，在历史上形成了自身独特的历史文化。早在新石器时代就有上古先民在此繁衍生息；从春秋战国时期燕国设立方城算起，距今沈阳已有2 600余年的建城历史。后金时期，努尔哈赤在这里建都；皇太极继位后，大兴土木，在沈阳修建皇宫，也就是现在的沈阳故宫。沈阳故宫现为中国仅存的两大古代皇宫建筑群之一，为世界文化遗产之一。沈阳也有了"一朝发祥地，两代帝王都"之称。到了近代，日俄奉天会战、"九·一八"事变等记录着沈阳饱经的种种磨难。新中国成立后，沈阳以"共和国长子"的身份，承担起共和国工业建设的重任。

改革开放后，沈阳的基本建设投资明显下降，国有企业适应市场经济出现困难，导致沈阳乃至东北地区的经济普遍开始受到冲击。进入20世纪90年代后，依靠行政手段得来的订单越来越少，机器也不再日夜不停地轰鸣，大多数工厂处于停产、半停产状态，往日的工业重镇成了"落后"的代名词。

21世纪以来，沈阳以振兴老工业基地为主线，步入了快速发展的新时期。许多工业企业"东搬西建"，从老区迁入经济技术开发区；2006年，沈阳成功举办世园会，并借助世园会"人与自然和谐共生"的主题，将园林艺术与沈阳的工业文明、民族文化与都市功能有机结合起来，为沈阳树立一个"健康、活力、人文"的城市形象，也更进一步提升了"沈阳中心城市形象"。2010年，沈阳经济区的成立，以沈阳为中心带动鞍山、抚顺、本溪、营口、阜新、辽阳、铁岭周边多个城市的经济发展。次年9月，国务院正式批复沈阳经济区为国家综合配套改革试验区，也是唯一以"新型工业化"为主题的综合配套改革试验区，标志着沈阳经济区建设上升为国家战略。随着"神五""神六"的成功发射，今后的沈阳还会成为宇宙飞船的制造基地。铁西新区的改造、浑河南岸高新科技园区的开发以及地铁的动工建设，向世人展现了一个充满活力的沈阳。

基于此，研究运用《人民日报》图文数据库（1946—2018），通过关键词搜索得到1978年1月1日至2017年12月31日涉沈报道共2 813篇，通过抽样的方法分析这些报道的基本特征，并从关键词、重大事件、"三力"（吸引力、创造力、竞争力）等分析框架进行内容分析，从而能较为客观、准确地描述沈阳在国内权威媒体中的城市形象的基本特征和变化趋势。

一、总体综述 ▶▷

基于样本,本研究以《人民日报》涉沈报道的时间为参考轴,从篇幅、报道向度、报道是否涉外等方面对报道进行描述,以勾勒出这些报道的基本特征。

(一)《人民日报》涉沈报道的时间分布

如图4-4所示,改革开放初期,沈阳的国有企业积极改革,并将经验推广至辽宁省多地,对沈阳的报道也有增加;1984年开始,有关沈阳的报道继续增加,其中有不少是关于国企改革的;1986年,沈阳防爆器械厂倒闭,成为我国首家破产的企业,这一年也成了涉沈报道数量最多的一年。由防爆器械厂破产引发了多米诺骨牌效应,沈阳国企大量亏损破产,几十万工人下岗,有关沈阳的报道也在不断减少,一直到1999年9月18日,"九·一八"历史博物馆在沈阳开馆,这座博物馆的建立引起了各界的极大关注,这一年的报道量再次到达一个小高峰。21世纪以来,沈阳对铁西等工业区进行了大规模改造,"东搬西建"的工程使得沈阳再次受到关注,报道量也有小幅提升。到2010年,国家发改委正式批复沈阳经济区为"国家新型工业化综合配套改革试验区",有关沈阳的报道数量再次达到一个高点,也反映出沈阳进入了新的发展阶段(见图4-4)。

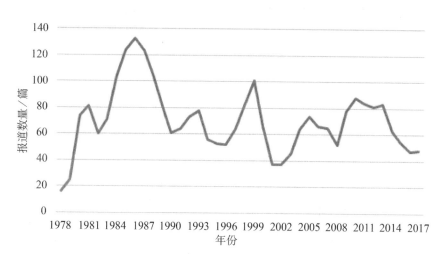

图4-4　1978—2017年《人民日报》涉沈报道数量分布

在此基础之上，对报道年份与报道量之间的关系进行进一步的分析，可以将涉沈报道大致分为四个阶段：① 1978—1983年，改革开放伊始阶段；② 1983—1999年，沈阳工业企业的发展困顿阶段；③ 2000—2009年，沈阳企业"东搬西建"的发展阶段；④ 2010—2017年，沈阳经济区的发展阶段。使用方差分析发现，$F(3, 36)=3.990$，$p=0.015$。Tukey的事后检验程序表明，第二阶段的报道量（$M=84.63$，$SD=26.974$）与第一阶段（$M=54.50$，$SD=27.340$）、第三阶段（$M=58.40$，$SD=14.736$）的报道量有显著差异。除此之外，其他阶段的报道量虽然也有差异，但差异不显著。

（二）《人民日报》涉沈报道的篇幅变化趋势

探究不同时间段变量与篇幅长度变量的交互影响，卡方检验显示，不同时间段的报道篇幅差异十分显著（$\chi^2=30.654$，$p=0.000$）。主要的变化是中短篇报道的占比不断减少，而长篇报道的比例不断增长。与其他城市有所区别的是，有关沈阳的报道中，长篇报道占比的变化更大，反映出改革开放以来，对沈阳的关注度有一个较大的转变；尤其是21世纪来，重振老工业基地使得沈阳成为重点关注的对象，这也使得与沈阳相关的报道增多，而且多为长篇报道。同时，研究图片的出现频率和报道时间段的交互影响，卡方检验显示，不同时间段的差异十分显著（$\chi^2=36.024$，$p=0.000$），中后期对沈阳的图片报道显著增加。探究报道是否有图片这一变量与报道篇幅的关系，卡方检验显示，差异十分显著（$\chi^2=28.908$，$p=0.000$）。对于图片报道，其比例随着篇幅的增加而增加，长篇报道中使用图片的比例更高，中篇次之，短篇最少。

（三）《人民日报》关于沈阳的涉外报道变化趋势

分析《人民日报》关于沈阳的报道是否涉外与报道时间段的交互关系，卡方检验显示，不同时间段的差异显著（$\chi^2=9.043$，$p=0.029$）。总体而言，随着时间的推移，关于沈阳的涉外报道的占比在不断增多。早期的报道多关注沈阳的工业发展与萧条，涉外报道寥寥；到第二阶段后，沈阳开始探索企业合作，以改变本地企业的不利情况，许多本地企业都和国外企业开展合作，因此涉外报道量增多；到21新世纪以后，沈阳的对外开放水平达到了新的高度,除了在工业方面,文化、科技乃至环境治理方面,都有了广泛的国际合作和交流,因此其涉外报道的占比也大幅增加。

(四)《人民日报》涉沈报道的向度变化趋势

从报道的向度来看,《人民日报》涉沈报道中,正面报道占74.7%,中性报道占20.2%,负面报道占5.1%。卡方检验显示,不同时间段的报道向度呈现显著差异(χ^2=44.768,p=0.000)。早期有关沈阳的报道以正面为主,近期是以中性的报道为主。和许多城市相同,有关沈阳的负面报道主要出现在后两个时间段,第三个时间段占比最大。

二、《人民日报》对沈阳的报道内容趋势分析 ▷▷

对《人民日报》涉沈报道所涉及的内容发展趋势,遵循上述的时间段划分,将沈阳的发展大致分为四个阶段:① 1978—1983年,改革开放伊始阶段;② 1983—1999年,沈阳工业企业的发展困顿阶段;③ 2000—2009年,沈阳企业“东搬西建”的发展阶段;④ 2010—2017年,沈阳经济区的发展阶段。不同阶段的报道有如下特点:

(1)按报道主题进行分析,卡方检验显示,不同时间段的报道主题差异显著(χ^2=24.734,p=0.016)。和大部分城市类似,早期沈阳的经济报道占主导地位,中后期有关社会民生的报道占比增加,经济类报道比重降低;政治类的报道多出现在21世纪初期,多与沈阳的战略规划有关(见表4-16)。可见这一时期,国家开始更多地从大战略层面将沈阳规划成为国家整体发展的区域性力量,其城市重要性有所提升。

表4-16　1978—2017年《人民日报》涉沈报道主题占比情况

时间段 ＼ 报道量占比（%）	政 治	经 济	文 化	社会民生	其 他
1978—1983年	27.5	39.1	7.2	26.1	0
1984—1999年	24.3	30.9	21.9	22.9	0

（续表）

报道量占比（%） 时间段	政治	经济	文化	社会民生	其他
2000—2009年	33.3	20.6	15.9	29.4	0.8
2010—2017年	28.2	23.9	16.2	29.9	1.7

（2）分析不同时间段的报道对象占比，卡方检验显示，不同时间段所报道的对象差异十分显著（$\chi^2=77.626$，$p=0.000$）。早期的报道关注经济，报道对象以政府和企业为主，第一个时间段，企业与政府的报道占据了绝对的主导地位；21世纪以来，有关社会治理和生态环境等民生问题更多地被提上日程，因此有关民众的报道有所增加；有关沈阳战略规划的报道更是以政府为对象占据了更多的报道比重。值得注意的是，21世纪以来，有关沈阳环境的报道显著增加，说明沈阳的生态治理受到的关注，也到达了一个新高度（见表4-17）。

表4-17　1978—2017年《人民日报》涉沈报道对象占比情况

报道量占比（%） 时间段	政府	企业	事业单位	民众	环境	其他
1978—1983年	33.3	39.1	15.9	10.1	1.4	0
1984—1999年	30.9	28.5	29.9	10.8	0	0
2000—2009年	42.1	16.7	15.1	15.9	4.8	5.6
2010—2017年	48.7	12.8	15.4	12.8	3.4	6.8

（3）分析不同时间段对产业的报道占比，卡方检验显示，不同时间段所报道的产业差异十分显著（$\chi^2=74.205$，$p=0.000$）。产业报道的比重基本体现出沈阳的"老工业基地"特征。改革开放初期，有关第二产业的报道明显高于第一产业与第三产业；随后一段时间内，有关第三产业的报道比重增加，基本上处于与第二产业持平的状态；近期第二产业再次成为涉及产业的报

道中最突出的一个产业。有关产业的报道其实反映出沈阳发展的一个变化，早期作为老工业基地，沈阳还处于重工业企业艰难改革的时期，这时候第三产业尚处于萌芽状态；随着传统的工业企业效益不佳，有的甚至破产倒闭之后，沈阳其实在很长一段时间内在探索第三产业的发展，对老工业基地进行产业结构上的调整。而随着沈阳经济区被确定为"国家新型工业化综合配套改革试验区"，也是唯一的一家以新型工业化为内容的试验区，通过探索新型工业化，使沈阳这个东北老工业基地重振雄风，重新明确的战略定位使得有关第二产业的报道占比再次升高，并超过了第三产业（见表4-18）。

表4-18　1978—2017年《人民日报》涉沈报道产业占比情况

时间段	报道量占比（%） 不涉及产业	第一产业	第二产业	第三产业
1978—1983 年	49.3	14.5	24.6	11.6
1984—1999 年	51.4	2.8	21.5	24.3
2000—2009 年	77.8	1.6	10.3	10.3
2010—2017 年	79.5	2.6	12.0	6.0

（4）从关键词分析，卡方检验显示，不同时期关于沈阳的报道关键词差异十分显著（χ^2=123.169，p=0.000）。改革开放初期，众多国企纷纷进行经济体制改革，因此前两个时期以"改革"为关键词的报道较多；而与境外公司合作是初期推动改革的一条重要途径，这使得以"开放"为关键词的报道也占据了相当比重；21世纪以来，"治理"成为关于沈阳的报道中最关注的问题，其中重点是大气和水环境等方面的生态治理。事实上，在传统污染企业的影响下，沈阳的环境一度堪忧，但是治理过后的沈阳，生态环境可谓焕然一新，在联合国人居署、住建部和上海市政府联合举办的世界人居日大会上，沈阳又荣获中国人居环境范例奖，可谓打了一个翻身仗。除此之外，经济转型、新经济的发展使得有关"发展"的报道的比重明显增加，这反映的是沈阳在改革开放、经济转型的过程中的一个变化，即早期是通过改革，中后期则更多通过各种技术途径发展，从而提升整体实力（见表4-19）。

表4-19　1978—2017年《人民日报》涉沈报道关键词占比情况

报道量占比（%） 时间段	改 革	开 放	创 新	发 展	治 理
1978—1983年	26.1	21.7	14.5	11.6	26.1
1984—1999年	28.8	25.3	8.0	14.9	22.9
2000—2009年	5.6	7.9	2.4	35.7	48.4
2010—2017年	6.0	10.3	3.4	33.3	47.0

（5）分析时间段和"三力"之间的交互影响，卡方检验显示，不同时间段对"三力"的关注程度的差异十分显著（$\chi^2=31.388$，$p=0.000$）。沈阳也和大部分城市一样，对于其竞争力的报道的比重不断下降，而在吸引力方面的报道的比重越来越高，沈阳在中后期努力提升自身的吸引力，这一方面是由于治理问题在中后期被提升到一个新的关注度；另一方面则是为好的发展营造好的环境；这同时也说明，对于"老工业基地"而言，吸引力也成为城市越来越需要关注并加以改进的部分（见表4-20）。

表4-20　1978—2017年《人民日报》涉沈报道"三力"占比情况

报道量占比（%） 时间段	吸 引 力	创 造 力	竞 争 力
1978—1983年	43.5	11.6	44.9
1984—1999年	52.1	9.4	38.5
2000—2009年	68.3	2.4	29.4
2010—2017年	74.4	4.3	21.4

三、　媒介中呈现的沈阳城市形象变迁　▶▷

（一）老工业基地改造的故事

沈阳在集体经济改革中，放宽政策、勇于创新，首先将生产资料所有权归还企业,使集体企业完全恢复劳动群众集体所有制的性质。在这个基础上,通过实行各种形式的经营承包责任制,大胆地改革分配制度,把自主权真正还给企业,让企业在生产经营、资金使用和分配、招工用人、机构设置等方面拥有实权。针对集体经济关卡多的现象,沈阳从实际出发,在政策规定上做了适当调整。如允许企业在任务不足的情况下跨行业生产,职工实行就业登记,可进可出,允许职工收入随企业经营好坏上下浮动。改革给许多企业插上了腾飞的翅膀,如沈阳汽车工业公司,建立了严格的责任制度,做到职责分明,奖惩严明,消除了企业无人负责、无法负责的现象;各级干部实行任期制,不称职的干部被免职后,不再保留任职期间的待遇;改革了经济管理体制,把15个企业租赁给个人经营;改革了分配制度,劳动所得和劳动成果挂钩,拉开了职工收入的档次。原本是连续两年亏损的集体企业,四个月就扭亏为盈。沈阳电缆厂通过改革和改造,把国家给工厂的权力,下放给车间、工段和班组,使得厂长的积极性变成全厂各级干部的积极性;用人方面,谁有能耐就用谁,调动了"两头冒尖"的能人的积极性;分配方面,谁有贡献就奖谁,要奖得人红眼,罚得人傻眼。改革后的电缆厂产值和利润增长明显。

　　走进沈阳汽车工业公司,一股改革新风扑面而来,记者强烈地感触到,在这儿,改革一直迈着大步。

　　目前,这个公司建立了严格的责任制度,所属七十个工厂厂长也向公司经理递交了经济责任状,做到职责分明,奖惩严明,消除了企业无人负责、无法负责的现象;改革了干部制度,各级干部实行任期制,不称职的干部被免职后,不再保留任职期间的待遇;改革了经济管理体制,把十五个企业租赁给个人经营;改革了分配制度,劳动所得和劳动成果挂钩,拉开了职工收入的档次……改革给这个公司插上了腾飞的翅膀:今年1月至10月,全公司的优质品增长率,在沈阳市十二个工业局和工业公司中,名列第一。130型汽车上半年全国评比,该公司的产品被评为第一名。1至10月份实现利润比上年同期增长190.4%。

　　在公司办公室,记者见到了经理赵希友,他着重给我们讲了费忠凯的事。

费忠凯原是沈阳市汽车配件工业公司的劳动工资员。1980年2月，他不顾个人得失，从全民企业主动要求到连续两年亏损的集体企业，大刀阔斧地进行改革，四个月就扭亏为盈。1981年4月，公司又派他到珠林汽车部件厂去"碰硬"。他兴利除弊，三个月后，这个原本奄奄一息的亏损厂也起死回生。他同时还做了两件错事。一件是，他所在厂设备不全，只好求兄弟厂工人利用业余时间为本厂加工急需的一种部件。他瞅着工人空着肚子干活，过意不去，夜间就安排他们吃一顿便饭，他不陪吃，四个月共花了二千元；另一件是，为了让职工尽快拿到工资和奖金，他搞了一种塑料薄膜手提兜新产品，从中提取一部分收入给职工发了奖金。有关部门孤立地看待这两件事，并看过了头，多次调查费忠凯的问题。他一下子跌入深渊，从沈阳市的优秀共产党员变成了"罪人"。

经过赵希友等人的工作，职工们理解了费忠凯。"他尽管有缺点，但没有往自己兜里多装一分钱。"打了一年多"官司"，检察部门也搞清了事实真相。"费忠凯搞活企业有功，也有缺点错误，但没有犯罪。"他们给费忠凯作了公正的结论。"改革是大势所趋，个人受点委屈不要紧。还得干！"搞改革的人精神为之一振，迈出的步伐更坚实了。费忠凯被列为汽车工业公司十个先进典型之一。

（谢怀基、王厚体《改革，这里搞得有声有色——沈阳汽车工业公司改革纪实》，《人民日报》1985年12月24日，有删节）

随着经济体制改革的发展，企业自负盈亏、优胜劣汰也势在必行。多年来，沈阳对少数经营极差、负债严重或长期经营性亏损的集体企业，一直靠行政命令，把负债或亏损企业合并到盈利企业之中。在经济改革中，沈阳制定了城市工业集体所有制企业破产倒闭处理的规定，下决心改变这种吃"大锅饭"的做法，向经营不善、资不抵债的企业发出"破产警戒通告"，限令改变面貌，逾期则要正式宣告企业倒闭。因资不抵债被处以破产"黄牌"警告的沈阳市五金铸造厂和农机三厂经过努力，已走上复苏之路。五金铸造厂精简管理人员,层层落实责任制,发动职工修旧利废,搞起拆旧电机、更新旧油漆桶等加工项目;并先后试制出电冰箱保安器、除尘式砂轮机等3种新产品,企业终于从困境中走出来。农机三厂的广大职工也背水一战,在不断提高管理水平的同时,集中力量抓产品质量,抓新产品开发,企业面貌发生了很大的变化。而对经整顿无效的沈阳市防爆器械厂,沈阳市对其进行破产处理。对一些维持不下去的企业实行破产处理,是经济体制改革的一个重要措施。在以公有制为基础的有计划的社会主义商品经济的条件下,产品适合市场需要的先进企业得到发展,落后的企业被淘汰,这是用经济手段、法律手段管理、监督企业,促使企业真正成为自主经营、自负盈亏的社会主义商品生产者和经营者,是经济规律作用的必然结果,也是促进社会生产力发展的必要条件。沈阳防爆器械厂的破产,对当时沈阳一些长期经营不善、管理无方、多年亏损的集体企业和全民所有制企业而言,就是前车之鉴。

就在传统工业难以为继的时候,沈阳在科研方面积极改革,使其与生产结合,为发展带来新变化。在旧的科技体制束缚下,科研与生产相脱节,研究所与公司相分离,已远远不能适应大企业集团发展的需要。以汽车行业为例,沈阳将隶属于沈阳汽车工业公司的轻型汽车研究所并入公司企业集团,使研究所找到了发展的出路,科研人员有了更加广阔的用武之地。这家企业集团也积极解决研究所经费不足的困难,改善科研手段和科研条件。事实上,沈阳科技力量雄厚,每年取得科技成果上千项,然而过去用于企业技术进步和开发新产品的投资比重太低,科研单位和企业因为缺乏技术开发启动资金,致使大部分科研成果不能在沈阳生根发芽。为改变这一状况,沈阳引导金融界将投资重心向科技"倾斜",为一批"临产"的高技术新技术成果迅速形成生产能力创造了条件。金融部门率先成立了全国第一家带有科技银行性质的科技开发信贷机构,专门办理技术、科研、电子计算机技术开发和"火炬""星火"等专项贷款,支持科研单位和企业开发、生产高技术、新技术产品。到了1990年,沈阳已经建成沈阳机器人示范工程、非织造布技术开发中心、传感元器件及仪器仪表工艺科研与测试基地、大规模集成电路、感光材料技术开发中心五大高新技术基地。

20世纪90年代之后,一方面,沈阳在国家工业生产中占据着重要地位;

另一方面又存在着设备老化,结构不合理的问题。为了改变这一困境,沈阳使用了异地改造的办法,在城市西郊建开发区,让许多企业在开发区建立分厂,与外商合资、合作,获得先进技术和管理方法,快速实现连锁反应,对母厂的技术和管理进行改造。过去,好多企业想引进技术、资金、设备,但没渠道;一些产品国际市场需要,但没"入口"。开发区建成后,如同修成多功能通道,使沈阳与国外之间的设备、资金、产品交流畅行无阻。沈阳一些企业与国外差距太大,在开发区的帮助下,企业在这里锻炼一下,然后跳入国际市场。开发区划出一平方公里,高新科技成果能在这里试产,然后进行推广,确保了高新技术在这里生根发芽。

长期以来,沈阳作为老工业城市,一直在浑河北岸发展。进入21世纪以后,沈阳的城市建设和经济发展跨越浑河,向空间广阔的浑河以南发展,并提出要把沈阳新区建设成为北方浦东——集高新技术产业、教育科研、金融商贸、生活居住、旅游观光于一体的现代化新城区,成为高新技术产业化基地、用高新技术改造传统产业的示范基地、高科技项目研发孵化基地和吸引海内外创业者的人才高地,以此带动沈阳实现新的经济腾飞。

> 沈阳市铁西区工业兴起于20世纪30年代,新中国计划经济时期更是风光占尽,被称为"中国的鲁尔"。上下班时,成千上万的工人骑着自行车行进在北二马路上,红灯亮起,戛然而止的队伍排出一站地远!当时的北二路聚集了30多家国有大型企业,铁西区工业产值占到沈阳的六成还多,一长串街道的名字记录了当时工厂林立的繁荣:保工街、卫工街、启工街……
>
> 时光流转,当历史的车轮驶入90年代,铁西区已被戏称为全国最大的"度假村",1/3的工人"放长假"在家! 21世纪初,坊间流行的一部民间纪实电影《铁西区》,记录了跌入低谷中的铁西:沿着纵横交错的厂家专用火车线,到处是破败的工厂和迷茫的眼神,上千根高大烟囱耸立在那里。而从80年代初后的10余年的时间里,国家为重振铁西投入的改造资金已达240亿元之巨!
>
> 终于,当振兴的春风眷顾这片饱经沧桑的土地时,巨变降临。在

《铁西区"十一五"规划》中，一段"'十五'期间铁西老工业基地改造的简要回顾"，显示出"铁西之变"的非同凡响：2005年，铁西新区的地区生产总值是"九五"末期的2.8倍，而社会消费品零售总额则为"九五"期末的23倍！

"大拖"是执行铁西区"东拆西建"政策的第一家企业——将铁西区和沈阳经济技术开发区合署办公组建铁西新区，把工厂整体从市区搬迁至开发区。"东拆西建"给了铁西区重整工业结构和布局的机会，也让不少企业起死回生。沈阳热工仪表厂人数从2 800人减到68人，产值却没减少。盛国海如今工作的车间是亚洲最大的装配车间，有了稳定的收入，他"心情特别好"！

铁西区的面貌也焕然一新，实现了广泛而深远的变革。工人新村社区书记贾东告诉记者，以前棚户区里几家人合用一个厨房和卫生间，房不像房，路不像路，"住在里面人也不精神"。棚户区之外也好不到哪里去，过去沈阳人不愿住在铁西。

结合"东拆西建"，铁西区实施了大规模的环境治理改造，改变城区单纯的生产性功能，向宜居型转变：110家工业企业搬迁至开发区，集中连片的棚户区被彻底消灭，取而代之的是一片片亮丽的新居和大型商贸流通企业；上千根烟囱被拆掉，建成绿地和休闲公园，铁西的绿化覆盖率达到37.5%。"建设铁西新区，回报工人阶级"，这个温暖人心的口号背后，是铁西区50条社会救助措施的出台，是公共财政向低收入群体的倾斜。

（徐元锋《他们眼中的"铁西之变"》，《人民日报》2006年2月22日，有删节）

沈阳积极营造投资、创业和发展的良好环境。沈阳市对千余项行政审批事项先后进行了四轮大清理，超过四分之三的事项都被清除；为了有效盘活存量资产，沈阳通过引入市场机制推动资源向资本转化，并建立和完善土地收购储备制度。沈阳紧紧抓住国际产业转移的重要机遇，以韩国、日本等国家和地区为招商引资的重点，精心打造"韩国周"、国际装备制造业博览会等大型经贸引资平台，集中发展汽车、装备制造、电子信息等五大支柱产业，探索以项目聚集资金、以资本链带动产业链的路子。沈阳集中建设以发展高新技术产业为主的浑南新区、以发展装备制造及汽车产业为主的铁西新区和农业高新区等，这些产业基础较为雄厚、优势项目多、发展潜力大的区域，吸引着越来越多的国内外客商前来投资。

　　在振兴东北老工业基地的过程中，沈阳铁西区探索出"壮二活三"（壮大第二产业，搞活第三产业）的新路。一方面，将一大批国有企业从铁西区搬迁到经济技术开发区，将置换下来的土地资金用于企业转制和更新改造；另一方面，在铁西老城区集中发展第三产业。昔日密集的企业群不见了，取而代之的是一排排宝马、东风、别克、本田等品牌汽车的4S店。以现代物流为特征的具有综合性功能的商贸服务区初步显现。铁西区已发展成为既体现了现代装备制造业基地特征，又有研发创新功能、流通集散功能和生活服务功能的综合性新区。

　　2010年，沈阳经济区成为国务院批准设立的国家综合配套改革试验区。这是国内唯一一个以新型工业化为主要内容的试验区。此前，沈阳经济区内的8个城市，已就一体化、同城化，进行了一系列探索：沈阳、抚顺、铁岭统一电话区号，建设沈阳至周边7个城市1小时交通圈，鞍山等6城市医疗保险实行"一卡通"，经济区8城市住房公积金可以跨地区使用，等等。在此基础上，在教育方面，沈阳经济区从2012年起试行跨市招生；组建装备制造、医药化工、信息技术、交通运输等覆盖沈阳经济区重点发展产业的职业教育职教集团。就业方面，沈阳经济区搭建统一共享的就业信息发布平台，将经济区内各市的岗位信息进行汇总和分类，建立经济区就业岗位信息动态资源库。除此之外，经济区内的城市还共同推出了一批不同主题、富有特色的旅游线路，联手开展宣传促销，联办和组团参加旅游展会，挖掘共同的客源市场。

　　如今，东北振兴的领头雁沈阳再拾闯关东精神，在大众创业、万众创新中寻求砥砺前行的动力。沈阳加大投入扶持科技型企业，IC装备、生物制药、航空航天等创新经济成为沈阳振兴的新动能，优势产业装备制造业也进入了高端化、智能化、服务化的发展趋势；创意产业沈阳迎头赶上，在科技与文化、艺术的融合上找到方向；沈阳积极打造各种创客基地、创业孵化器，老工业基地正走出一批批的新创客。创新改革成为沈阳振兴发展的原动力。

（二）治理的故事

在工业振兴的同时，沈阳也从未停止过对民生问题的关心。21 世纪来，沈阳在公共行政方面也大胆改革，使办公效率大幅提升，成本大幅降低。沈阳税务部门推行改革，企业和群众到政府办事"最多跑一次"；信访局建立两级信访大厅，组建网站、微博、视频接访系统等，利用科技手段让百姓足不出户即可反映问题。

沈阳市政协，是沈阳全局工作中一道亮丽的风景。按一般说法，政协联系的是各界的"精英人士"，在百姓中鲜为人知。而在沈阳，政协却几乎家喻户晓，连出租车司机聊起"政协"都能眉飞色舞地说上几句。这里几乎天天有人找上门来，建言献策，求助解忧，表扬致谢。

在畅通困难群体诉求渠道方面，沈阳市政协创造了两个"面对面"的沟通方式，即要求机关干部和委员带着感情、责任、使命"沉下去"，与百姓"面对面"倾听和交流。带着民意、呼声、建议"浮上来"，与政府"面对面"沟通，反映真实情况，推动群众最忧最难问题的解决。他们与《沈阳日报》、沈阳电台等媒体合作，参与"连心桥"等为民栏目，由政协领导直接接听群众热线电话，第一时间倾听民情；2004 年与铁西区、大东区政协联合，在政协委员所在社区设置了"委员信箱"，受到社区群众的热烈欢迎，3 个月内收到社区群众来信 270 余封。目前，全市有 8 个区共设委员信箱 213 个，参与这项工作的市区两级政协委员有450 多名，向各级党政部门反映社情民意信息 1 100 余条，为群众办实事730 余件，直接受益群众有 15 000 多户。

为困难群体多做实事，为政府工作拾遗补阙。市政协领导在一次走访困难群众时，一位老人讲到，别人过春节看春节晚会，自己家没电视，爷爷含着泪给孙子讲故事度长夜。震惊之余，沈阳市政协与民政部门一起做了一个调查,发现城区还有0.35%的家庭没有电视,于是联合5个城区政协,募集资金350多万元,为4 467户没有电视机的低保家庭,每户捐赠一台21英寸的彩色电视机。之后,沈阳市委、市政府又筹措1 700多万元,解决了其他8个区、县(市)农村2万多户困难群众看不上电视的问题。目前,沈阳市政协对群众的信访办结率达84%,群众满意率为100%。

沈阳市政协的两个"面对面"和倾心为困难群体办实事,融洽了困难群体与政府的关系,促进了稳定与和谐,政府部门赞扬说"是政协给他们与群众之间搭了个好桥"。

(郑有义《地方政协魅力四射——新时期政协工作的"沈阳现象"》,《人民日报》2005年9月9日,有删节)

近年来,沈阳在改善百姓体验感、提升百姓幸福感的同时,着力打造"智慧城市",通过大数据等手段让政府公共治理逐渐智能化,从而提高政务效率,为群体提供优质便捷的公共服务。

除了公共治理,沈阳在生态治理上做了很多的工作。作为我国的老工业基地,沈阳曾以"烟囱林立"为豪。然而,如何解决工业发展给城市带来的严重污染,一直是沈阳市致力解决的问题。在经济转型的同时,加强城市绿化、道路改造和环境整治作为"重头戏",摆上了这座城市的议事日程。2003年,在《沈阳老工业基地调整改造与全面振兴纲要》中,沈阳明确提出把振兴之路确定为走新型工业化道路,以改善环境为突破口,促进沈阳老工业基地的全面振兴。这个自然条件并不占优、以工业为经济命脉的城市,污染重镇的"帽子"一直戴在头上,甚至一度被列入"世界十大污染城市"的黑名单。沈阳正是从自己的弱势中寻找发展方向,理顺了环境保护和经济发展的关系,逐步走上了科学发展之路。

调整传统工业结构,是沈阳改善环境的第一步。过去,沈阳的工业布局混乱,污染源多,没有形成统一的发展空间和发展规模。为此,沈阳市对老工业区进行了大规模改造。沈阳关停搬迁了500多家落后企业,合并、重组、改造了300多家企业,工业由原先的金属冶炼、石油加工、炼焦、化学原料及制品等重工业转变为汽车及零部件、装备制造、电子信息、医疗器械及制药等产业。以铁西区发展先进装备制造业,大东区发展汽车产业带,浑南新区发展高新技术业等为标志,带动了周边地区工业格局的重整。

沈阳坚持从长远发展着眼,完善城市基础设施,强化环境综合整治,为城市未来的发展奠定基础。在水环境上,对城市母亲河浑河进行大规模的治理,把过去污染发臭的浑河和蒲河改成生态环保、适于居民居住和生活的景观河。

出沈阳城区向北七八公里,就是蜿蜒美丽的蒲河。宽阔的蒲河,犹如一条金色的玉带,串起沈阳北部的一座座小镇、一个个社区。

蒲河,这条昔日污染严重,曾被戏称"沈阳龙须沟"的臭水沟,如今全线告别劣五类,水质稳定在四类。蒲河生态廊道初步实现"水清、岸绿、路通、景美、河清、宜居",正成为沈阳北部的生态带、景观带、城镇带以及新的经济增长带。

20世纪80年代,乡镇企业发展起来,两岸建起了上百家企业,小化工厂、电镀厂、造纸厂星罗棋布,无一有污水处理设施。除了工厂,两岸河滩上还遍布数不清的养殖场,这些养殖场的排泄沟与河道相通,粪便、废水直接排河里。河水很快变黑变臭,不要说鱼鸟,人经过都捂着鼻子。直到七八年前,蒲河还是一条"臭名远扬"的污水沟。

2009年,沈阳市委市政府作出决策:集中全市力量,用3年左右时间,集中改造蒲河、治理蒲河、开发蒲河,把这条"龙须沟"、臭水河,改成生态环保、为民造福、适于居民居住和生活的景观河,建成环境优美的生态绿带。

蒲河承接了沿线众多企业排放的污水及生活污水,必须截断这些污水。沈阳在蒲河沿线新规划建设了17座污水处理厂,铺设污水管网350公里,治理关停污染企业136家。

3年时间里,沈阳把治理蒲河作为一号民生工程。市委书记、市长隔一阵就去现场检查;对位于各区县的干、支流辖区段水污染治理工作实行"河长制",对治污工程实施项目实名负责制,将相关地区的行政一把手作为"河长"和第一责任人,把治污工作的完成情况纳入绩效考核体系;流经区县也使出浑身解数,努力实现蒲河大变样。

沈北新区把蒲河的治理改造作为重大民生工程,按近水、亲水、娱乐、休闲的原则,沿河重点实施文化休闲广场、滨河景观路、滨水栈道等文化休闲设施建设工程,建了塑胶跑道、景观休闲路、石板散步道,提升了蒲河生态廊道的文化休闲功能。这些地方成为市民休闲旅游的好去处。

(何勇《沈阳蒲河:从"龙须沟"到亲水河》,《人民日报》2015年12月12日,有删节)

在大气环境治理上,落实辖区大气环境质量负责制和"环保片警"制,开展了大规模的拆烟囱、防扬尘、治尾气、扩热源五大治理工程,启动预警预报系统和高空电子眼监控系统。沈阳大力推广环保达标煤,对市内使用煤的含硫量、含灰量进行管制。针对扬尘污染,沈阳市在全市范围内开展了绿色防尘覆盖工程,凡露天堆放的煤堆、渣堆、灰堆等散状物料,包括尚未开工的建筑、拆迁工地等,都盖上绿色防尘网,并经常进行洒水保湿。针对汽车尾气污染,沈阳市对全市车辆排气情况进行检查整治。

由环境改善吸引来的资金既推动了沈阳经济的增长,也大量注入了城市开发建设,进一步改善了环境,形成了良性循环。2004年,沈阳市被国家林业局授予"国家森林城市"称号,从而使沈阳成为我国北方第一个获此殊荣的城市;2009年,沈阳被列为联合国生态城示范项目,项目主题是创建以"零排放"为目标的生态城。这是对沈阳重视城市森林建设与城市生态治理的极大肯定。

四、 本节小结 ▶▶

在新型城镇化背景下,沈阳需要丰富城市内涵、提升城市品位和旅游形象。打造具有特色的地方文化和鲜明的地方形象,发挥区域辐射能力,吸引外来的优秀人才和资金;打造以人为本的城市文化环境,培育形成独特的历史文化氛围。如此,政府、企业以及其他民间力量对外经济、文化的交流也越来越频繁,这为沈阳向海内外推广更多具有鲜明城市特色的文化产品与文化记忆创造了众多良好的机会。这就需要在加强政府间文化交流与合作的同时,还需要灵活运用好对外宣传的契机,传播城市品牌,从而提升沈阳的城市整体形象。

第五章

中国特色城市形象发展40年

当城市被媒体贴上了一定的标签后，往往会更倾向于报道与该特色标签相符的活动或事件。在中国，也存在着这样的特色城市，如"小商品贸易之城"的义乌、"资源型城市"鄂尔多斯等。在对特色城市的报道上，其内容具有明显的主题性，因而其城市形象更多以单维度的方式被呈现。

第一节　义乌40年：走向世界的 小商品贸易之城

义乌市位于中国浙江省金华市中部，是中国经济较为发达的县市之一。义乌拥有闻名遐迩的小商品市场，其市场的规模和成交量均居中国各专业市场之首，是世界上最大的小商品集散地。40年前，义乌还是一个人多地少、资源贫乏的农业小县；而如今，义乌已经成为建成区面积已超过50平方公里、有着浓郁国际化气息的现代商贸城市。可以说，义乌是中国改革开放进程的缩影，更是中国融入全球化、影响全世界的缩影。

义乌历史悠久，借助义乌江外埠通商条件，商埠文化形成并壮大，游走于乡间的挑担货郎、鸡毛换糖的趣闻轶事奠定了义乌"儒商并重，义利并存"的商贸文化基础（李霞、单彦名、安艺，2014）。到了清朝，许多义乌人身背货担，手摇拨浪鼓，用本地土产红糖制成糖块，走街串巷换回鸡毛做掸帚。"鸡毛换糖"是当地人安身立命的一项重要副业，到近代又演变成各种小商品的交换，这样的传统也成为义乌小商品市场崛起的历史渊源。

改革开放以来，在市场取向的大潮中，义乌实施"兴商建市"战略，逐步形成了市场经济发展的"义乌模式"。如今，商贸业已经成为义乌城市发展的最大动力，直接推动着义乌经济、社会以及城市空间形态的发展。在义乌举办的小商品博览会已成为广交会、华交会之后国内第三大贸易类展会。

基于此，本研究运用《人民日报》图文数据库（1946—2018），通过关键词搜索得到1978年1月1日至2017年12月31日涉及义乌的报道共213篇，分析这些报道的基本特征，并从关键词、重大事件、"三力"（吸引力、创造力、竞争力）等分析框架进行内容分析，从而能较为客观、准确地描述义乌在国内权威媒体中的城市形象的基本特征和变化趋势。

一、总体综述 ▶▶

本研究以《人民日报》涉及义乌的报道时间为参考轴，从篇幅、报道向度、报道是否涉外等方面对报道进行描述，以勾勒出这些报道的基本特征。

（一）《人民日报》涉及义乌报道的时间分布

分析《人民日报》1978—2017年关于义乌的报道数量，如图5-1所示，我们可以大致划分出改革开放40年来这座城市发展的四个阶段：第一个阶段是1978年到1991年，这一阶段是义乌小商品市场起步以及初步发展的阶段，在经商政策尚没有十分明确的情况下，农民以及小商贩摆起地摊贩卖商品，从最初的"马路市场"演变到有遮雨棚的"草帽市场"，再到有固定摊位的小商品市场的发展阶段；1992年，义乌第四代小商品市场第一期工程建成，其商品流通范围扩展至全国，义乌小商品市场也被国家工商局命名为"中国小商品城"；21世纪初，经历了第一代马路市场、第二和第三代棚架集贸市场、第四代大型室内柜台式市场之后，中国义乌国际商贸城一区市场作为第五代的专业商贸市场，于2001年10月奠基；自开业以来，实现了由传统贸易向以商品展示、洽谈、接单和电子商务为主的现代化经营方式的转变，由此，国际贸易量逐渐超过国内贸易量；同时，也实现了市场硬件的智能化，义乌商贸城也被省工商局授予全省首个"五星级市场"称号。到了2011年，中国第十个综合配套改革试验区在义乌全面启动，这是全国首个由国务院批准的县级市综合改革试点，重点探索建立新型贸易方式、优化出口商品结构等，义乌是我国最大的小商品出口基地和重要的国际贸易窗口。

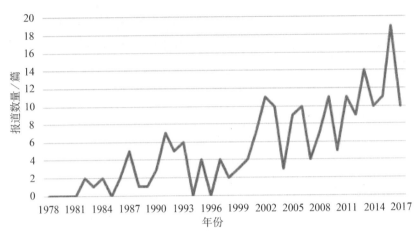

图5-1　1978—2017年《人民日报》涉及义乌的报道数量分布

使用方差分析发现,$F(3,36)=32.555,p=0.000$。Tukey的事后检验程序表明,第一阶段的报道量($M=1.31,SD=1.494$)与第三阶段($M=7.70,SD=2.946$)、第四阶段($M=12.00,SD=3.464$)的报道量有显著差异;第二阶段的报道量($M=3.50,SD=2.321$)也与第三阶段、第四阶段的报道量有显著差异;第三阶段与第四阶段的报道量有显著差异。换言之,除了第一阶段与第二阶段的报道量没有显著差异之外,其他阶段的报道量两两比较,都有显著差异。

(二)《人民日报》涉及义乌报道的篇幅变化趋势

探究不同时间段变量与篇幅长度变量的交互影响,卡方检验显示,不同时间段的报道篇幅差异并不显著($\chi^2=5.346,p=0.500$),反映出各个时间段对于义乌的报道,在篇幅上占比没有太大的变化。同时,研究图片的出现频率和报道时间段的交互影响,卡方检验显示,不同时间段的差异十分显著($\chi^2=49.455,p=0.000$),中后期对于义乌的图片报道显著增加,到了2010年后的时间段,图片报道超过了该时间段全部报道的半数。说明随着义乌发展得越来越好,对于这座城市的报道更多采用图文并茂的形式,也更直观地呈现了这座城市的形象。

(三)《人民日报》涉及义乌的涉外报道变化趋势

分析《人民日报》关于义乌的报道是否涉外与报道时间段的交互关系,

卡方检验显示,不同时间段的差异显著(χ^2=28.648,p=0.000)。和图片报道类似,早期关于义乌的涉外报道几乎没有,但是从21世纪开始,其涉外报道迅速增加,2010年后涉外报道的比重也接近一半,表明自从21世纪之后,城市的国际性和开放性大大增强。

(四)《人民日报》涉及义乌报道的向度变化趋势

从报道的向度来看,《人民日报》涉及义乌的报道中,正面报道占62.0%,中性报道占37.1%,负面报道占0.9%。卡方检验显示,不同时间段的报道向度呈现并没有显著差异(χ^2=6.536,p=0.366)。对于特色城市而言,本身涉及的报道就不多,且大多数是正面或者中性报道,负面报道非常少,而且随着时间推移,报道向度并没有明显变化。

二、《人民日报》对义乌的报道内容趋势分析 ▷▷

对《人民日报》涉及义乌的报道进行进一步的内容分析,遵循上述的时间段划分,将义乌的发展大致分为四个阶段:① 1978—1991年,改革开放伊始,义乌小商品市场起步以及初步发展阶段;② 1992—2000年,义乌第四代小商品市场第一期工程建成的"中国小商品城"阶段;③ 2001—2010年,中国义乌国际商贸城建成后的发展阶段;④ 2010—2017年,义乌启动综合配套改革试验区的新发展阶段。不同阶段的报道有如下特点:

(1)按报道主题进行分析,卡方检验显示,不同时间段的报道主题差异显著(χ^2=28.024,p=0.005)。作为小商品贸易之城,经济类的报道毫无疑问在所有时间段都占据主导地位,而政治类的报道在20世纪末经历了一个小小的上升之后,总体呈现下降趋势;与之相反,社会民生的报道却有所增加,一方面反映出在义乌的发展过程中更多的是经济主导而非政治主导;另一方面说明和几乎所有超级城市和省会级中心城市一样,义乌的社会民生问题也逐渐显露,体现出随着时间推移,官方媒体关注的重点正在整体性地发生变化(见表5-1)。

表5-1　1978—2017年《人民日报》义乌报道主题占比情况

时间段＼报道量占比（%）	政　治	经　济	文　化	社会民生	其　他
1978—1991年	35.3	41.2	11.8	11.8	0
1992—2000年	45.7	45.7	5.7	2.9	0
2001—2010年	23.4	45.5	7.8	20.8	2.6
2011—2017年	9.5	66.7	6.0	16.7	1.2

（2）分析不同时间段的报道对象占比，卡方检验显示，不同时间段所报道的对象差异十分显著（χ^2=39.270，p=0.001）。早期义乌的报道对象还是以政府为主，中后期政府的比重下降，而企业的比重不断上升。与之前的主题类似，这反映出官方媒体在报道过程中的"视角变化"。早期主要从政府的宏观角度，全面地看待并呈现一个城市的各方面；中后期，官方媒体更多的是"以小见大"，从一个个具体的企业或者单位去反映城市的形象，这一点在对义乌的报道中表现得最为典型（见表5-2）。

表5-2　1978—2017年《人民日报》义乌报道对象占比情况

时间段＼报道量占比（%）	政　府	企　业	事业单位	民　众	环　境	其　他
1978—1991年	52.9	5.9	0	35.3	0	5.9
1992—2000年	57.1	14.3	2.9	2.9	0	22.9
2001—2010年	31.2	26.0	10.4	11.7	0	20.8
2011—2017年	25.0	32.1	16.7	8.3	2.4	15.5

（3）分析不同时间段对产业的报道占比，卡方检验显示，不同时间段所报道的产业差异十分显著（χ^2=74.205，p=0.000）。早先义乌从事商业经营活动的都是农民，涉及义乌产业的报道大多在一产或三产；在商贸发展到一定程度后，义乌为了支撑商业的发展，开始围绕小商品建立工厂，第二产业

由此发展起来；随着时间的推移，义乌的小商品贸易越做越大，涉及义乌的报道大部分都是正面评价这座城市的商业发展，因此第三产业的占比不断增加，甚至超过了同期其他类型报道总和的一倍，由此从产业报道占比的变化中可见，这个城市的特色显示得更加充分（见表5-3）。

表5-3 1978—2017年《人民日报》义乌报道产业占比情况

报道量占比（％） 时间段	不涉及产业	第一产业	第二产业	第三产业
1978—1991年	70.6	11.8	0	17.6
1992—2000年	68.6	0	2.9	28.6
2001—2010年	58.4	2.6	0	39.0
2011—2017年	23.8	0	7.1	69.0

（4）从关键词分析，卡方检验显示，不同时期关于义乌的报道关键词差异十分显著（$\chi^2=27.861$，$p=0.006$）。我们可以发现，和义乌本身的报道主题与对象类似，发展的问题几乎贯穿其整个改革开放历程，因而以"发展"为关键词的报道始终占据关键词比重的最大份额；变化比较明显的是"开放"，尤其在21世纪之后，其占比迅速增长，结合中国加入世界贸易组织的客观事实，反映出义乌从21世纪开始，贸易的国际化程度显著提高，一方面是将外资、外籍人口"引进来"；另一方面是义乌人以及他们的商品"走出去"，再加上以义乌国际小商品博览会为代表的一系列国际化的会展，都使得这座城市的开放性被更多地呈现出来（见表5-4）。

表5-4 1978—2017年《人民日报》义乌报道关键词占比情况

报道量占比（％） 时间段	改 革	开 放	创 新	发 展	治 理
1978—1991年	11.8	5.9	0	58.8	23.5
1992—2000年	0	2.9	0	77.1	20.0

（续表）

时间段＼报道量占比（%）	改 革	开 放	创 新	发 展	治 理
2001—2010年	3.9	16.9	3.9	55.8	19.5
2011—2017年	13.1	27.4	4.8	41.7	13.1

（5）分析时间段和"三力"之间的交互影响，卡方检验显示，不同时间段对"三力"的关注程度的差异不显著（$\chi^2=11.088$，$p=0.086$）。总体来看，虽然对义乌的报道也呈现出和部分省会级中心城市一样的特征，即有关吸引力的报道的占比随时间的推移逐渐增大，竞争力报道的占比变小，但是不同时间段，变化并不显著（见表5-5）。

表5-5　1978—2017年《人民日报》义乌报道"三力"占比情况

时间段＼报道量占比（%）	吸 引 力	创 造 力	竞 争 力
1978—1991年	23.5	0	76.5
1992—2000年	31.4	0	68.6
2001—2010年	50.6	2.6	46.8
2011—2017年	51.2	3.6	45.2

三、 媒介中呈现的义乌城市形象变迁 ▷▷

改革开放初期，对于经商挣钱，投机倒把，农民集市是不是"资本主义尾巴"，好多人仍是谈"虎"色变。然而，或许是义乌人血脉中就有着经商的基因，在当时许多农民还对商海持观望态度的时候，义乌的农民首先开始经商，他们经商的方式也非常朴素，就是在县前街宅基空地歇担设摊，坐地经商；销售的东西也非常有限，都是一些小百货和本地家庭生产的板刷、鸡毛掸等日用品。

原先，义乌工商部门对于这些小商品买卖，采取堵、卡、管、禁的措施，农民和小商贩们做生意只能东躲西藏，白天不让干，他们就晚上干；这个村不让干，就再找另一个村，这样做生意堪比是逃难。1982年，义乌根据商品经济的发展要求，提出允许农民弃农经商，允许长途贩运，允许开放城乡市场，允许多渠道竞争；同时，义乌纠正了20多起错判的经济案件，沿街还搭起了一个简陋的市场。这"四个允许"让义乌的经营活动不再陷入"投机倒把""资本主义尾巴"这些无谓的争论中。从此，义乌小商品买卖便似雨后春笋，一发而不可收。此后不久，义乌建造起一个占地220亩的摊棚式市场，市场内部设有餐厅、招待所、小卖部、物品寄存、银行等一系列配套服务设施，从而疏通和开拓了城乡之间、沿海经济发达地区和内地部分不发达地区的商品流通渠道。1984年，义乌又提出"兴商建县"的战略口号，促进民间市场的发展，在工商、税收、法制建设等方面创造良好环境，并在信贷和非农产业开发等方面给予积极支持。义乌农业银行率先在小商品市场设立储蓄所，开始了专门面向市场的服务，为雏形时期的小商品市场提供了必要的信贷支持和结算服务。

在义乌，自由竞争的市场经济原则体现得淋漓尽致。

市场才办三年，当地的国营合作商业首先受到冲击，生意跑掉了一半。于是义乌供销社办起了服装厂，试图与小商品市场的个体户争高低。不料，在划一的竞争规则面前，市场不留情，因经营机制没转变，信息不灵，掉头不快，服装款式太陈旧，初试锋芒便遭败绩，十几家厂只得先后关门倒闭。

市场面前人人平等，要生存，国营和合作商业只得彻底放下架子，租了个摊位，与个体户面对面竞争，结果一个月就推销了500箱绣花枕套，超过整个公司一年的销量。尝到了甜头，1990年底，供销社索性成立起"义乌小商品批发公司"，为全国各地来此进货的客户提供发票、结算、仓储、运输等系列服务，只一年，这个仅40余人的小企业，销售额便达4 000多万元，同时还在全国建立了18个小商品批发分公司。目前，全国已有5 000多家国营工厂在市场设立了代销点。小商品市场再也不是个体户一统天下了。在义乌小商品市场，经营同一类商品的往往有几千个摊位、上千人，竞争激烈。管理处也将同类商品划行归市，集中在一起，既方便客户，又利于相互竞价，客户可以货比三家。

（张豪《中国第一集市——义乌小商品市场十年发展启示》，《人民日报》1992年6月10日，有删节）

义乌注重市场规则的建设，使进场的各地不同商贩在同一规则下公平竞争。义乌通过建立健全各项制度，从市场交易、卫生、治安、车辆管理等各个方面，依靠规则实行综合治理。对于市场管理，义乌市采取的是小政府、大服务的管理方式。政府部门的直接管理也寓于服务之中。工商部门在市场内建立了市场劳动服务公司、信息中心等，并通过举办各种培训班和讲座不断提高经营户的业务技术水平和质量意识；不仅如此，还举办了海外产品展示会，为个体户提供国际市场的小百货行情，开展信息咨询，扩大经营业务。到过义乌的商贩都对这里完善的服务体系和流程连连称赞。

之后短短几年，义乌小商品市场四易其址，六次扩建。到了1992年，义乌建成了第四代市场，已成为国内屈指可数的现代化、商业性的大型专业市场。第四代市场新增了7 000多个摊位，场内工商、税务、金融、公安、邮电、托运、饭店等管理和服务机构一应俱全。在立足本地市场的同时，义乌小商品市场还努力辐射全国，走向世界。仅义乌市场管理处就组织了上万名个体工商户到上海、江苏、湖南、四川、西藏等省、自治区、直辖市经营小商品，并在北京、乌鲁木齐等市建立了中国小商品城的分支机构，还直接与外商交易，服装、鞋帽、工艺品等特色商品先后打入尼泊尔、不丹、锡金、缅甸、越南、俄罗斯等国市场，以其价廉物美赢得了国际市场的赞誉。

中国小商品城的活跃带动了整个义乌经济的兴旺，使义乌经济走上了以市场为导向、贸工农结合、城乡一体化兴商建市的道路。为改变工业基础薄的情况，义乌创建了经济开发区；在引进了许多工业企业的同时，也鼓励义乌人自己办企业。经济开发区的建立和发展，改变了义乌人经商观念的单一模式，办实业成为义乌人新的创业机遇。许多原本用于商业的资本转入到工业领域，这些资本培育起了服装、针织等优势产业。一方面，一家家乡镇企业、股份制企业和个体私营企业依托市场发展，与市场形成了一个环环相扣的产业链。另一方面，义乌一些精明能干的农民，开始时靠做小买卖富裕起来，积累了一定资本之后，重新转向了农业，重返田野，争当农场主。他们有的由小商品摊主发展成了"鸭司令""鸡大王"，有的成了"虾将军"，成了带领千家万户农民闯市场的好龙头。

21世纪以来，乘着中国加入世贸组织的东风，义乌的国际氛围日渐浓厚。完备的现代物流、电子商务、会展经济体系，配上新颖大气的义乌国际商贸城，越来越多的境外客商也被它的独特魅力深深吸引，无论从经营规模还是硬件条件来讲，这里都可堪称全国乃至全球最大的小商品采购基地，成为名副其实的"世界超市"。商品性价比高、商务成本低、采购效率高，构成了义乌小商品市场强大的生命力和国际竞争力。

　　商城里，一群群外商穿梭往来，或忙着采购商品，或打着手势与摊主讨价还价；大街上，英文、朝鲜文、阿拉伯文……各式外文招牌夺人眼目，韩国料理店、美式快餐厅、阿拉伯清真饭店……各类外国店铺星罗棋布；而中国小商品城周边的货运场点，大型国际集装箱每天都排成一列列长队，成千上万的小商品从这里浩浩荡荡地流向世界五大洲。

　　小商品市场的迅速崛起和持续繁荣，使昔日名不见经传的义乌成了世界各国商人的聚焦点。仅今年1月至8月，前来义乌采购商品的外商就达18 700多人次，比上年同期增长了58.6%。

　　义乌敞开胸怀，精心筑巢，大力优化经济发展的硬环境：每年投入资金近百亿元，强化城市基础设施建设，国际商贸城等一大批重点工程相继建成或正在建设；着力提高市民素质，大力创建文明城市，使城市面貌焕然一新……在优化硬环境的同时，义乌更注重软环境的建设。义乌市委、市政府明确提出："按照国际化要求，建设服务型、效能型政府。""三级联动"的365便民服务体系建立起来了，涉外服务中心成立了，"信用工程"启动了……

　　栽桐凤来，亲商商兴。世界各国的采购商、投资者纷纷飞越重洋，涉足义乌，在这里构筑起一道道独特的异域风光。欧洲嘉世集团总裁、意大利客商佛朗契斯克来了,在义乌设立了嘉世集团办事处。他说:"我不但要尽自己最大的努力,架起义乌小商品通往欧洲市场的桥梁,而且还要在义乌投资办实业。"韩国商人文日成来了,不仅在义乌安下了家,还当起了"第二故乡"的"义务宣传员"。如今,每天在义乌市场采购的韩国商人就达1 000多人。已连续举办七届的中国小商品博览会,更成为外商云集义乌会朋聚友的盛大节日。今年10月22日至26日将举行的中国义乌国际小商品博览会,经国务院批准,升格为由国家外经贸部和浙江省政府联合主办的国际性展会,将有更多的外宾、外商前来参加。

鉴于我国加入世界贸易组织以后的新形势,义乌确立了新的目标:与世界接轨,建设国际性商贸城市。建设国际性商贸城市的宏伟目标,极大地激发了义乌干部群众的干劲和创新精神。围绕这一目标,全市上下唱起了连台的好戏:投资、开发建设面积达20平方公里的"中国义乌国际商贸城","贸工联动、外贸拉动、名牌带动、群众推动、政府促动""五动"并举,把义乌市场建成交易成本最低、信用最好的国际性小商品集散中心。统一规划小商品加工园区和外商投资园区,开辟专业工业园区,把义乌建成国际性小商品制造中心。进一步加强交通枢纽建设,加快城乡一体化进程,着力推进城市国际化。永不满足的义乌人也开始从新世纪的战略高度重新审视自己,"全民学习、终身学习"的理念日益深入人心,全市掀起了创建"学习型城市"的热潮。学英语、学电脑、学外贸知识成了义乌夜晚一道亮丽的风景。

建设国际性商贸城市的蓝图,正在义乌人阔步走向世界的过程中变成现实。

(杜飞进《阔步走向世界——浙江省义乌市加快建设商贸城市纪实》,《人民日报》2002年10月7日,有删节)

义乌中国小商品市场5万多个商位中,六成的销售额来自外销,产品出口到206个国家和地区,小商品出口正快速增长;外商直接采购销售的比重一路上升。不仅如此,义乌一方面强化城市基础设施建设,另一方面积极建设便民服务体系以及涉外服务中心,打造优质的硬环境和出色的软环境,令世界各国的采购商、投资者纷纷飞越重洋，不远万里来到义乌。联合国难民署在市场设立了采购信息中心，韩国商品馆、香港商品馆也相继在义乌国际商贸城开馆；有的外国人到义乌来参观游览，一看这里繁荣的市场，回去立马辞掉了工作，来到义乌做起了跨国生意；在义乌，已连续举办多届的中国小商品博览会，于2002年升格为由国家外经贸部和浙江省政府联合主办的国际性展会，成为外商云集义乌会朋聚友的盛大节日。这些无不反映出义乌市场的集聚效应已不仅仅限于中国，小商品"全球买、全球卖"的格局初步形成。

不仅如此，在政府的政策支持和鼓励下，义乌人大举挺进海外，参与国际竞争和合作。义乌中国小商品城在三大洲的5个国家开办了分市场，常年在国外经商的义乌人已有数万人。义乌还通过多种形式扩大出口，引导企业在巩固传统市场的同时，不断开拓非洲、拉美等新兴市场，对在境外开设营销网络、参加境外展会、注册国际商标的企业给予奖励。2008年，国际金融危机造成国际消费市场对高档商品需求的下降，以质优价廉为特色的义乌小商品赢得了更广阔的市场空间；金融危机造成全球资产大幅贬值，为义乌企业"走出去"拓展市场、收购兼并创造了有利条件。但与此同时，越来越多的义乌企业意识到，模仿和低价竞争的商业策略总会走到尽头，创新驱动、科技竞争才能长远发展。因此，许多企业加快新产品开发，开拓新的营销渠道，从提升小商品的高科技含量入手，打造品牌，做出高附加值。义乌人不断推动产品市场升级，全面提升外贸方式的做法，使得他们在危机时期仍能保持竞争力，商品出口不降反增。

义乌市国际贸易综合改革试点全面启动后，政府加快步伐改革监管方式，商检、海关等部门为义乌量身定制了很多方便易行的做法。在新一轮的跨境电商大潮中，相关部门提高跨境电商物流时效，进一步为义乌的外贸出口"保驾护航"。如今，义乌正在崛起成为全球瞩目的"世界电商之都"。在"一带一路"倡议的带动下，东西方小商品贸易最繁忙的义乌，已然成为丝路经济带中的一个龙头，成为新丝绸之路的起点。2014年，首趟"义新欧"国际班列全线正式开通。这条连接中国与西班牙的铁路，是世界上最长的货运火车路线。"义新欧"班列从义乌出发，沿着"丝绸之路"直奔新疆阿拉山口边境口岸，连接亚洲与欧洲，已经成为义乌"走出去"和"引进来"的重要通道。

四、 本节小结 ▷▷

深厚的商业传统为义乌城市形象的媒介识别框出了大致的轮廓与方向。一件件富有中国特色、蕴含中国精神的小商品带着"中国梦",进入海内外普通百姓家中,传播着中华文明、传统美德。从最初的"鸡毛换糖"到如今的世界级的小商品城,其中不变的是义乌人民的奋斗精神,正是这种精神塑造了城市的气质,成为义乌的文化向心力。在塑造世界小商品贸易城的形象的同时,义乌也应重视对城市历史文化遗产的保护和利用,充分开发颜乌故里、二乔故里、骆宾王墓、容安古堂等文化资源,挖掘其中的历史内涵,使其能够传达并保存人类共同的文化记忆,实现城市历史文化遗存与设计艺术的结合,从而更好地丰富义乌城市形象的内涵。

第二节 三亚40年:从旅游之都
走向休闲与置业的家园

三亚,古称崖州,是海南省下辖的地级市,位于海南岛的最南端。三亚地处热带海滨,北靠高山,南临大海,气候四季无冬,阳光充足,热带植被别具风姿;三亚的海岸具有湾长、沙白、滩宽、水蓝、气清等特点,沿岸还分布天涯海角、大小洞天、亚龙飞来石等礁岩景区,是游览、度假、休闲、避寒、水上活动的胜地。

改革开放以来,国家加快海南岛的开发建设,1988年海南建省,三亚以旅游业为主导,城市开发建设全面展开。如今,三亚是中国热带滨海度假旅游资源最丰富、最密集、最完整、最自然的地区,被世界旅游组织官员评价为"世界上最有希望的旅游目的地"。

基于此,本研究运用《人民日报》图文数据库(1946—2018),通过关键词搜索得到1978年1月1日至2017年12月31日涉及三亚的报道共301篇,分析这些报道的基本特征,并从关键词、重大事件、"三力"(吸引力、创造力、竞争力)等分析框架进行内容分析,从而能较为客观、准确地描述三亚在国内权威媒体中的城市形象的基本特征和变化趋势。

一、总体综述 ▶▷

本研究以《人民日报》涉及三亚的报道时间为参考轴,从篇幅、报道向度、报道是否涉外等方面对报道进行描述,以勾勒出这些报道的基本特征。

(一)《人民日报》涉及三亚报道的时间分布

1983年,国务院批准三亚港为对外开放口岸,并且开辟三亚至香港的海上客运航线,三亚港口空前繁忙。三亚也逐渐进入官方媒体的视野。1987年底,三亚地级市正式成立;1988年,海南省政府以发文通知的形式,明确把三亚亚龙湾、天涯海角等7个风景区列入海南第一批重点风景名胜区名单。21世纪以来,三亚进入快速发展的阶段,有关三亚的报道数目进一步增加。2009年12月31日,国务院办公厅发布了《国务院关于推进海南国际旅游岛建设发展的若干意见》,正式提出要把海南建设成为"世界一流的海岛休闲度假旅游目的地";之后,有关海南的报道到了一个新的高度(见图5-2)。

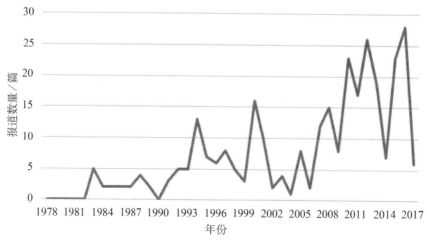

图5-2　1978—2017年《人民日报》涉及三亚的报道数量分布

基于以上分析,将改革开放以来三亚的发展分成四个阶段:① 1978—1987年,改革开放伊始,三亚发展起步阶段;② 1988—1999年,三亚升格为地级市后的发展阶段;③ 2000—2009年,三亚的快速发展阶段;④ 2010—2017年,三亚被国家定位为建设"世界一流的海岛休闲度假旅游目的地"之后的发展阶段。Welch(韦尔奇)分析发现,$F(3, 16.624)=15.970$,$p=0.000$。Games-Howell(盖姆斯·豪威尔)事后分析发现,第一阶段的报道量($M=1.30$,$SD=1.636$)与第二阶段($M=5.08$,$SD=3.315$)、第三阶段($M=7.80$,$SD=5.473$)、第四阶段($M=18.63$,$SD=8.262$)的报道量有显著差异;第四阶段的报道量与第二阶段、第三阶段的报道量有显著差异;第三阶段与第四阶段的报道量有显著差异。换言之,除了第二阶段与第三阶段的报道量没有显著差异之外,其他阶段的报道量两两比较,都有显著差异。

(二)《人民日报》涉及三亚报道的篇幅变化趋势

在所有涉及三亚的报道中,探究不同时间段变量与篇幅长度变量的交互影响,卡方检验显示,不同时间段的报道篇幅差异十分显著($\chi^2=20.956$,$p=0.002$),与大部分城市相同,涉及三亚的报道篇幅呈现总体增长的趋势,早期主要是短篇报道,后期的中长篇报道占比不断增加。同时,研究图片的出现频率和报道时间段的交互影响,卡方检验显示,不同时间段的差异十分显著($\chi^2=18.328$,$p=0.000$),中后期对于三亚的图片报道占比显著增加,不过与同为特色城市的义乌相比,增加的趋势相对平缓。

(三)《人民日报》涉及三亚的涉外报道变化趋势

分析《人民日报》关于三亚的报道是否涉外与报道时间段的交互关系,卡方检验显示,不同时间段的差异并不显著($\chi^2=0.777$,$p=0.855$)。出现这样的结果,和三亚本身的特色是密不可分的。从改革开放之后,三亚就以发展旅游业作为城市的主要产业,因此从一开始就已经决定了三亚这座城市的国际性和开放性。随着时间的推移,越来越多的游客来到三亚度假旅游,其中有大部分是内地游客,涉外的报道集中在一些会议和活动,因此总体比例并没有显著变化。

(四)《人民日报》涉及三亚报道的向度变化趋势

从报道的向度来看,《人民日报》涉及三亚的报道中,正面报道占48.5%,中性报道占37.1%,负面报道占6.0%。卡方检验显示,不同时间段的报道向度呈现并没有显著差异(χ^2=12.372,p=0.054)。与义乌不同,涉及三亚的正面报道的比例更低,负面报道要更高一些;但是随着时间推移,报道向度并没有明显变化。负面报道主要是随着产业开发带来的一系列治理问题,而且每个阶段这些问题都有不同的表征,就使得负面报道在每个时间段都占据一定的比重。

二、《人民日报》对三亚的报道内容趋势分析 ▶▷

对《人民日报》涉及三亚的报道进行进一步的内容分析,遵循上述的时间段划分,将三亚的发展大致分为四个阶段: ① 1978—1987年,改革开放伊始,三亚发展起步阶段; ② 1988—1999年,三亚升格为地级市后的发展阶段; ③ 2000—2009年,三亚的快速发展阶段; ④ 2010—2017年,海南国际旅游岛建设开始之后的发展阶段。不同阶段的报道有如下特点:

(1)按报道主题进行分析,卡方检验显示,不同时间段的报道主题差异十分显著(χ^2=33.685,p=0.001)。我们可以看到,处在祖国南端的三亚,最开始的时候没有政治类的报道,更多的是经济与文化类的报道,说明三亚以经济建设为主旋律,政治的定位或属性是相对弱的;此外,与几乎所有城市相同的是,三亚在社会民生领域的报道占比有极大的增长,而经济类报道却相对有所下降。我们可以认为,社会民生类的报道得到了更多的关注,而对更加宏观的经济类议题的关注相对有所减少,对于三亚这座旅游城市也不例外(见表5-6)。

表5-6　1978—2017年《人民日报》三亚报道主题占比情况

时间段 \ 报道量占比(%)	政　治	经　济	文　化	社会民生	其　他
1978—1987年	0	61.5	30.8	7.7	0
1988—1999年	8.2	42.6	8.2	36.1	4.9

（续表）

时间段　＼　报道量占比（％）	政　治	经　济	文　化	社会民生	其　他
2000—2009年	2.6	28.2	23.1	32.1	14.1
2010—2017年	12.1	26.2	16.8	40.9	4.0

（2）分析不同时间段的报道对象占比，卡方检验显示，不同时间段所报道的对象差异十分显著（χ^2=70.601，p=0.000）。结合报道主题可以发现，虽然有关三亚的政治类报道占比较少，但是对象为政府的报道占比并不在少数，而且还有所增加，这反映出在城市经济建设包括社会治理方面，政府所发挥的作用仍然是主导性的。除此之外，与其他城市不同的是，有关环境的报道占比，三亚总体比其他大部分城市都更高，反映到其城市的特色而言，可以推断出环境对于一个旅游城市而言，要比其他城市更为重要，一方面是先天的环境条件，另一方面则是后天的环境治理，三亚的在这两方面的报道占比都不在少数（见表5-7）。

表5-7　1978—2017年《人民日报》三亚报道对象占比情况

时间段　＼　报道量占比（％）	政　府	企　业	事业单位	民　众	环　境	其　他
1978—1987年	7.7	0	53.8	15.4	0	23.1
1988—1999年	26.2	9.8	27.9	16.4	6.6	13.1
2000—2009年	14.1	3.8	23.1	25.6	11.5	21.8
2010—2017年	55.0	6.7	7.4	16.8	2.7	11.4

（3）分析不同时间段对产业的报道占比，卡方检验显示，不同时间段所报道的产业差异显著（χ^2=18.706，p=0.028）。对于旅游城市三亚而言，毫无疑问对第三产业的报道始终占据主导地位。值得注意的是，其第一产业与第二产业的报道占比变化。改革开放初期，三亚的第二产业还有

一定的报道量,但是随着三亚开始大力发展生态农业,有关第一产业的报道就随之出现,并且其占比不断增加。而随着近期报道重点关注三亚的社会治理问题,第一、第二产业的报道占比有所降低,第三产业的报道占比不降反升,可见以旅游业为代表的第三产业在三亚产业发展中起到的支撑作用(见表5-8)。

表5-8　1978—2017年《人民日报》三亚报道产业占比情况

时间段 \ 报道量占比(%)	不涉及产业	第一产业	第二产业	第三产业
1978—1987年	46.2	0	7.7	46.2
1988—1999年	44.3	8.2	4.9	42.6
2000—2009年	44.9	9.0	9.0	37.2
2010—2017年	55.0	3.4	0	41.6

(4)从关键词分析,卡方检验显示,不同时期关于三亚的报道关键词差异十分显著(χ^2=45.607,p=0.000)。我们可以发现,有关“治理”和“发展”的报道占据了主流,反映出三亚的城市建设与城市治理的一种互动关系,当一个时间段之内的城市发展占据主导时,“治理”的报道就会相对少一些;反之,如果一个阶段的治理问题受到更多关注时,“发展”的报道占比就会减少(见表5-9)。这样的“跷跷板”现象反映出一个城市在变化过程中的阶段性任务和挑战,即当城市发展是这一阶段的主要任务时,城市就会被重点关注,并且也会被更多地呈现;而当城市发展到一定程度时,城市治理成为新的挑战,这就使得关注的重点发生变化。不仅如此,随着时间的推移,下一阶段的挑战与任务都是基于上一阶段的基础,所以即使同样被归为“发展”或“治理”,不同时间段的具体任务层级也是不同的,呈现出螺旋上升的趋势。

表5-9　1978—2017年《人民日报》三亚报道关键词占比情况

报道量占比（%）＼时间段	改革	开放	创新	发展	治理
1978—1987年	0	23.1	23.0	23.1	30.8
1988—1999年	4.9	14.8	4.9	57.4	18.0
2000—2009年	0	28.2	2.6	44.9	24.4
2010—2017年	7.4	14.1	11.4	25.5	41.6

（5）分析时间段和"三力"之间的交互影响，卡方检验显示，不同时间段对"三力"的关注程度的差异十分显著（χ^2=32.619, p=0.000）。早期以吸引力为主的报道占据主导地位，事实上是反映出城市设施的巨大改善；而与许多城市不同的是，关于三亚的竞争力的报道随着时间的推移不断上升，虽然吸引力报道在大部分时间段占主导地位，但在最近一个时间段内，吸引力报道的占比明显回落（见表5-10）。出现这一现象，可能是因为建设海南国际旅游岛的国家战略的影响。曾经是用来增加"吸引力"的措施或者反映"吸引力"不足的报道，在国家战略的导向下，事实上都成为增加城市在旅游方面竞争力的一部分。在国家战略的指引下，许多城市建设与城市治理措施被赋予了新的内涵。

表5-10　1978—2017年《人民日报》三亚报道"三力"占比情况

报道量占比（%）＼时间段	吸引力	创造力	竞争力
1978—1987年	76.9	23.1	0
1988—1999年	77.0	8.2	14.8
2000—2009年	76.9	7.7	15.4
2010—2017年	47.0	16.8	36.2

三、 媒介中呈现的三亚城市形象变迁 ▶▷

三亚的城市建设，最早是围绕三亚港发展起来的。三亚港位于海南岛五指山南麓的三亚市。三亚港港区三面环山，港宽浪静，1983 年 10 月，为加快海南岛的开发建设，国务院批准三亚港为对外开放口岸。三亚港对外国籍船舶开放，并开辟三亚港至香港的航线。随着海南建省的筹备工作加紧进行，作为海南重点开发的三亚，积极吸收和引进外资、先进技术和先进管理经验，发展旅游服务业，以及轻工业和热带作物、水产、海水养殖业等商品生产。这一时期的三亚，开工兴建了一批供水、通信和城市道路等基础设施，邮电通信和市政道路建设也日益加快。

三亚坚持把吸引国内外大财团投资旅游业作为城市对外开放的重点，强化软件服务，为投资者提供高效服务，资金主要投向了旅游业及其相关产业。随着国内外客商投资的日渐增多，三亚风景旅游区服务设施的建设也逐步展开。20 世纪 90 年代初，三亚已涌现多家星级酒店；亚龙湾、鹿回头等旅游区的开发建设全面推开；大东海旅游区已初具规模；天涯海角、鹿回头公园等一批旅游景点焕然一新。1994 年，三亚投巨资修建的凤凰机场正式通航，翻开了中国最南端的城市能够起降大型客机的新纪元。基础设施以及其他旅游设施的建设，再加上风光如画的美景，三亚每年吸引了上百万的中外宾客来观光旅游，三亚"东方夏威夷"的美称也更加响亮。

除夕以来，以浓郁热带风情闻名遐迩的南国边城三亚市，春节旅游市场持续升温。截至大年初三，估计至少有 20 万游客蜂拥而来，几乎要把这座仅有 10 多万人口的城市挤裂撑破。

初三上午 10 时许，南中国大酒店的大厅里济济一堂。前台小姐一边不时提醒离店旅客及时退房，一边不断地用"抱歉"回答订房查询。原来，住房已经没有弹性。初五以前，所有房间全部被预订，住房率每天都是 100%。

走出南中国大酒店，南行 20 米，便是著名的景点大东海。这里碧海连天,银沙如面。数公里长的海滩上游人如织。他们大多身着泳衣,或嬉戏弄沙,或挥臂击水,好一派南国闹春的景象。

稠密人潮中,几位小伙子身穿黑色连体紧身衣,手提氧气瓶,海狮跃水般游向海浪深处。原来,他们正在进行一项最富挑战性的新兴旅游项目———热带海洋潜水。南海国际海洋俱乐部的副总经理武军说:"这几天潜水市场越来越热,平时一般每天接待30位游客,昨天接待了147人,今天上午已经接待60多人,全天潜水游客不会少于150人。"

游客的体验和追求,就是市场的最高裁决。三亚全市60多家定点旅游接待企业面貌一新,目前全部满负荷运转。它们正在尽最大努力为出游旅客提供文明服务,营造名牌形象。

(鲍洪俊《感受三亚》,《人民日报》1998年1月31日,有删节)

随着人口的膨胀和经济的快速发展,生态环境的治理问题也成为三亚重点关注的问题。20世纪90年代中期,三亚率先进行全国生态示范区试点建设,在恢复热带风情的大前提下,发挥生态资源优势,培育旅游龙头产业,推动经济增长。针对山体破坏的问题,三亚封育热带雨林原生地,种植数十万棵大小树木和30万平方米的草皮以治理水土流失。针对城市河流污染,三亚不懈努力改善方案,提升投资力度和工作效率,在保证河流水质的同时,也促进了生态景观的恢复和资源的再生。不仅如此,三亚利用依法收回的闲置土地,用于保护森林、建设水上公园和绿地广场等;20世纪末,三亚的空气、水质、噪声等指标均达国家一类标准,空气质量更是排名世界第二。1998年以来,三亚先后荣膺"中国优秀旅游城市""全国城市环境综合整治优秀城市""全国先进园林城市""全国生态示范区""全国卫生先进城市""全国造林绿化十佳城市""中国人居环境奖"等称号。毫无疑问,生态环境的改善,促进了三亚经济社会的持续、健康、快速发展。

21世纪来,人们的旅游观念也在逐渐发生转变,许多人并不会选择跟随旅游团,而是选择了自助旅游的方式,其中很多是举家出行;来到目的地不急于去景区、看景点,而是以度假为主,休闲式度假已成为时尚。许多人之所以被三亚所吸引,是因为这里有这得天独厚的气候条件和生态环境。一方面，作为祖国最南端的热带滨海旅游城市，三亚被誉为中国"冬都"，即使在 1 月份全国最冷月，人们也可以照样下海游泳、潜水和在沙滩上享受日光浴。另一方面，三亚濒临南海，海陆风的相互交换，为三亚地面散热创造了条件；城市人口密度不高，城市热岛效应不明显；尤其是三亚在生态方面的建设与保护，大面积的绿化与茂密的森林既能吸收阳光，又带来了充沛的雨水，在降低了三亚温度的同时，大大净化了空气，三亚也因此拥有了"向世界出口阳光和洁净空气的地方""天然大氧吧"的美誉。在传统的避暑山庄持续高温之际，三亚却能保持凉风习习，也吸引了大批内地和海外游人前来度假休闲。三亚独一无二的魅力甚至吸引了许多人前来购房置业。这些人大部分来自祖国内地，他们来三亚购房置业也并非是为了在此定居，而是为了每年冬季来临前，来温暖的三亚过冬；来年春天再回到内地的家乡，这群人因其生活方式，被形象地称作"候鸟"。此时的三亚，不仅仅是一个旅游胜地，而且已成为内地人生活居住的"第二居所"。

在旅游业蓬勃发展的同时，三亚积极实施城市品牌发展战略，举办大型会议和节庆活动，打造文化精品工程。21 世纪来，三亚相继举办岛屿旅游国际会议、全球化论坛等国际会议和世界太极拳健康大会以及世界小姐总决赛等大型活动，城市知名度和影响力显著提高。一部以三亚自然实景拍摄的电影《一座城市和两个女孩》也在北京人民大会堂成功首映。除此之外，三亚旅游主管部门还频频参与国家、省旅游局组织的国际国内促销活动，组织旅游企业先后参加"柏林国际旅游交易会""莫斯科国际旅游交易会"等，并邀请了多个发达国家的旅行商到三亚考察并商谈业务，不断拓宽国际旅游的渠道。三亚也从一个滨海小镇逐渐向中国首选的度假旅游目的地的角色转变。

2010 年，海南国际旅游岛建设上升到国家战略之后，三亚又迎来了更高层级的发展。博鳌国际旅游论坛、金砖国家领导人会晤、澜沧江—湄公河合作首次领导人会议先后在三亚举行；文化体育方面，三亚与世界顶级帆船赛沃尔沃环球帆船赛结缘，成为该赛事的经停港；国际热带兰花博览会引四方游客驻足品赏。然而，随着经济发展和旅游业的不断升温，三亚也出现了一些不和谐的"宰客"现象，如在黄金周期间，三亚酒店业集体抬高房价,使得不少游客选择用脚投票,放弃了来三亚旅游度假的计划;不仅如此,出租车拒载、黑停车场等也让在三亚旅游的人们感觉"不轻松";一条讲述三亚"3个普通菜被宰近4000元"的微博,瞬间将三亚推向舆论浪尖。

为了治理欺客、宰客现象,在以往派多部门联合开展旅游市场综合整治、展开专项行动的基础之上,三亚将旅游服务热线升级为旅游调度指挥中心;一旦出现投诉或举报,旅游调度指挥中心立即响应,应急处理小组可以半小时内到场;设置旅游警察支队、旅游巡回法庭,随时随地办案,能当场解决的当场解决。旅游警察支队成立3个多月就查处治安案件数百起,有效遏制了欺客、宰客的行为。如今的三亚,接待的旅客越来越多,旅客被坑、被宰、被骗的情况却越来越少。

游客赵先生遇到这么一件事儿:一些售卖三七、天麻等草药的商家,不在购物点、商店售卖产品,而是"转战"团队餐厅,采取虚假宣传、诱导购物等方式忽悠游客消费。

旅游部门在调查取证中发现,在迎宾路上一家团队餐厅迎宾大酒店的厕所旁,有一个售卖三七等草药的摊位,产品标注了"降低三高"等一系列神奇功效。每当有游客到摊位前,就有一名男子也凑上去,冒充游客消费。这名"托儿"一边与顾客分享自己服用草药的神奇功效,一边大手大脚地掏钱,一下子能买3 000多元。

接到电话后,12301旅游调度中心调度了市旅游、工商、旅游警察、食药监,兵分两路,分别对吉阳区的迎宾大酒店、椰浪餐厅进行突击检查。在迎宾大酒店的购物点,营业员与"托儿"同时被控制。随后,市工商执法人员将该摊位所有商品进行查扣,并以涉嫌夸大宣传立案调查。

"这种涉及多个部门的联合调查处理,在三亚并不少见。"三亚市旅游质监局局长张理勋说,"处理旅游投诉,全市35个涉旅部门违法线索互联、监管标准互通、处理结果互认。接到通知后,都可以在30分钟内到现场,说查就查。这得益于我们市民游客中心'四位一体'的旅游处理机制。"

（丁汀《三亚攥紧拳治理坑宰骗》,《人民日报》2017 年 2 月 22 日,有删节）

为了让居民和游客拥有舒适和自在的环境,三亚除了在城市管理方面不懈探索之外,三亚还积极进行生态修复与城市修补的工作,以山、河、海为重点进行生态修复,并与海绵城市建设结合起来,恢复生态滞、净、用能力。围绕城市修补,三亚发起拆除违法建筑、协调城市色调等"六大战役",让三亚城市面貌彻底改观。对于三亚居民来说,生态城市建设不是一个抽象概念,而是真切感受到的幸福感与获得感。不断改善城市治理的三亚,正在向国际旅游精品城市迈进。

四、 本节小结 ▶▶

作为一个以旅游为特色的城市,三亚应当看到,旅游资源的竞争,背后实质上是城市品牌的竞争。城市品牌所带来的不仅是符号的创造和意义的彰显,还包含着巨大的经济效益。如果不注重城市品牌的建设,就容易陷入旅游景点间的低水平复制、服务不尽如人意的恶性循环之中。三亚在发展建设中,更应关注三亚城市的综合形象,塑造三亚城市品牌的整体竞争力,让三亚旅游能真正依靠"软实力"立足国际旅游市场。同时,三亚市未来的旅游发展应重点关注居民的利益,着力增加城市的宜居程度,提升居民幸福指数,从而为建设国际旅游岛添砖加瓦。

第三节　鄂尔多斯40年：资源型特色城市的转型之路

鄂尔多斯是内蒙古自治区下辖的地级市,位于自治区西南部,其西北部与南部皆为沙漠,东部为丘陵沟壑,北部为黄河冲积平原。鄂尔多斯旧称伊克昭盟,2001年经国务院批准撤销伊克昭盟,成立地级市鄂尔多斯。"鄂尔多斯"之名来自所处的鄂尔多斯高原,在蒙古语里的意思是"众多的宫殿"。鄂尔多斯资源丰富,全市约八成面积蕴含煤炭,石油、天然气、稀土等储量亦丰,自20世纪末得到开发以来,其经济总量一直迅速攀升。2015年,鄂尔多斯市的人均地区生产总值排行全国第一。

改革开放以来,鄂尔多斯利用当地资源,走科学发展之路,一改过去"沙多草木稀,地多产量低,人穷文化低"的城市形象。21世纪以来,鄂尔多斯坚持跨越式发展,创造了令人瞩目的"鄂尔多斯速度",其发展速度一度赶超东南沿海,不仅在中国经济界引发震动,就连国际上的经济专家都大为感叹。如今,鄂尔多斯基础设施日新月异,城市建设成就斐然,生态保护成效显著,城乡面貌发生了翻天覆地的变化,已成为沙漠深处的一块绿洲。

基于此,本研究运用《人民日报》图文数据库(1946—2018),通过关键词搜索得到1978年1月1日至2017年12月31日涉及鄂尔多斯的报道共167篇,分析这些报道的基本特征,并从关键词、重大事件、"三力"(吸引力、创造力、竞争力)等分析框架进行内容分析,从而能较为客观、准确地描述鄂尔多斯在国内权威媒体中的城市形象的基本特征和变化趋势。

一、总体综述 ▷▷

本研究以《人民日报》涉及鄂尔多斯的报道时间为参考轴,从篇幅、报道向度、报道是否涉外等方面对报道进行描述,以勾勒出这些报道的基本 特征。

(一)《人民日报》涉及鄂尔多斯报道的时间分布

如图5-3所示,改革开放之初,鄂尔多斯还处于资源勘探的阶段,因此《人民时报》对于这座城市的关注十分有限。从20世纪90年代初开始,有关鄂尔多斯作为能源基地的报道见诸报端,"资源型城市"的形象标签逐渐显现;从1994年开始,鄂尔多斯的经济规模强劲扩张,国民生产总值快速增长,增长速度连续7年居内蒙古之首,9年内经济总量翻三番,这一阶段对于鄂尔多斯的报道量整体有小幅的上升。到了2004年,鄂尔多斯市以其惊人的发展速度和效益创造了"鄂尔多斯速度",各项主要经济指标位居全国前列,羊绒、煤炭产量均在全国城市中排名第一,此时的报道量到了一个小的高峰。到2008年,在国际金融危机的背景下,鄂尔多斯制定出"结构转型、创新强市"和"城乡统筹、集约发展"战略,重点突出非资源产业的发展,鄂尔多斯由此进入了新的发展阶段,报道量也到达了新的高度。

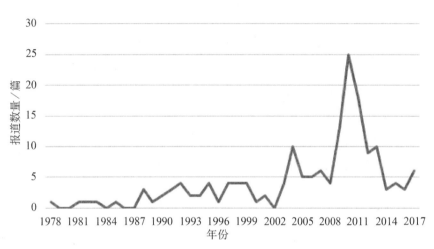

图5-3　1978—2017年《人民日报》涉及鄂尔多斯的报道数量分布

基于以上分析,将改革开放以来鄂尔多斯的发展分成四个阶段:① 1978—1993年,改革开放伊始,鄂尔多斯发展起步阶段;② 1994—2003年,鄂尔多斯经济快速发展阶段;③ 2004—2008年,鄂尔多斯人均经济水平进入全国前列的发展阶段;④ 2009—2017年,金融危机后实行"结构转型、创新强市"的新阶段。Welch分析发现,$F(3,12.130)=9.730$,$p=0.002$。Games-Howell事后分析发现,第一阶段的报道量($M=1.25$,$SD=1.238$)与第三阶段($M=6.00$,$SD=2.345$)的报道量有显著差异;第一阶段的报道量与第四阶段($M=10.11$,$SD=7.491$)的报道量也有显著差异;其他阶段的报道量差异不显著。

(二)《人民日报》涉及鄂尔多斯报道的篇幅变化趋势

在所有涉及鄂尔多斯的报道中,探究不同时间段变量与篇幅长度变量的交互影响,卡方检验显示,不同时间段的报道篇幅差异是显著的

（χ^2=14.515, p=0.024）。与大部分城市相同,涉及鄂尔多斯的报道篇幅呈现总体增长的趋势,尤其到了2010年之后,关于鄂尔多斯的长篇报道占比大幅增加,短篇报道大幅减少,可见鄂尔多斯近年来受到的关注明显有所上升。同时,研究图片的出现频率和报道时间段的交互影响,卡方检验显示,不同时间段的差异并不显著（χ^2=5.616, p=0.132）。

（三）《人民日报》涉及鄂尔多斯的涉外报道变化趋势

分析《人民日报》关于鄂尔多斯的报道是否涉外与报道时间段的交互关系,卡方检验显示,不同时间段的差异并不显著（χ^2=6.236, p=0.101）。出现这样的结果,首要的原因是鄂尔多斯在40年来,总体的涉外报道量比较有限,并且由于在发展过程中,有关鄂尔多斯的报道始终围绕资源型城市的建设和治理展开,其涉外报道往往是和国外的企业或者团队共同勘探、开发资源或进行产业合作,因此在不同时间段内,涉外报道占比的变化也并不显著。

（四）《人民日报》涉及鄂尔多斯报道的向度变化趋势

从报道的向度来看,《人民日报》涉及鄂尔多斯的报道中,正面报道占95.8%,中性报道占2.4%,负面报道占1.8%。卡方检验显示,不同时间段的报道向度呈现并没有显著差异（χ^2=4.054, p=0.669）。与其他特色城市不同,涉及鄂尔多斯的正面报道比例是非常高的,而负面报道占比是非常小的。不论是资源开拓、产业发展,还是一系列治理问题,官方媒体大都会以正面的方式去呈现,这就使得正面报道在每个时间段都占据很高的比重,不同时间段之间没有显著差异。

二、《人民日报》对鄂尔多斯的报道内容趋势分析 ▶▷

对《人民日报》涉及鄂尔多斯的报道进行进一步的内容分析,遵循上述的时间段划分,将鄂尔多斯40年来的改革开放历程大致分为四个阶段:① 1978—1993年,改革开放伊始,鄂尔多斯发展起步阶段;② 1994—2003年,鄂尔多斯经济快速发展阶段;③ 2004—2008年,人均经济水平进入全国前列的发展阶段；④ 2009—2017 年，金融危机后实行"结构转型、创新强市"的新阶段。不同阶段的报道有如下特点：

（1）按报道主题进行分析，卡方检验显示，不同时间段的报道主题差异并不显著（χ^2=14.638，p=0.262）。这反映出各个时间段之间，报道主题的占比并没有显著的区别。这从一个侧面说明鄂尔多斯的形象呈现上，40 年来都是比较一致的，分析不同主题的占比可以发现，经济类报道主要占据了大部分版面，文化和社会民生类的报道排在之后，政治类报道几乎没有（见表 5-11）。从中我们可以发现，经济始终还是这个资源型城市首先被关注的方面，在经济发展的基础上，一些民生问题和文化活动也间或出现；除了第四个时间段，对鄂尔多斯的报道主题总体呈现出"经济为主、文化社会为辅"的现象。

表 5-11　1978—2017 年《人民日报》鄂尔多斯报道主题占比情况

时间段 ＼ 报道量占比（%）	政　治	经　济	文　化	社会民生	其　他
1978—1993 年	0	55.0	20.0	15.0	10.0
1994—2003 年	0	46.2	26.9	19.2	7.7
2004—2008 年	3.3	53.3	13.3	30.0	0
2009—2017 年	3.3	31.9	35.2	19.8	9.9

（2）分析不同时间段的报道对象占比，卡方检验显示，不同时间段所报道的对象差异十分显著（χ^2=45.730，p=0.000）。报道对象的差异十分显著，说明在不同的时间段，担负经济和社会文化发展的主要对象有所不同。可以看到，在 20 世纪 90 年代，更多的是报道企业，说明这一时期企业主要承担了鄂尔多斯经济发展的重任；而到了 21 世纪的后两个时间段，政府报道的占比明显上升，说明这一时段不论是经济发展还是社会治理，更多都是政府在发挥主导作用。与大部分城市不同，鄂尔多斯的环境报道占比是不断下降的，但是这并不等于政府对环境的关心下降，反而是因为早期有关环境的报道更多地呈现了鄂尔多斯的客观条件或者情况，而随着时间的推移，政府

越来越重视生态环境的保护,因此以环境为主要对象的报道强调政府作为治理者所做的工作,因此政府取代了自然环境,成为此类报道的主要报道对象(见表5-12)。

表5-12　1978—2017年《人民日报》鄂尔多斯报道对象占比情况

时间段　报道量占比（%）	政府	企业	事业单位	民众	环境	其他
1978—1993年	40.0	15.0	20.0	5.0	20.0	0
1994—2003年	11.5	34.6	26.9	7.7	15.4	3.8
2004—2008年	46.7	20.0	20.0	0	13.3	0
2009—2017年	71.4	5.5	6.6	8.8	5.5	2.2

（3）分析不同时间段对产业的报道占比,卡方检验显示,不同时间段所报道的产业差异显著(χ^2=16.921,p=0.050)。可以看到,鄂尔多斯长期作为一个资源型城市,涉及产业发展的报道始终占据了所有报道的一半以上,其中主要报道的是第二产业,从中我们可以鲜明地看出鄂尔多斯的城市属性,即在很长一段时间内,鄂尔多斯靠发展第二产业实现经济腾飞,其"资源型城市"的形象也更加凸显。另外值得一提的是,随着时间的推移,其第三产业的报道占比也在不断上升,到了第四个时间段超越了长期以来占据主导地位的第二产业(见表5-13)。这一方面说明鄂尔多斯在发展工业的同时,越来越重视现代服务业的发展,尤其在国际金融危机之后,这座城市更加重视资源利用之外的经济成长手段,大力发展非煤产业,并且取得了一定成绩,从第三产业报道的比重变化,就能对这座城市的产业发展变迁有更直观的认识。

表5-13　1978—2017年《人民日报》鄂尔多斯报道产业占比情况

时间段　报道量占比（%）	不涉及产业	第一产业	第二产业	第三产业
1978—1993年	30.0	10.0	50.0	10.0
1994—2003年	26.9	11.5	46.2	15.4

（续表）

报道量占比（%） 时间段	不涉及产业	第一产业	第二产业	第三产业
2004—2008年	13.3	20.0	50.0	16.7
2009—2017年	18.7	8.8	33.0	39.6

（4）从关键词分析，卡方检验显示，不同时期关于鄂尔多斯的报道关键词差异十分显著（χ^2=29.964，p=0.003）。可以看到，除了"发展"占据所有时间段的最大比重之外，"改革"在第三个时间段占比较多，这反映出鄂尔多斯长期以资源而生的发展模式，在这一阶段发生了转变。另外，"开放"的报道比重随着时间的推移不断增加，尤其在第四个时间段占据了相当比例，这主要是因为鄂尔多斯举办了多项国内和国际性的文化体育类活动，在其过去的"资源型城市"的单一形象中，正努力增添文化、旅游方面的正面形象，从而能从多个维度提升城市的知名度与影响力（见表5-14）。

表5-14　1978—2017年《人民日报》鄂尔多斯报道关键词占比情况

报道量占比（%） 时间段	改革	开放	创新	发展	治理
1978—1993年	0	5.0	15.0	55.0	25.0
1994—2003年	3.8	7.7	3.8	50.0	34.6
2004—2008年	16.7	10.0	6.7	43.3	23.3
2009—2017年	0	25.3	5.5	47.3	22.0

（5）分析时间段和"三力"之间的交互影响，卡方检验显示，不同时间段对"三力"的关注程度的差异十分显著（χ^2=29.115，p=0.000）。鄂尔多斯呈现出来的总体趋势与大部分城市类似，对吸引力的关注度上升，而对竞争力的关注度下降；但是与部分城市不同的是，这一现象直到第四个阶段才充分地展现，比起其他呈现类似现象的城市而言，存在一定的滞后性（见

表5-15）。从"三力"的关注度变化中，也可以看到这座城市的变化：改革开放前期，经济发展、提升城市竞争力是城市发展的要旨；而21世纪以来，传统工业的发展遭遇挑战，遇到的困难也比之前多，这就使得城市必须通过创新驱动，引领新一阶段的发展；而在经济发展到一定程度时，文体活动、生态环境、社会民生方面的议题会更多地被提上议程，通过各种措施提升城市的吸引力，成了此时最重要的目标。

表5-15　1978—2017年《人民日报》鄂尔多斯报道"三力"占比情况

时间段　　报道量占比（%）	吸引力	创造力	竞争力
1978—1993年	35.0	30.0	35.0
1994—2003年	38.5	15.4	46.2
2004—2008年	20.0	36.7	43.3
2009—2017年	64.8	6.6	28.6

三、媒介中呈现的鄂尔多斯城市形象变迁 ▷▷

（一）能源的故事

改革开放以后，鄂尔多斯的资源挖掘和勘探方兴未艾。根据之前的勘察发现，全高原约8.7万平方公里的面积中，其中含煤面积占总面积的80%以上。约占全国煤炭总量的七分之一。中国科学院自然资源考察委员会把鄂尔多斯沿黄地段称为黄河的"金腰带"。同时，中国和日本共同合作，对鄂尔多斯盆地进行石油天然气普查勘探。

到了20世纪90年代，随着我国工业布局的调整，鄂尔多斯高原逐渐建设成为我国重要的能源基地。由国家华能集团开发的东胜煤田，所产精煤不用选洗即可用于工业生产，还可制成水煤浆代替某些石油产品。与此紧连的准格尔煤田还是我国煤炭建设中最大的项目，煤层中没有断裂带，十分适于露天开采。

要把资源优势变为经济优势，鄂尔多斯开始积极建设运煤公路、供水系统、输电工程和铁路线路，从而与之配套。20 世纪 80 年代末，包头至东胜煤田的包神铁路就已竣工通车，成为鄂尔多斯高原的第一条输煤大动脉，并与丰（丰镇）准（准格尔）铁路、大（大同）丰（丰镇）铁路、东（东胜）准（准格尔）铁路一起构成了内蒙古中部的内圈铁路线，并通过其他铁路线路辐射四周。铁路之外，以包府公路为首的公路建设也使得运煤的通道在不断拓展。

鄂尔多斯煤炭资源的开发，带动了这里的电力工业发展。除此之外，鄂尔多斯高原还建起大型陶瓷工业基地。支援国家建设，振兴地方经济，以国家重点建设带动地方经济的发展，以地方经济的发展支援国家重点建设，已成为城市经济建设的新课题。鄂尔多斯能源基地发展的路子越走越宽。

到 20 世纪末，鄂尔多斯已经累计探明在鄂尔多斯盆地已经找到了 36 个油气田，石油天然气地质储量为 10.5 亿吨（当量），预测油气资源量超过 120 亿吨（当量），尚未动用的储量有近 6 亿吨；仅埋藏在地下 20 000 米以内的煤炭资源总量已近 2 万亿吨，鄂尔多斯盆地已稳居世界八大煤田前列。同时，鄂尔多斯还有煤层气、盐、铀、地下水等多种丰富的地下矿藏，是名副其实的资源之城、能源之城。

21 世纪以来，鄂尔多斯调整传统工业发展路线。2004 年，鄂尔多斯出台了遏制高污染、高能耗和低水平重复建设的一系列政策措施，停建和暂停建设电石、铁合金、硅铁炉等多个项目。此后的两年，鄂尔多斯关闭取缔 300 多家污染严重、不符合国家产业政策的违法排污企业，督促 100 多家电石、铁合金企业建设、运行环保设施。2007 年，鄂尔多斯进一步加强环境保护、污染整治、节能减排，把节能减排作为"一号工程"，全力推进"节能减排攻坚行动"。鄂尔多斯对高耗能和污染较重的企业实施专项大排查、大整顿，对于高耗能、高污染、低层次、低回报的产业，鄂尔多斯一律实行停产整顿，集中精力打造低耗能、低污染、回报率高、科技含量高的工业园区。作为我国西部乃至全国最大的煤炭能源基地，21 世纪以来，鄂尔多斯推动地方煤矿采煤工艺的彻底变革，淘汰落后的开采方式，加大煤炭资源整合力度，提高回采率。在推进煤炭企业规模化、集团化发展的基础之上，回采率在几年之内大幅提升；鄂尔多斯也成为全国首个亿吨级现代化煤炭生产基地。鄂尔多斯把目光投向煤炭的就地转化增值和深加工；通过深加工，把煤炭变成化工产品，是鄂尔多斯迅速崛起的一大产业。鄂尔多斯由此迈向世界级新型煤化工基地的新发展道路。2008年，在世界经济严重衰退、我国经济发展遇到严重困难的大背景下，鄂尔多斯既注意做大做强资源型产业，又大力向非资源型产业进军，依托资源而又不依赖资源，积极发展装备制造业和新能源产业，使得城市的资源型和非资源型产业协调发展。

4月的塞外仍有几分寒意，但在鄂尔多斯装备制造基地京东方集团第5.5代AM—OLED显示器件生产线项目建设工地上却是一派火热景象。这是我国第一条自主设计、自有知识产权的第5.5代AM—OLED生产线，在全球处于领先地位，总投资220亿元。

在过去几年中，像这样的大手笔投资频频落地鄂尔多斯，超过100亿元的华泰汽车、200亿元的奇瑞汽车、总投资300亿元的中兴能源IDC数据中心⋯⋯

能吸引这么多企业到鄂市投资，与政府推出的"资源换投资、资源换项目"政策关系紧密。

近年来，资源大区内蒙古一直在转型升级之路上积极探索。不过，承接非煤产业转移，仍离不开资源的支撑。2009年，《内蒙古自治区人民政府关于进一步完善煤炭资源管理的意见》发布，标志着内蒙古"资源换投资"政策的正式文件化。

根据《意见》规定，符合国家和自治区产业政策，一次性完成固定资产投资额40亿元以上的新建大型装备制造和高新技术项目，按每20亿元配1亿吨煤炭标准，单一项目配置煤炭上限为10亿吨。所谓煤炭资源配置，即将处置权交予企业，但是企业是开发，是变卖，《意见》并未作出明确规定。从目前来看，接受了煤炭配置的企业一般都采用寻找合作伙伴共同开发的模式。在实际操作中，内蒙古对于非煤炭类资源主要是采用招拍挂的形式，而对于煤炭资源主要是以协议配置的方式进行，配置条件主要有单井产能和就地转化率两方面的规定，其目的是将煤炭资源向投资规模大、技术含量高的深加工项目集中。"资源换投资"，企业应该上交国家和地方的资源税费一分未少。

依靠"资源换投资"的政策，鄂尔多斯近年来成功引进了多家行业龙头企业，涉及新能源、汽车、机械、风电设备等多个领域，总投资额超过 3 400 亿元。

……

同样是挖煤，煤老板留下的只是污染和采空区、塌陷区，而通过资源换回来的非煤产业则可能提供更多的就业机会和长远发展机会。"引来一个企业，留下一片产业"成为鄂尔多斯决策者们的梦想，因为这不仅意味着 GDP、税收的增长，也会带来更多的就业机会。

对于鄂尔多斯"资源换项目"的做法，有人担心，会不会让人钻空子：个别企业落户就是为了套取煤矿资源，未能实现当初承诺，并不是真心在当地发展相关产业。

当地政府显然也注意到了这个问题，为此提高了煤炭资源配置的门槛。鄂尔多斯江苏工业园的投资指南上清晰地写着："启动煤炭资源配置的条件是投资须完成 50% 以上、设备招标完成 70% 以上及主设备完成订购。"鄂尔多斯同时还出台规定，"采取一次配置逐年供应的办法配置资源，对未履行合约、没有达到产能的项目，要收回配置的资源"。

（贺勇《"资源换项目"能否引领转型？》，《人民日报》2013 年 5 月4 日，有删节）

鄂尔多斯因煤而兴，但煤炭价格大起大落也使得这座城市面临发展瓶颈。鄂尔多斯不仅要靠延伸资源型产业链条，更要靠清洁能源输出、现代煤化工等非煤产业的发展。近年来，鄂尔多斯建成一批煤转电、煤制油、煤制醇等重大项目和支柱型产业，成为国家重要的能源化工基地。装备制造、电子信息、陶瓷等非煤产业快速成长，文化、旅游等现代服务业蓬勃发展。鄂尔多斯的产业结构得到优化，实现了增长方式由粗放向集约的历史性转变，低碳发展之路越来越明晰。

（二）羊绒的故事

鄂尔多斯高原的阿巴斯山羊所产的无毛绒,被世界公认为"一号无毛绒"。集轻、暖、柔于一身的山羊绒,被美国人称为"钻石纤维",世界公认"纤维之冠"。然而,这最好的纤维却不能随处生长。鄂尔多斯利用自己的资源优势和积极的营销,在羊绒贸易上不断取得突破。

乘着改革开放的东风,鄂尔多斯羊绒衫厂的创业者们大胆引进了先进的山羊绒加工技术设备,利用技术和资源优势大力发展,使产品畅销全国并走向世界,投产第一年,收回了全部的建厂投资。鄂尔多斯以技术引进和技术创新为手段,不断推进产业结构调整和产品的优化升级;以产品的不断创新,确保市场不断扩大。为了更好地把握市场,鄂尔多斯集团组织销售人员调查国内各大商业城市的市场,分析预测服装消费市场行情。

北京民族文化宫一楼西侧的展览厅里,涌动着一股春潮。东方霓裳艺术表演团的模特,身着色彩迷人、款式新颖的各式羊绒装,踏着强节奏的乐曲,向观众走来⋯⋯

内蒙古伊盟羊绒衫厂展销表演正在这里进行。那购销两旺的热闹场景,使人想起两年前该厂第一次在这里举行展销时,在北京的消费者中曾刮起的那阵小小的"鄂尔多斯风暴":该厂带来的平均200元一件的羊绒衫,几天之内全部售完,还挤坏了展销厅里的两个柜台。

位于鄂尔多斯高原东胜市的伊盟羊绒衫厂,占得天独厚的优势,300万只阿巴斯山羊,为该厂提供了丰富的原料。伊盟羊绒衫厂投产10年来,由于注重产品质量而享誉国内外。产品90%出口,销往日本、美国、英国、意大利、法国、瑞士、比利时、荷兰、澳大利亚、加拿大和中国香港等30多个国家和地区。十年来,数百万件产品出口,无一次质量事故。"鄂尔多斯牌"羊绒衫两次获国家优质产品奖。

这次展销的50多个产品300多个花色,是该厂科技人员和全体职工根据国内外市场的需求设计和生产的。在不远的未来,"鄂尔多斯"力争成为世界名牌,产量大还不够,产品还要最好。市场,是实现目标的先导。此次展销表演，厂方还搜集到了北京人对他们的羊绒衫质量、花色、服务诸方面的意见，北京的消费者成为他们产品的顾问。大自然赋予鄂尔多斯高原绒山羊生长独有的优越条件，鄂尔多斯人自然不能负于大自然，更不能负于羊绒占世界产量1/2的中华人民共和国。

（刘桂莲《鄂尔多斯的"钻石纤维"——内蒙古伊盟羊绒衫厂新年新图景》，《人民日报》1992年2月14日，有删节）

我国是世界上羊绒产量最高、质量最好的国家。然而，国际羊绒制品贸易基本上是洋牌子占主导地位，中国企业绝大部分出口是使用外方品牌的加工贸易或以贴牌为主的订单贸易。鄂尔多斯集团则不同，它一直把占领国际市场、打造知名品牌作为目标之一。鄂尔多斯没有满足于简单的来料加工，而是选择引进新的设备，开发新的纺织技术，推出新的高科技产品，在技术创新中坚持国际标准，使产品质量长期稳定地保持在优良水准之上。与此同时，利用原料的整合，抓住了产业链上游的主动权；找到在全球羊绒纺织业中的定位和角色分工之后，鄂尔多斯集团全力打造国际化的产品品牌；它们与一些没有自己羊绒衫品牌的国外百货店合作，允许其使用"鄂尔多斯"品牌，通过宣传促销树立中国高档纺织品形象。鄂尔多斯集团积极推进实施"牧、工、贸"一体化，实现可持续发展。为了保护脆弱的草原生态环境，集团还投入资金用于东绒山羊舍饲圈养工程，既保证了集团的原料供应，又带动了农牧民的产业化经营，农牧民、企业和国家三者的利益都得到了保障。

（三）生态保护与治理的故事

改革开放之前，鄂尔多斯由于过度开垦、放牧等，导致近半土地沙化和水土流失，生态环境遭受破坏；20世纪末，鄂尔多斯更是遭遇三年大旱，出现了生态危机。作为全国生态状况最为脆弱的地区之一，鄂尔多斯不仅有大片沙漠、丘陵沟壑区与干旱硬梁区，还有被水保专家称为"地球癌症"的砒砂岩裸露区。典型的干旱、半干旱大陆性气候使得这里的水资源十分匮乏。20世纪80年代开始，这片土地上的人们利用沙棘治理砒砂岩，但是在其他方面,鄂尔多斯的治理速度赶不上生态环境恶化的速度。

21世纪以来,在全面推行资源节约型、环境友好型、集约化的工业和农牧业生产经营方式的基础之上,鄂尔多斯主动打响了生态保护建设保卫战;为使生态达到平衡,鄂尔多斯实施转移农村牧区人口,禁牧、休牧、轮牧等措施以减轻生态压力;实施退耕还林、退牧还草等生态建设工程;同时,还大力发展林沙等环保产业,实现产业发展与生态建设的良性互动。

鄂尔多斯人从未停止过与沙化的抗争。土地贫瘠、沟壑纵横、生态脆弱、十年九旱的鄂尔多斯,在发展经济的同时,把生态建设作为最大的基本建设来抓。

工业化、城市化持续快速发展,使鄂尔多斯具备了工业反哺农牧业、城市支持农牧区的基础,禁牧、休牧、轮牧,舍饲养殖,一系列有效措施相继实施。截至2010年,鄂尔多斯52.4%的草原实施了禁牧,47.6%的草原实施休牧、轮牧,草原得以休养生息;实施"转移收缩"战略,先后转移了37.2万农牧民;实施"大漠披绿"和"水草丰美"工程;全市集中建成18个农牧民转移安置小区,为转移出来的农牧民提供一份工作、一份社保、一套住房、一份生活补贴;变革生产方式,改千百年遍地放养的生产方式为高效舍饲生产方式,为生态恢复和治理腾出空间;此外,还大力组织实施了退耕还林、退牧还草、天然林保护、水土保持治理、自然保护区建设等项工程。

据统计,仅2009年和2010年,各级财政投入生态建设资金合计91.5亿元,森林覆盖率由2000年的12%提高到23.01%,植被覆盖率由25%提高到75%,实现了由严重恶化到整体遏制、大为改观的历史性转变。曾经大片大片消失的绿色,又渐渐地回到了这块饱经沧桑的土地上。

（贺勇《草原劲吹反哺风——鄂尔多斯市以"三个回报"践行科学发展观》《人民日报》2011年2月5日,有删节）

这个数字的背后,反映的是鄂尔多斯从由粗放式增长向集约式增长的历史性转变,也标志着这座城市正在从工业文明逐步走向生态文明。在科学发展、跨越发展的同时,生态治理也极大地改善了人居环境。在生态治理的过程中,鄂尔多斯注重打造优美宜居的城市环境,因地制宜地构筑各种园林景观,城市绿地面积大幅增长。如今,"绿色、和谐、宜居"正逐渐成为这座城市的新城市形象,生态平衡和环保意识已经深深嵌入了鄂尔多斯人的脑海。鄂尔多斯正朝着特色鲜明、功能完善的森林城市这一目标迈出坚实的步伐。

四、 本节小结 ▶▷

改革开放的40年历程,我们见证了一座资源型城市的转型之路。在鄂尔多斯接下来的发展中,在大力加强经济硬实力的同时,也把目光转向了对城市文化软实力的塑造。其中,打造城市形象是增强城市软实力的重要手段。城市形象的呈现在很大程度上需要依靠城市自身的特色与资源,并用特定的表现形式在传播渠道中得以呈现。鄂尔多斯要植根于中华民族文化和本土地域文化的土壤,以历史的眼光来塑造城市形象,展现出城市的历史发展和当代繁荣,使世界真切感受到这座城市发展所取得的成就以及独具魅力的文化特色,从而体味城市的人文品格和内在活力。

第四节　井冈山40年: 红色之都的现代化呈现

井冈山市位于江西省西南部,地处湘赣交界的罗霄山脉中段,是隶属于吉安市的一个县级市。井冈山市是一个典型的山区市。井冈山山势雄伟,境内平均海拔381.5米,最高峰江西坳海拔1 841米。1982年,井冈山被列为国家重点风景名胜区;1994年,井冈山又定为全国爱国主义教育基地和国家园林城;2004年井冈山被国家命名为"中国红色旅游基地之首"。

井冈山是中国革命的摇篮。1927年10月,毛泽东、朱德、陈毅、彭德怀以及滕代远等老一辈无产阶级革命家先后率领工农红军来到井冈山,创建了中国第一个农村革命根据地,开辟了"以农村包围城市,武装夺取政权"的具有中国特色的革命道路,中国革命从此走向胜利,使井冈山赢得"天下第一山"的美誉。由此而生的井冈山精神也成为中国革命精神的源头,是中华民族不畏艰险、敢闯新路的信心之源。井冈山精神在改革开放以后,不断得到继承和发展,并放射出一种无形的光辉,成为一代代建设者、拓荒者的精神动力。

基于此,本研究运用《人民日报》图文数据库(1946—2018),通过关键词搜索得到1978年1月1日至2017年12月31日涉及井冈山的报道共331篇,分析这些报道的基本特征,并从关键词、重大事件、"三力"(吸引力、创造力、竞争力)等分析框架进行内容分析,从而能较为客观、准确地描述井冈山在国内权威媒体中的城市形象的基本特征和变化趋势。

一、总体综述 ▶▷

本研究以《人民日报》涉及井冈山的报道时间为参考轴,从篇幅、报道向度、报道是否涉外等方面对报道进行描述,以勾勒出这些报道的基本特征。

(一)《人民日报》涉及井冈山报道的时间分布

井冈山革命根据地创建于1927年,因此每逢个位数为"7"的年份,都是井冈山革命根据地创建的重大周年纪念。如图5-4所示,反映在报道量上,我们也可以清晰地发现,1987年、1997年、2007年、2017年这四个时间点,与前后的若干年相比,报道量都有明显的上升;尤其是在前三个时间点上,对于井冈山的报道量,都比之前所有年份多,由此我们可以推断出,周年纪念日作为"重大事件",是报道的一大重点,也是城市进行自我呈现的一个重要契机。因此,我们基于这个逻辑将改革开放之后井冈山的发展分成四个阶段:① 1978—1986年,改革开放伊始阶段;② 1987—1996年,井冈山革命根据地创建60周年之后的发展阶段;③ 1997—2006年,井冈山革命根据地创建70周年之后的发展阶段;④ 2007—2017年,井冈山革命根据地创建

80 周年之后的发展阶段。Welch 分析发现，$F(3, 18.790)=10.051$，$p=0.000$。Games-Howell 事后分析发现，第一阶段的报道量（$M=2.56$，$SD=1.878$）与第二阶段（$M=6.70$，$SD=3.057$）、第三阶段（$M=9.30$，$SD=5.697$）和第四阶段（$M=13.45$，$SD=6.943$）的报道量相比，均有显著差异；其他各个阶段的报道量之间差异不显著。

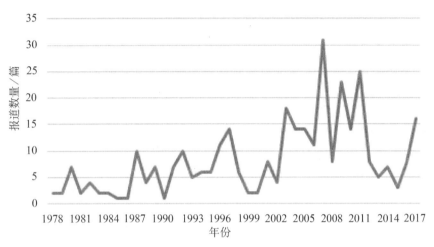

图5-4 《人民日报》涉及井冈山的历年报道数量

（二）《人民日报》涉及井冈山报道的篇幅变化趋势

在所有涉及井冈山的报道中，探究不同时间段变量与篇幅长度变量的交互影响，卡方检验显示，不同时间段的报道篇幅差异是十分显著的（$\chi^2=35.397$，$p=0.000$）。与绝大部分城市相同，涉及井冈山的报道篇幅呈现总体增长的趋势，短篇报道的占比总体减少，中长篇报道的占比总体增加。不过，与别的城市有些许不同的是，改革开放初期，有关井冈山的长篇报道中，占比较高的是第一和第四个时间段。同时，研究图片的出现频率和报道时间段的交互影响，卡方检验显示，不同时间段的差异并不显著（$\chi^2=6.355$，$p=0.096$）。

除此之外，与其他城市不同的是，关于井冈山的报道中，有许多是以文学乃至诗歌的形式呈现的。分析不同时间段变量与报道形式变量的交互影响，发现不同时间段的报道形式差异是十分显著的（$\chi^2=27.925$，$p=0.000$）。

随着时间的推移,关于井冈山的诗歌与其他文学性较强的报道在《人民日报》上呈现的比例有所增加,充分体现了在井冈山在媒体识别上表现出多种维度,这让其城市形象能够以一种更生动感性的方式呈现给读者。

(三)《人民日报》涉及井冈山的涉外报道变化趋势

分析《人民日报》关于井冈山的报道是否涉外与报道时间段的交互关系,卡方检验显示,不同时间段的差异并不显著(χ^2=5.835,p=0.120)。出现这样的结果,与鄂尔多斯类似,首要的原因是40年来,由于井冈山自身的特色,总体的涉外报道量比较有限,并且由于在改革开放的历程中,有关井冈山的报道始终都是围绕着其"革命根据地"的形象展开,其涉外的属性并不明显,因此不难预见,在不同时间段内,关于井冈山的涉外报道的占比变化也并不显著。

(四)《人民日报》涉及井冈山报道的向度变化趋势

从报道的向度来看,《人民日报》涉及井冈山的报道中,正面报道占67.7%,中性报道占31.1%,负面报道占1.2%。卡方检验显示,不同时间段的报道向度呈现并没有显著差异(χ^2=9.728,p=0.137)。与鄂尔多斯相同,涉及井冈山的负面报道占比是非常小的,这也与它的城市特色有着千丝万缕的关系。仅有的负面报道主要关注红色旅游方面的不良现象,其余报道官方媒体大都会以正面或中性的方式去呈现这个"革命圣地",这就使得关于井冈山的报道的向度在不同时间段之间没有显著差异。

二、《人民日报》对井冈山的报道内容趋势分析 ▷▷

对《人民日报》涉及井冈山的报道进行进一步的内容分析,遵循上述的时间段划分,将井冈山40年来的改革开放历程分为四个阶段:① 1978—1986年,改革开放伊始阶段;② 1987—1996年,井冈山革命根据地创建60周年之后的发展阶段;③ 1997—2006年,井冈山革命根据地创建70周年之后的发展阶段;④ 2007—2017年,井冈山革命根据地创建80周年之后的发展阶段。不同阶段的报道有如下特点：

（1）按报道主题进行分析，卡方检验显示，不同时间段的报道主题差异显著（$\chi^2=25.895, p=0.011$）。我们可以看到，作为革命根据地，有关井冈山的报道中，政治类的报道在所有时间段都是占比最高的；其次是文化报道，这主要也是由于其政治上的特殊地位，引申出了许多与之相关文艺的作品和以红色革命根据地为基础的文化旅游特色。经济在第二个时间段占比较高，社会民生在第三个时间段占比较高（见表5-16），这反映出在这两个时间段，井冈山在城市发展建设方面的不同侧重点，这与许多城市在发展上的趋势也有类似之处。只是由于井冈山的政治与文化属性更为明显，导致这一发展上的变化较难被察觉。

表5-16 1978—2017年《人民日报》井冈山报道主题占比情况

时间段 ＼ 报道量占比（%）	政 治	经 济	文 化	社会民生	其 他
1978—1986年	45.8	12.5	37.5	4.2	0
1987—1996年	37.5	23.4	29.7	9.4	0
1997—2006年	36.2	16.0	30.9	12.8	4.3
2007—2017年	56.4	14.8	18.8	4.0	6.0

（2）分析不同时间段的报道对象占比，卡方检验显示，不同时间段所报道的对象差异十分显著（$\chi^2=32.586, p=0.005$）。与报道主题类似，在所有关于井冈山的报道中，主要还是以政府为报道对象；除了以政府为报道对象之外，事业单位也占据了一定的报道比重，这与井冈山的革命属性以及其引申出的"井冈山精神"的关系是密不可分的，因为关于事业单位的报道往往以学校（包括在学校的一些学者）、展览馆为主，其所宣传就是这座城市的革命性和城市精神，正是由于"井冈山精神"的不断发扬光大，有关这些宣传的报道占比就会增加。此外，以企业为对象的报道在第二、第三阶段占比相对别的时间段而言较多，有关民众的报道占比总体增加，这些趋势都和大

部分城市是类似的(见表5-17)。也就是说,报道对象也逐渐转向微观的方面。值得一提的是,有关环境的报道占据了不少的比重,但是所涉及的具体报道都是对井冈山景色的正面描写,形式比较多样,既有常规报道,也有诗歌与文学作品,后者内容大都是借景物表达对革命精神的高度赞扬。

表5-17   1978—2017年《人民日报》井冈山报道对象占比情况

报道量占比(%) 时间段	政府	企业	事业单位	民众	环境	其他
1978—1986年	58.3	0	12.5	4.2	8.3	16.7
1987—1996年	64.1	9.4	14.1	3.1	3.1	6.3
1997—2006年	38.3	8.5	25.5	7.4	7.4	12.8
2007—2017年	59.1	0.7	15.4	11.4	4.7	8.7

(3)分析不同时间段对产业的报道占比,卡方检验显示,不同时间段所报道的产业差异十分显著(χ^2=41.779, p=0.000)。结合井冈山的特色,我们可以发现,除了早期还有一些农业的报道,大部分时候,涉及产业的报道主要是以旅游业为主的第三产业,这个产业的报道量占比在前三个阶段不断上升,展现出它在城市经济建设中的重要地位;到了第四个时间段,井冈山的政治属性被重新提到了一个高度,因此不涉及产业的报道占据了绝对主导地位(见表5-18)。

表5-18   1978—2017年《人民日报》井冈山报道产业占比情况

报道量占比(%) 时间段	不涉及产业	第一产业	第二产业	第三产业
1978—1986年	66.7	8.3	4.2	20.8
1987—1996年	59.4	1.6	9.4	29.7
1997—2006年	61.7	0	2.1	36.2
2007—2017年	85.2	0.7	2.0	12.1

（4）从关键词分析，卡方检验显示，不同时期关于井冈山的报道关键词差异十分显著（$\chi^2=29.964$，$p=0.003$）。在这里我们可以看到，以"发展"为关键词的报道占据了主导地位（见表5-19）；这里既有城市建设、产业发展，也有精神文明建设的发展。"开放"与"创新"形成了一个"跷跷板"现象，前者的报道大多与旅游的开放有关，后者更多的是文艺作品的创新，这也体现出在不同时间段城市所重点推动或呈现的内容的不同。

表5-19　1978—2017年《人民日报》井冈山报道关键词占比情况

时间段 ＼ 报道量占比（%）	改 革	开 放	创 新	发 展	治 理
1978—1986年	0	4.2	25.0	66.7	4.2
1987—1996年	0	28.1	3.1	60.9	7.8
1997—2006年	6.4	20.2	4.3	60.6	8.5
2007—2017年	24.2	2.0	24.8	41.6	7.4

（5）分析时间段和"三力"之间的交互影响，卡方检验显示，不同时间段对"三力"的关注程度的差异是显著的（$\chi^2=16.608$，$p=0.011$）。早在20世纪80年代，井冈山就以红色旅游基地闻名，因此城市在吸引力方面的报道占比在绝大部分时间段都占据了主导地位；仅有的例外是在第二个时间段，与报道主题与报道对象相呼应，这一阶段井冈山重视经济建设，《人民日报》较多地报道企业，关注点也主要在竞争力上（见表5-20）。

表5-20　1978—2017年《人民日报》井冈山报道"三力"占比情况

时间段 ＼ 报道量占比（%）	吸引力	创造力	竞争力
1978—1986年	54.2	12.5	33.3
1987—1996年	35.9	3.1	60.9
1997—2006年	58.5	3.2	38.3
2007—2017年	59.1	5.4	35.6

三、媒介中呈现的井冈山城市形象变迁 ▶▷

（一）城市建设的故事

改革开放以来，井冈山和它所在的江西吉安地区迎来了新发展，粮食增产，人均纯收入增加，人民生活有了明显的改善。林业和多种经营蓬勃发展。改革开放前，由于"左"的思想影响，尽管国家给钱给物扶助，但农村经济仍然发展缓慢，全市一半以上的人口都是贫困户，甚至有的农民连温饱问题都解决不了。推行联产计酬的生产责任制后，革命老区经济形势有了很大的改变，其中永新县海里田镇短短几年发展了桑田千余亩，出现了许多家庭小桑园，养蚕育桑这项新兴副业正在全县发展着；永丰县北坑乡开掘了地下资源小起了萤石矿，一年的产值相当于全乡工农业的总产值；遂川县人民以传统的板鸭加工技术为基础，同时发展养殖加工和羽绒系列产品，仅此项目每年产值就有数千万元；在井冈山，许多荒山草坡现在都种上了柑橘，许多家庭有了小橘园，既为井冈山增色，又为人民开辟了财源。不仅如此，井冈山在开发和建设中开始跳出单纯农业的圈子，广辟致富门路，实行开放式经营，陆续开办了100多个企业。经过几年的发展，在农村，一幢幢新房拔地而起；山区富裕起来了，人们的文化生活也丰富起来，井冈山学文化、谈科学的人多了，渴求科学技术的欲望越来越浓。许多人自订书报杂志，学文化、学科学；井冈山有各种类型的教学班与业余学校，在校学生有万余人之多。

到了20世纪80年代后期至90年代初期，为了进一步使井冈山的人民摆脱贫困，国家确立了"依靠科技进步，发展区域性支柱产业，开发山区经济"的指导思想，在井冈山开展科技扶贫，令井冈山零散、落后的传统农业逐渐过渡到种植、养殖加工、农工贸相结合的现代大农业。在科技扶贫的思想指导下，许多农科新技术，比如板田育秧、杂优良种、柑橘嫁接等被推广到生产中，老区人传统的"守着几分田，不愿冒尖尖"的思想逐渐转变，科技意识和商品意识被逐步培养起来。

井冈山毛竹资源十分丰富,但过去由于是"只向毛竹索取、不向毛竹投入"的掠夺式经营,竹林日益衰减。井冈山"毛竹资源开发及系列产品加工"项目实施以来,井冈山市积极依靠科技进步,成功实施了"3213"工程,即用三年时间,建成两个工业原料基地,营造一万亩竹林,改造三万亩毛竹。本着"一竹三育,为民造福;二龙戏竹,砍伐并举;苦战三年,绿遍井冈"的总体开发宗旨,井冈山市举全市之力进行毛竹资源开发,加大技术力量和资金投入。产品开发走向全竹利用,竹材加工从原来家庭小作坊加工,发展到现在具有现代机械化的工厂 10 多家,并已开发出工艺扇、曲竹家具、高档竹凉席等 100 多个品种,使每根毛竹比过去增值 5 至 10 倍。

　　(李庐琦、胡刚毅《井冈山科技扶贫结硕果　毛竹开发利用成为支柱产业》,《人民日报》1995 年 6 月 30 日,有删节)

　　除了农业,井冈山在第二产业的发展上也取得了不俗的成绩。如井冈山电子材料厂生产的电视铜管天线,质量达到全国一流水平,产品一直供不应求。该厂不仅重视质量,而且守合同、讲信誉。从一个长期亏损的小企业,一跃成为年利润超百万元的赢利大户,成为井冈山利税大户。

　　井冈山风光迷人,又有着光荣的革命传统,旅游资源潜力巨大。井冈山结合自身实际,发展以旅游业为主的第三产业,敞开城门山门,热情待客,采取优惠政策招商引资,从而振兴老区经济。吉安地区在井冈山上举行经贸洽谈暨旅游活动,海内外客商登上井冈山,对着壮丽的景色赞叹不已。短短几天时间里,招商引资成交额达数亿元。此时的革命老根据地井冈山,已经成为我国"旅游胜地四十佳"之一。旅游事业蓬勃发展一并带动了商业、建筑、园林、交通、轻工业和文化、教育、科技等行业的发展。到了 20 世纪 90 年代中期,井冈山加快建设的步伐,交通、能源、邮电、旅游等基础设施日臻完善。借助井冈山革命根据地创建 60 周年的契机,大井、黄洋界、茨坪等处的革命遗址、旧居全部修缮一新,还兴建了井冈山革命烈士陵园。再加上已经开放的五潭五瀑和美人石、揽云台等景点以及大井毛泽东旧居及龙潭红军洞等现代人文景观,井冈山的红色旅游已经初步成形。

20世纪末至21世纪初，井冈山在已有的城市基础设施建设之上，着力改善生态环境，对城区主要人行道、临街违章建筑以及挹翠湖进行改造。井冈山的支柱产业是旅游业，为改善旅游环境，井冈山在保护资源的前提下，加大红色遗址的修缮力度，将遗址重新加以规划，使之成为一座座园林式的景点，并且还在景区及全市大搞植树造林，实施"林相改造""翠竹工程"等绿色工程，垃圾中转站、处理场、污水处理等一批环保工程得到完善，城市承载能力得到提高。曾经的偏远山区已经焕然一新，展现出一幅生机勃勃、欣欣向荣的景象。除此之外，井冈山依据自身山林多、耕地少的特点，大力发展"三高农业"和"旅游农业"，并推进生态农业的有效发展，重点发展优质稻、绿色菜、花卉生产等，井冈山产的大鄣山茶畅销欧洲市场，碧云大米也俏销东南亚地区。

随着井冈山基础设施更加完善，交通更加便捷，井冈山的旅游产业发展也更加迅速。井冈山一方面在全力维护革命旧址、旧居，高举红色旗帜；另一方面，大力开发水口、龙潭等自然景区，做足绿色文章。"红"与"绿"交相辉映，相得益彰。作为旅游的配套工程，井冈山"农家乐"也发展迅猛，红米酒、南瓜酒等旅游食品和纪念品的开发初具规模。

2月9日，农历腊月二十六，江西井冈山菖蒲古村村头的古樟树苍翠挺拔，红红的灯笼挂满了村里的"农家乐"，吴建中的"农家餐馆"前桂花散发出淡淡的幽香。

"生意火爆，人气大旺！每天忙得连轴转。"吴建中抑制不住内心的喜悦。

一年来，老吴家新购置了6台空调、3台冰柜、16套桌椅；家里的客厅和6间厢房全部辟为"雅间"，还在后院新扩建400余平方米的餐厅，可同时容纳200人就餐。老吴说，一年前村里几天也难得有几桌客人，那时全村也就7家"农家乐"餐馆。目前，已发展至55家。许多客人慕名而至，为了结算方便，老吴还在家里设置了农行和中行POS刷卡消费机各一台。

"感谢国家修通了泰井高速路，客人方便来；感谢新农村建设，村里的环境优美多了,客人愿意来。"老吴满怀感激。

不到 12 时,老吴家后院里已停满汽车,前来用餐的游客人声鼎沸。

老吴说,一年来,约有 5 万人次的游客来他家食宿,全年经济收入预计可超过 80 万元,比上年增长了 4 倍多。

说到高兴处,老吴带着记者走进他家的储藏间,那儿全是塞满熏腊肉的缸和塑料桶,还有刚到茨坪采购的几箱金橘。"这些远远不够! 过几天小儿子还要开车到吉安采购更多年货。"老吴说。

（任江华、杜榕《开办农家乐　古村更兴旺》,《人民日报》2010 年 2 月 11 日,有删节）

近年来,国内外大批游客来井冈山接受传统教育,休闲观光,井冈山红色旅游更发红火。依托良好的生态资源环境,井冈山把旅游产业链向农村延伸,将农业产业基地直接与旅游市场对接,推动观光农业、生态农业共同发展。

与此同时,红色旅游也为井冈山的贫困户脱贫致富提供了可持续的途径。井冈山建立了扶贫发展基金,并通过各种金融支持模式解决贫困农户的资金困难,从而使得各乡镇陆续建立的特色支柱产业。借助互联网发展的东风,井冈山建成电商脱贫站点,形成"电商 + 扶贫"新型产业扶贫模式,让自己生产的优质农产品走出大山。在产业扶贫之外,对于特困户,井冈山政府在帮扶资金之外,号召他们将自家的土地、山地作股,入股金融产业或农民专业合作社,让贫困户获得长期稳定收益。针对完全丧失劳动能力,或因病、因残等致贫的贫困群众,井冈山政府自掏腰包,不断叠加实施相应的保障政策,确保这部分贫困群众年年收入有增加。通过各种措施,2017 年 2 月,井冈山市在全国实现率先脱贫"摘帽",老区人民过上了美好生活,致富之路指日可待。

（二）革命纪念的故事

作为革命的摇篮,井冈山地区的纪念活动也从未停止过。改革开放伊始,井冈山会师纪念碑落成;政府也举办了许多纪念活动,如怀念井冈山革命时代的老战士,以及对于毛泽东同志开辟和坚持井冈山革命道路的伟大实践的回顾,都反映着改革开放之后国家对于这个革命摇篮的关注也从未减退。许多井冈山的故事,也在不断被传颂。

一九二九年初,彭德怀同志率领红五军的一个团留守井冈山,吸引湘赣两省"会剿"的敌军,掩护红四军向赣南闽西一带进发,开辟新的革命根据地。

红四军离开井冈山刚刚三天,敌军即以二十一个团的兵力,疯狂地向井冈山根据地扑来。彭德怀同志不顾天气严寒,亲临前线,率红五军和地方武装,与十数倍于我军之敌激战了七天七夜,打退了敌军的几十次进攻,消灭了大批来犯之敌。

国民党反动派攻不下井冈山,就在宁冈县的斜源村用两百块银洋的威胁利诱,收买了一个游民,要他带路偷袭井冈山。为了保存我军的实力,避免全军覆灭,彭德怀同志命令红五军突围,同时命令地方武装掩护群众向老井冈山和宁冈的五保一带深山中坚壁清野。红五军边打边撤,终于突出了敌军的重围。四月间,乘蒋、桂军阀混战,盘踞井冈山的敌军兵力空虚,彭德怀同志率领红五军,又打回了井冈山,收复了失地。

井冈山人民遭到敌人疯狂的摧残,生活非常困苦,彭德怀同志便命令部队将缴获的敌人的银洋、粮食、食盐、猪肉等,分发给群众,并帮助群众修建房舍,重整家园。彭德怀同志到井冈山的第二天,就亲自带着红五军在茨坪东面小溪的桥头上,发银洋救济井冈山群众,不分大人小孩,每人发一块银洋。

(汪为公《井冈山的一块银洋》,《人民日报》1979年12月15日,有删节)

当年彭德怀同志发给井冈山群众发的一块银洋,已经成了井冈山革命博物馆的一件藏品。井冈山革命博物馆建立于1959年,它正是为纪念这段光辉的斗争历史而建立的。改革开放之后,博物馆经历过多次调整,藏品也不断充实丰富：在毛泽东同志诞辰九十周年之际，博物馆增加了新的革命文物、历史文献手稿、照片、图表等，充分体现了毛泽东同志在中国革命中的建树，更加翔实地介绍了当时革命斗争的情况。1987年，在井冈山革命根据地创建60周年之际，井冈山革命博物馆再次整修、充实。这次的整修充实，改变了过去只限于宣传红四军在井冈山斗争时期的情况，以及过于突出个人作用的宣传，增加了党的井冈山斗争时期的领袖、群众、地方武装的介绍，增加了红五军在井冈山斗争时期的业绩的介绍和宣传。1997年，博物馆在之前整修改造的基础上，又进行一次全面的调整、充实和提高。内容上，将井冈山斗争的历史背景介绍前伸到中共三大，还增加了党的三代领导人以及老红军在井冈山活动的专题图片；结束部分后延至中华人民共和国成立。2004年，中央启动了全国爱国主义教育示范基地建设"一号工程"，井冈山革命博物馆改扩建工程成为其中3个重点项目之一。历经三年，新馆呈现出与以往几次改建相比全然不同的新面貌，仅展厅面积就比原馆扩大了3倍，并且大量运用声、光、电等现代化的高科技手段布展，并且增加了融陈展、造型艺术与声光电、多媒体艺术为一体的大型场景，形象逼真地再现了井冈山斗争的光辉历史。一批批"青年志愿者"和"红领巾导游员"为前来参观的游客诠释出伟大的井冈山精神，宝贵的精神财富在这里得以传承。

四、本节小结 ▶▷

在长期的革命斗争和改革开放进程中，全国各地形成了一大批丰富的红色资源。这些宝贵的财富，既深刻反映了中国共产党人的革命传统和崇高思想，也是在新时期不断取得改革开放和社会主义现代化建设成就的强大精神力量。在这些方面，井冈山都是很好的示范。如今红色旅游越来越热，井冈山应借此机遇，发扬并充实"井冈山精神"的内涵，建设有中国特色社会主义的共同理想，将推进现代化建设和构建和谐社会的宏伟大业联系在一起，这既是最好的继承，也是最好的发展。

第六章

结语与讨论

不是所有的城市都会受到上天的眷顾，能够拥有优越的地理位置，充分享受改革制度的红利优势。即使在那些享有制度红利的城市，改革开放40年的发展路径和特点也不尽相同。

对于沿海城市而言，第一次制度红利来自"特区"政策。1979年4月，邓小平同志首次提出要开办"出口特区"；1980年5月，中共中央和国务院决定将深圳、珠海、汕头和厦门这四个出口特区改称为经济特区。"特区"其实质就是以减免关税等优惠措施为手段，通过创造良好的投资环境，鼓励外商投资，引进先进技术和科学的管理方法，以达促进特区所在国经济技术发展的目的。40年以后的今天，回过头来看当时的四个特区城市，只有深圳脱颖而出，成为中国的超级城市。

在中国，对于大城市而言，拥有同样的制度红利的是"直辖市"。现已有北京、上海、天津和重庆四个直辖市，北京和上海这两座城市已成为全球超级城市，比肩香港、新加坡，并和纽约、伦敦、东京和巴黎等顶级全球城市竞争。而天津和重庆还在和一些省会城市竞争，其间的差异让人唏嘘。

即使就省会城市而言，广州、杭州也明显和其他竞争者拉开了差距。广州已跻身全球城市行列，而杭州也逐渐成为全球电子商务中心。中国的改革开放政策在这些地方的深入推进，叠加全球化的世界潮流，让这些城市成为中国经济的代表，开始深入参与全球区域的竞争。

媒体对城市的报道，就像城市历史的大事记，用编年体的方式记载了城市的兴衰成败；又像生动翔实的纪录片，用文字和图像书写了市民的家长里短、市井生活。归纳这些有代表性的中国城市40年图景，我们试图去探索、发现、理解中国城市改革开放40年的线索和逻辑。

第一节　以北京、上海、广州和深圳为代表的超级城市正在崛起

北、上、广、深俗称中国四大超级城市，这种称法不是任何官方的归类，因为这四个城市按行政序列分别属于直辖市、省会城市和副省级单列城市，但到现在却已成为国人公认的对中国城市的划分标准。我们能找到的最适合这一标准的是按城市GDP的排序（见表6-1）。

表6-1　中国城市GDP总量排序

排　序	城　　市	GDP（亿元）	GDP增长	人口（万）
1	上海	30 133	6.90%	2 418
2	北京	28 000	6.70%	2 171
3	深圳	22 286	8.80%	1 090
4	广州	21 500	7.30%	1 404
5	重庆	19 530	9.50%	3 372
6	天津	18 595	3.60%	1 547
7	苏州	17 000	7%	1 065
8	成都	13 890	8.10%	1 592
9	武汉	13 400	8%	1 077
10	杭州	12 556	8%	919

资料来源：国家统计局2017年数据，www.stats.gov.cn。

北上广深与后面城市的差距在于这四座城市都迈入了2万亿元GDP的大关。以上四座城市GDP达到2亿元的时间节点分别是：上海是2012年，北京是2014年，深圳是2016年，广州是2017年。GDP是指一个国家（或地区）所有常住单位在一定时期内生产的全部最终产品和服务价值的总和，反映了城市作为一个经济体的总体发展规模和水平。超级城市正在全球崛起。2018年8月，美国智库布鲁金斯学会都市政策项目小组发布的研究报

告《2018全球大都市监测报告》(Global Metro Monitor 2018)显示,在其根据人均GDP增长率和就业增长率两项指标选择的300座大都市中,亚洲国家特别是中国的城市占据半壁江山,且排名普遍靠前。该报告认为,大都市对经济发展的影响比任何时候都更加明显,而这种作用随着城市的聚集效应的发展还在不断放大。据报告统计,2016年,全球300个大都市以全球1/3的劳动力贡献了近一半的经济产出。而在同年全球GDP实际增长量中,大都市贡献率高达66.9%(Bouchet等,2018)。

我们对《人民日报》的研究也发现了类似的现象。即使在以平衡报道各区域为基础的中央机关报,对中国超级城市北上广深的报道在深度上则更加突出。对城市报道的平衡性,体现在配图上,在862篇图文新闻报道中,和超级城市有关的占49.8%,和其他城市有关的占50.2%,两类相差不大。但在报道篇幅和内容上,两类城市则差距显著。长篇报道总计800篇,和超级城市有关的共449篇,占总数的56.1%;而其他城市的报道仅有351篇,占总数的43.9%,统计差异显著。而在内容上,超级城市体现出更多的全球性,涉外新闻报道共计1 651篇,超级城市有1 139篇,占总数的69%;而其他城市只有512篇,占总数的31%,两类城市差距十分显著。

综合中国超级城市的发展,有以下几个特征:

(1)直通全球的国际机场。在2017年全球机场吞吐量TOP 50的排名中,上海浦东、虹桥两个国际机场都在其中,分列第9位(7 000万人次)和第45位(4 188万人次),北京的首都机场排第2位(9 579万人次),广州的白云机场排第13位(6 584万人次),深圳的深圳机场排第33位(4 561万人次)。以上这些都已成为重要的世界航空枢纽(罗之瑜、周可,2018)。

(2)发达的城市轨道交通。在这方面,中国的大都市后来居上,占据世界前列。截至2018年3月,上海地铁全网运营线路总长673公里,运营里程居世界第一;北京地铁运营里程574公里,居中国第二、世界第二;广州地铁运营里程391公里,居中国第三、世界第四;深圳地铁运营线路总长285公里,居中国第五[①]。

---

① 数据来自各地铁公司网站统计数据。

（3）高度发达的金融服务业。随着城市经济发展动力从过去的自然资源集约模式向资本、人才的规模化发展模式转变，有优势的大型城市都采用集聚化的方式发展金融服务业，来吸引资本、人才、商品、信息和科技的流入、汇集，通过金融中心的建设来提高城市配置资源的能级。中国的超级城市也发挥各自的优势，大力冲刺国际金融中心的建设。如由英国智库 Z/Yen 集团于2018年9月发布的"第24期全球金融中心指数"，上海位列第5，北京位列第8，深圳位列12，广州位列19（综合开发研究院，2018）。

（4）改革先行先试的制度优势。如深圳在全国率先成立经济特区，从一开始就以经济体制改革为中心，以促进经济增长为目标，以建立社会主义市场经济体制为主线展开改革。1992年，深圳成为邓小平同志南方谈话的发源地，直接推动了2.0版本的改革开放。上海也在改革开放的先行先试上得到了制度优势，如1990年成立了浦东新区。28年来，浦东的经济总量从1990年的60亿元跃升到2017年的9 651亿元，年均增长15.1%，成为中国面向世界的重要窗口。正如习近平总书记所言，"浦东发展的意义在于窗口作用、示范意义，在于敢闯敢试、先行先试，在于排头兵的作用"（李泓冰等，2018）。

第二节　重大文体事件对城市形象的传播起着至关重要的推动作用

对于城市形象推广而言，获得公众注意力是核心诉求。追踪前述中国城市改革开放40年的形象焦点，我们发现重大事件对于城市形象的全球推广起到了至关重要的作用。

如对北京而言，2008年奥运会成为北京走向全球城市的重要推手。奥运会是具备全球知名度的重大体育盛会，对2000年奥运会的研究发现，奥运会给悉尼带来87%的全球知名度，通过大众媒体对2000年奥运会的报道，将悉尼的运动形象和贝壳型的歌剧院紧密关联，并造就了高资产的澳洲品牌（安浩，2010：95）。对北京奥运会的报道的研究，同样发现了这一规律,通过分析2000—2015年《泰晤士报》(英国)、《费加罗报》(法国)和《明镜周刊》(德国)的三家欧洲主流媒体的2 273份新闻报道,来观察欧洲媒体中北京形象的发展和变迁。研究发现,首都性是影响北京城市形象的首要因素,而重大事件则成为影响北京城市形象的第二大最突出的新闻类别,体育赛事相关话题共占449个(19.8%),其中奥运会是主要因素,有329篇提及了北京奥运会(Xu, Cao, 2018)。《泰晤士报》将外国人对2008年北京奥运会的印象描述为"Newly rich and modern",认为2008年的北京奥运会"上演了一出让世界对新中国的实力印象深刻又略感震惊的节目"(Macartney,2007)。

类似地,2010年世博会也成为上海迈向全球城市的一个里程碑。有学者对2009年11月到2011年4月期间10个国家30家英文报纸的上海相关新闻报道进行了内容分析,研究发现2010年上海世博会影响了媒体对上海报道的议程,世博会不仅是大多数报道的主题,也是这段时间最重要的新闻(Xue等,2012)。但与奥运会相比,世博会作为文化盛会知晓度还是略逊一筹,影响上海城市形象的还有"自贸区成立"这一事件。

重大事件对城市形象的推动的一个重要因素是其时间跨度比较长,知名度的衰减速度非常慢。如北京2008年奥运会是从2000年北京开始申办就报道,申办成功以后,围绕场馆建设和配套服务的城市更新报道都一直持续,并在奥运会当年达到了报道顶峰,且影响余波一直持续到2012年的伦敦奥运会。奥运会作为一个城市的报道主题跨越十多年,其作用至关重要。

世博会对上海城市建设的推动同样如此,从1999年申办到2010年举办,也跨越了十余年。但世博会作为文体盛会,其影响力还无法和奥运会媲美,媒体曝光率在举办当年达到高峰就戛然而止。大型世界盛会(奥运会、世界杯、世博会)是较长时期获得全球媒体聚光灯的绝佳机会,主办地城市也可借此外力推进城市发展的革命性规划。可以这样说,北京、上海作为后起追赶的中国城市,充分抓住了这一历史机遇,不是简单的"烧钱"建场馆,而是将其和城市发展、城市更新相结合,在产业结构调整、区域功能布局和城市服务功能提升上都起到了显著的效果。

第三节　吸引力、创造力和竞争力是中国城市现代化的评价体系核心

2017年3月5日，习近平总书记在参加全国人大上海代表团会议时强调，解放思想，勇于担当，敢为人先，坚定践行新发展理念，深化改革开放，引领创新驱动，不断增强吸引力、创造力、竞争力，加快建成社会主义现代化国际大都市。"增强吸引力、创造力、竞争力"这不仅关乎上海的未来发展之路，也概括性地提出了中国城市现代化发展的评价标准。

城市吸引力、创造力、竞争力的内部要素主要包括制度资本、环境资本和人力资本等方面。人力资本对于全球城市建设具有关键作用，宽容的人文与制度环境即制度资本是推动全球城市建设的重要因素，也是经济发展和社会进步的综合内动力，而自然环境及公共基础设施构成了全球城市具有吸引力、创造力、竞争力的基础要素。这些要素的集中度体现出集聚效应，频繁的信息交流和高密度的社会交互，能提高全球城市的吸引力；而另一方面，由于城市居民个体的差异，以及他们在知识、技能、思想和行为方式等方面的差异带来的人力资本要素的多样性也是全球城市产生创造力的土壤和发展的动力。城市吸引力、创造力的不断提升，不仅奠定了城市经济发展的总基调，同时也使"人文情怀"的感染力和辐射面不断扩大，最终汇聚推动城市竞争力的提升，形成城市发展的综合实力和不竭动力。

简而言之，吸引力是魅力，创造力是动力，竞争力是实力。只有通过吸引力、创造力的两轮驱动（魅力攻势叠加创新驱动），最终才能实现竞争力的飞跃。从《人民日报》的相关报道也可看出这一中国城市形象的发展之路。

如表6-2所示，不同类型的城市的"三力"发展路径不同，统计差异显著。超级城市关于吸引力的报道占比最高，达到61.47%；创造力的报道占比最少，达到10.73%。特色城市则在竞争力的报道上比较突出，占比最高，达到37.55%。省会级中心城市关于"三力"的报道相对比较平衡。这种差异是不同类型的城市发展之路造成的。对于超大城市而言，在新闻报道当

中,更多的是突出自身的地缘或制度吸引力,从而提升城市的综合竞争力。而对于特色城市而言,由于其城市知晓度较低,往往是通过强化自身的竞争优势,来提升城市的吸引力。

表6-2　不同城市类型的"三力"报道分布

城市类型	吸引力	创造力	竞争力	合　计
超级城市	2 458	429	1 112	3 999
占比	61.47%	10.73%	27.80%	100.00%
省会级中心城市	1 451	203	745	2 399
占比	60.48%	8.46%	31.05%	100.00%
特色城市	545	87	380	1 012
占比	53.85%	8.60%	37.55%	100.00%
合计	4 454	719	2 237	7 410
占比	60.11%	9.70%	30.19%	100.00%

　　城市吸引力、创造力、竞争力评价是对城市的经济社会发展的全面性测评和分析,反映了城市的自然环境、基础设施、经济发展能力、物质文化创造能力等方面。除了从媒体报道间接反映城市的发展现状和趋势。我们认为,可通过直接建立测量指标统计体系,以此来全方位、准确地反映城市的现实情况。指标体系是测度吸引力、创造力和竞争力的重要尺度,其是否合理直接影响到评价结果。但由于现实条件的限制,并非所有的指标都能理想地获得相应的数据,所以必须对评价指标进行取舍。

　　城市吸引力侧重于城市外部主体对城市的感知、体验和显著印象,是促使外来者前往目的地城市的主观性软指标。它应该包括:城市环境吸引力、交通便利性、城市生活吸引力、经济吸引力、文化吸引力、信息传输速度、旅游吸引力等一级指标。

　　城市创造力指的是以实现科学技术增强城市经济增长原动力为目标,以人力资本集聚为核心,充分发挥知识人才的潜力,以制度政策创新支持为动力,以创造主体的活跃度为活力,将创造构想转化为新产品、新工艺和新服务的综合能力系统。科学技术、知识、人才、制度政策、管理与服务创新是其主要影响因子，创造潜力、创造活力、创造动力和创造实力是城市创造力的主要衡量指标。城市创造力的重要体现就是要让城市成为一个区域创新体系完善、创新要素高度集聚、科技创新支撑发展、创新创业氛围浓厚的地方。城市创造力应该包括：创新、创意、创造、创造力环境四大指标。

城市竞争力是在城市基础设施、经济结构、文化与价值观念、制度政策等多个因素综合作用下创造和维持的，一个城市为其自身发展在其从属区域内进行资源优化配置的能力，从而获得城市经济的持续增长。城市竞争力侧重于刚性的硬指标，包括资本、科技、产业结构、基础设施、区位环境、文化、制度、政府、企业等指标要素。城市竞争力的支撑体系包括：资金流、人口流、信息流、技术流等。这几种要素流通常是相互交织在一起的，其中任何一种要素的流动都会带动其他一种或多种要素的流动。以上要素流具体包括：经济与市场（资金流），区位与交通和旅游（人口流），城市货运（物流），信息、文化经济与交流（信息流），研究开发水平（"三创"），环境、卫生与教育（城市网络）。

第四节 城市媒体形象的形成来源于城市核心竞争优势的识别

设想一下媒体关于城市的报道是如何生产和传播的。记者出于编辑部指引或个人兴趣，在一些城市采访了政府、企业、其他组织或个人，收集了相关主题的各类资料，但对记者而言，这些信息只有部分是他们感兴趣的，或被他们认为是有价值的。选择性地使用这些信息，他们或写时事新闻，或写人物报道，或写长篇通讯，或写时政评论。而编辑则基于"新闻价值"，给予这些信息适当的篇幅和版面，甚至配图。这些新闻报道构成了公众对各个城市的认知图景。

人的认知资源是有限的,认识事物就喜欢贴"标签",这个"标签"从正面角度来看,可以是积极的城市品牌建构;从负面的角度来看,也可以是对城市的刻板印象。从认知心理学出发,人们用头脑中固有的知识、立场和态度来加工外部信息,形成自己的决策和判断。这种形象的形成模式给城市形象的研究者提出了一个严肃的问题,既然不同个体基于自身的立场和思维看待城市得出不同的印象,那还存在着相对客观的城市形象吗?我们认为,这种相对独立的客观城市形象还是存在的,媒体对城市的长期报道特征既塑造了公众对城市的认知框架,反过来这种认知框架又会进一步强化公众对城市的认知偏见。

40年来,中国的变化翻天覆地,能记录在媒体上的犹如沧海一粟。那为何这些信息会被记录,记者和编辑选取的标准又是哪些?我们对中国12个代表性城市的新闻报道的分析,其核心基础在于对各个城市的核心竞争优势的识别上。

竞争优势识别系统(competitive identity)是营销学家西蒙提出的管理国家或地区形象的概念,把品牌管理与公共外交、贸易、投资、旅游及出口推广综合起来(安浩,2010:5)。西蒙认为,媒体建构城市品牌的核心就是识别城市的竞争优势,而对竞争优势的良性传播又能构成城市品牌的良性循环。

改革开放40年以来,《人民日报》对各个城市的新闻报道形式多种多样,我们关心的重点是那些被反复提及的内容或主题,因为这些信息频繁被提及,将更容易被读者记住,进而潜移默化地影响公众对城市的认知框架,我们通过归纳主题词进行了相应的初步分析(见表6-3)。

表6-3　不同城市主题词分布占比

城市		改革	开放	创新	发展	治理	合计
北京	计数	77	135	88	484	215	999
	占比	7.70%	13.50%	8.80%	48.40%	21.50%	100.00%
上海	计数	63	213	56	381	287	1 000
	占比	6.30%	21.30%	5.60%	38.10%	28.70%	100.00%

（续表）

城市		改革	开放	创新	发展	治理	合计
广州	计数	32	149	96	280	443	1 000
	占比	3.20%	14.90%	9.60%	28.00%	44.30%	100.00%
深圳	计数	112	176	69	307	336	1 000
	占比	11.20%	17.60%	6.90%	30.70%	33.60%	100.00%
成都	计数	38	83	52	201	226	600
	占比	6.30%	13.80%	8.70%	33.50%	37.70%	100.00%
杭州	计数	26	127	93	145	208	599
	占比	4.30%	21.20%	15.50%	24.20%	34.70%	100.00%
武汉	计数	66	38	49	273	174	600
	占比	11.00%	6.30%	8.20%	45.50%	29.00%	100.00%
沈阳	计数	115	110	40	135	200	600
	占比	19.20%	18.30%	6.70%	22.50%	33.30%	100.00%
义乌	计数	16	38	7	115	37	213
	占比	7.50%	17.80%	3.30%	54.00%	17.40%	100.00%
三亚	计数	14	55	25	111	96	301
	占比	4.70%	18.30%	8.30%	36.90%	31.90%	100.00%
鄂尔多斯	计数	6	29	11	80	41	167
	占比	3.60%	17.40%	6.60%	47.90%	24.60%	100.00%
井冈山	计数	42	41	49	174	25	331
	占比	12.70%	12.40%	14.80%	52.60%	7.60%	100.00%
合计		607	1 194	635	2 686	2 288	7 410
	占比	8.20%	16.10%	8.60%	36.20%	30.90%	100.00%

就研究选取的12家中国城市总体形象而言，最重要的主题词是"发展"，这反映了改革开放40年以来以经济建设为中心的中国国力不断提升，其次是"治理"，这同样是大规模的城市化运动中遇到的迫切问题。但就个体城市而言，又有很大的不同。

和其他城市相比，"开放"主题词占比最高的城市是上海，这突出反映了上海在40年的发展中,已从中国面向世界的窗口成为中国有代表性的全球城市。"发展"主题词占比最高的城市是井冈山,这反映了后发地区,即使是以红色旅游产业为核心识别,其突出的主题依旧是经济发展。"创新"主题词占比最高的则是杭州,这反映了杭州已摆脱了以前单一的旅游城市形象,而逐渐成为以全球电子商务为核心的全球互联网经济中心。和我们想象不同的是,沈阳成为"改革"主题词占比最高的城市。显然,对沈阳为代表的东北城市而言,如何改变"投资不过山海关"的公众偏见,改革陈旧的国企管理体制,激活市场活力,已成为城市发展的当务之急。而在广州的城市形象中,"治理"主题词的占比最高,广东作为世界制造业中心,是中国的"南大门",是面向非洲等不发达国家的主要贸易中转地,不仅面临着国内流动人口迁移等城市化共性问题,还有数量庞大的外籍"三非"人员(非法入境、非法居留、非法就业)管理问题,城市治理问题异常突出。

　　在上述的分析中,我们能观察到12个城市的一些主题特征,但限于研究的时间和经费所限,更理想的研究方法是对所涉城市的新闻报道进行大规模的数据挖掘。不仅仅依靠研究人员的人工编码,而是通过计算机技术对城市的关键词进行文本挖掘和语词分析,通过建立起中国城市形象的算法模型,更客观地认识中国城市形象的发展和变迁趋势。

　　40年以来,中国经历了世界历史上规模最大的城市化运动,其间的城市形象发展和变迁不仅对当代中国问题的研究有价值,对世界城市史的研究也意义深远。我们从媒体报道的客观历史资料出发,去分析和探究历史,去理解和认识现在,去把握和展望未来。在这一过程中,我们深切地认识到,科学的研究必须直面问题,整合相关学科的知识和方法,才能取得一些细微的进展。这既是我们对一段工作的总结,也是我们未来继续努力的方向。

参考文献

［1］鲍世行,顾孟潮.杰出科学家钱学森论城市学与山水城市［M］.北京:中国建筑工业出版社,1994.

［2］曹康,刘昭.国外城市史与城市规划史比较研究:异同与交叉［J］.城市规划学刊,2013(1):110-117.

［3］陈国生.论湖南城市的职能分类［J］.衡阳师范学院学报,2002,23(5):94-99.

［4］陈恒.他山之石,可以攻玉——西方城市史研究的历史与现状［J］.上海师范大学学报(哲学社会科学版),2007,36(3):9-13.

［5］陈文武.以先进"汉商文化"展示武汉城市形象［J］.武汉商学院学报,2011,25(6):14-16.

［6］陈映.城市形象的媒体建构——概念分析与理论框架［J］.新闻界,2009(5):103-104.

［7］陈忠暖,杨士弘.广东省城市职能分类探讨［J］.华南师范大学学报(自然科学版),2001(3):26.

［8］成朝晖.杭州城市形象系统设计研究［J］.包装世界,2009(1):76-78.

［9］程曼丽.大众传播与国家形象塑造［J］.国际新闻界,2007(3):5-10.

［10］但涛波,邓智团.城市功能等级体系划分研究——以我国市区非农业人口大于100万的城市为例［J］.资源开发与市场,2004,20(1):3-5.

［11］丁柏铨.论政府的媒介形象［J］.西南民族大学学报(人文社科版),2009,30(2):144-149.

［12］丁永玲.关于借助文化软实力提升武汉城市形象的建议［J］.公关世界,2015(2):76-78.

［13］樊传果.城市品牌形象的整合传播策略［J］.当代传播,2006(5):58-60.

［14］傅崇兰.中国运河城市发展史［M］.成都:四川人民出版社,1985.

［15］傅云新.城市形象的综合评价——以广州市为例［J］.城市问题,1998
　　　（5）:7-10.

［16］葛岩,赵海,秦裕林,等.国家、地区媒体形象的数据挖掘——基于认知
　　　心理学与计算机自然语言处理技术的视角［J］.学术月刊,2015（7）:
　　　163-170.

［17］顾朝林.中国城镇体系［M］.北京:商务印书馆,1992.

［18］何一民.中国近代城市史研究述评［J］.中华文化论坛,2000（1）:62-70.

［19］胡幸福.论城市形象表述词与旅游地形象主题词的关系——兼说广州旅
　　　游地形象主题词［J］.广州大学学报（社会科学版）,2009,8（12）:48-51.

［20］黄旦.传者图像:新闻专业主义的建构与消解［M］.上海:复旦大学出版
　　　社,2005.

［21］黄东英.论大众传播媒介对政府形象的塑造［J］.中共云南省委党校学
　　　报,2010,11（3）:157-160.

［22］黄柯可.美国城市史学的产生与发展［J］.史学理论研究,1997（4）:
　　　91-99.

［23］姜芃.西方城市史学初探［J］.史学理论研究,1996（1）:111-121,161.

［24］李成勋.城市品牌定位初探［J］.市场经济研究,2003（6）:8-10,1.

［25］李泓冰,谢卫群,何鼎鼎,等.传奇浦东:开放的先行者（壮阔东方潮　奋
　　　进新时代——庆祝改革开放40年）［N］.人民日报.2018-09-17.

［26］李霞,单彦名,安艺.城市特色与特色城市文化传承探讨——基于义乌城
　　　市建设文脉研究［J］.城市发展研究,2014,21（6）:13-17.

［27］李燕.港澳与珠三角文化透析［M］.北京:中央编译出版社,2003:41.

［28］李遇春.检讨"大武汉"的城市文学形象［J］.学术评论,2012（1）:
　　　63-66.

［29］栗鑫.广州媒体在亚运报道中如何传播城市形象［J］.新闻知识,2010
　　　（3）:55-57.

［30］廖为建.论政府形象的构成与传播［J］.中国行政管理,2001（3）:36-37.

［31］林先扬,陈忠暖.长江三角洲和珠江三角洲城市群职能特征及其分
　　　析［J］.人文地理,2003,18（4）:79-83.

［32］凌怡莹,徐建华.长江三角洲地区城市职能分类研究［J］.规划师,2003,

19(2): 77-79.

［33］刘海唤,刘海清.人文亚运提升广州城市形象路径探析［J］.体育学刊,
2010,17(5): 34-38.

［34］刘岚,郑雅慧.城市规划中的城市旅游规划的新探讨——以武汉城市旅
游为例［J］.艺术与设计: 理论,2007(2): 61-63.

［35］刘小燕.政府形象传播的本质内涵［J］.国际新闻界,2003(6): 49-54.

［36］罗之瑜,周可.CADAS: 2017年全球机场吞吐量TOP 50出炉［EB/OL］.
(2018－03－12)［2018－09－27］.http://news.carnoc.com/list/439/439065.
html.

［37］毛少莹.深圳的文化资源与文化资本［J］.中国文化产业评论,2011(1):
123-144.

［38］钱学森.关于建立城市学的设想［J］.城市规划,1985(4): 26-28.

［39］邱立.媒介融合背景下武汉城市文化形象的塑造——以“武汉,每天不一
样”口号为例［J］.武汉职业技术学院学报,2017,16(1): 5-11.

［40］斯特龙伯格.西方现代思想史［M］.刘北成,赵国新,译.北京: 中央编译
出版社,2005.

［41］孙盘寿,杨廷秀.西南三省城镇的职能分类［J］.地理研究,1984,3(3):
17-28.

［42］塔尔德.传播与社会影响［M］.何道宽,译.北京: 中国人民大学出版社,
2005.

［43］唐孝祥.试论近代岭南文化的基本精神［J］.华南理工大学学报(社会科
学版),2003,5(1): 19-22.

［44］汪明峰.城市竞争、职能与竞争力: 一个理论分析框架［J］.现代城市研
究,2002,17(2): 44-48.

［45］王华.对话是城市的生命——刘易斯·芒福德城市传播观解读［J］.西南
交通大学学报(社会科学版),2013,14(2): 104-109.

［46］王京生,尹昌龙.移民主体与深港文化［J］.学术研究,1998(10): 75-85.

［47］王朋进.媒介形象: 国家形象塑造和传播的关键环节——一种跨学科的
综合视角［J］.国际新闻界,2009(11): 37-41.

［48］王朋进.“媒介形象”研究的理论背景、历史脉络和发展趋势［J］.国际新

闻界,2010(6): 123-128.

[49] 温朝霞,何胜男. 2010年亚运会与广州城市形象的提升[J]. 探求,2010
(5): 21-24.

[50] 吴伟,代琦. 城市形象定位与城市风貌分类研究[J]. 上海城市规划,2009
(1): 16-19.

[51] 吴予敏. 论媒介形象及其生产特征[J]. 国际新闻界,2007(11): 51-55.

[52] 西蒙·安浩. 铸造国家、城市和地区的品牌:竞争优势识别系统[M]. 葛
岩,卢嘉杰,何俊涛,译. 上海:上海交通大学出版社,2010.

[53] 熊月之,张生. 中国城市史研究综述(1986—2006)[J]. 史林,2008(1):
21-35.

[54] 徐红宇,陈忠暖,李志勇. 中国城市职能分类研究综述[J]. 云南地理环境
研究,2005,17(2): 33-36.

[55] 徐剑,刘康,韩瑞霞,等. 媒介接触下的国家形象构建——基丁美国人对
华态度的实证调研分析[J]. 新闻与传播研究,2011(6): 17-24.

[56] 薛莹. 地级以上城市的城市职能分类——以江浙沪地区为例[J]. 长江流
域资源与环境,2007,16(6): 695-699.

[57] 阎小培,周素红. 信息技术对城市职能的影响——兼论信息化下广州城
市职能转变与城市发展政策应对[J]. 城市规划,2003,27(8): 15-18.

[58] 杨澄. 回望老北京[M]. 北京:中国对外翻译出版公司,2008.

[59] 杨树荫,阎逸,程偲奇. 改革开放的杭州人文密码[J]. 杭州(周刊),2018
(26).

[60] 杨永春,赵鹏军. 中国西部河谷型城市职能分类初探[J]. 经济地理,2000
(6): 61-64.

[61] 姚宜. 简析广州城市形象及定位[J]. 天津城建大学学报,2009,15(2):
137-139.

[62] 于沛. 现代史学分支学科概论[M]. 北京:中国社会科学出版社,1998.

[63] 俞世恩. 20世纪美国城市史研究述评[J]. 历史教学问题,2000(4):
42-44.

[64] 喻国明. 媒介品牌形象及影响力指数的设计与分析[J]. 新闻前哨,2011
(6): 8-11.

［65］约翰·安德森.认知心理学及其启示［M］.秦裕林,程瑶,周海燕,等译.北京：人民邮电出版社,2012.

［66］曾端祥.武汉城市整体形象的个性定位："通衢"文化研究［J］.江汉大学学报,1997(4)：16−22.

［67］詹成大.媒介形象的塑造与经营［J］.当代传播,2005(3)：68−69.

［68］张冠增.城市史的研究——21世纪历史学的重要使命［J］.神州学人,1994(12)：30−31.

［69］张鸿雁.论城市形象建设与城市品牌战略创新——南京城市综合竞争力的品牌战略研究［J］.南京社会科学,2002(S1)：327−338.

［70］张文奎,刘继生,王力.论中国城市的职能分类［J］.人文地理,1990(3)：1−7.

［71］张应祥,蔡禾.新马克思主义城市理论述评［J］.学术研究,2006(3)：85−89.

［72］张英进,秦立彦.中国现代文学与电影中的城市：空间时间与性别构形［M］.南京：江苏人民出版社,2007.

［73］周一星,R.布雷德肖.中国城市(包括辖县)的工业职能分类——理论、方法和结果［J］.地理学报,1988(4)：3−14.

［74］周一星,孙则昕.再论中国城市的职能分类［J］.地理研究,1997,16(1)：11−22.

［75］朱锋."后奥运时代"与推进北京的"城市形象"建设［J］.北京观察,2008(11)：12−13.

［76］朱翔.湖南省城市职能体系优化研究［J］.湖南师范大学自然科学学报,1996(2)：82−87.

［77］综合开发研究院.综研报告｜第二十四期全球金融中心指数：香港、上海、北京居前十,上海首次超越东京［EB/OL］.(2018−09−13)［2018−09−27］.https：//www.thepaper.cn/newsDetail_forward_2435848.

［78］ANHOLT S. The Anholt-GMI City Brands Index: How the world sees the world's cities[J]. Place Branding, 2006, 2(1):18−31.

［79］AUROUSSEAU M. The distribution of population: a constructive problem[J]. Geographical Review, 1921, 11(4): 563−592.

［80］ AVRAHAM E. Media strategies for improving an unfavorable city image[J]. Cities, 2004, 21(6): 471−479.

［81］ BASSILI J N. Response latency and the accessibility of voting intentions: What contributes to accessibility and how it affects vote choice[J]. Personality & Social Psychology Bulletin, 1995, 21(7):686−695.

［82］ BOUCHET M, LIU S, PARILLA J, et al. Global Metro Monitor 2018 [R/OL]. (2018−06−30)[2018−09−27]. https://www.brookings.edu/research/global-metro-monitor-2018/.

［83］ FAZIO R H, POWELL M C, WILLIAMS C J. The role of attitude accessibility in the attitude-to-behavior process[J]. Journal of Consumer Research, 1989, 16(3):280−288.

［84］ FRETTER A D. Place marketing: a local authority perspective[J]// KEARNS G, PHILO C. Selling Places: the city as cultural capital, past and present, 1993: 163−174.

［85］ GITLIN T. The whole world is watching: Mass media in the making and unmaking of the new left[M]. Oakland, CA, US: University of California Press, 2003.

［86］ GOFFMAN E. Frame analysis: An essay on the organization of experience[M]. Cambridge, MA, US: Harvard University Press, 1974.

［87］ GOODWIN M. The city as commodity: the contested spaces of urban development[J]// KEARNS G, PHILO C. Selling places: The city as cultural capital, past and present, 1993: 145−162.

［88］ GORDON A. Introduction: The New Cultural History and Urban History: Intersections[J]. Urban History Review/Revue d'histoire urbaine, 2004, 33(1): 3−7.

［89］ GOTHAM K F. Marketing Mardi Gras: Commodification, spectacle and the political economy of tourism in New Orleans[J]. Urban Studies, 2002, 39(10): 1735−1756.

［90］ HALL T, HUBBARD P. The entrepreneurial city: geographies of politics, regime, and representation[M]. New York: John Wiley & Sons, 1998.

［ 91 ］ HANKINSON G. Relational network brands: Towards a conceptual model of place brands[J]. Journal of vacation marketing, 2004, 10(2): 109−121.

［ 92 ］ HARRIS C D. A functional classification of cities in the United States[J]. Geographical Review, 1943, 33(1): 86−99.

［ 93 ］ HERINGTON C, MERRILEES B, MILLER D, et al. Multiple stakeholders and multiple city brand meanings[J]. European Journal of Marketing, 2012, 46(7/8):1032−1047.

［ 94 ］ JOHN H. History, Professional Scholarship in America[M]. Baltimore, Maryland, US: The Johns Hopkins University Press, 1983.

［ 95 ］ KATZNELSON I. Marxism and the City[M]. New York: Oxford University Press, 1993.

［ 96 ］ KELLER K L. Strategic brand management: Building, measuring, and managing brand equity[M]. New Jersey: Prentice Hall, 1998.

［ 97 ］ KOTKIN J. The city: A global history[M]. New York: Random House Digital, Inc., 2006.

［ 98 ］ KOTLER P, HAIDER D, REIN I. Marketing places: attracting investment, industry, and tourism to cities, states, and nations[M]. New York: Free Press, 1993.

［ 99 ］ KUZNETS S. Quantitative aspects of the economic growth of nations: I. Levels and variability of rates of growth[J]. Economic Development and Cultural Change, 1956, 5(1): 1−94.

［ 100 ］ LIPPMANN W. Public opinion[M]. New York: Harcourt, Brace and Company, 1922.

［ 101 ］ LYNCH K. The Image of the City[M]. Cambridge, MA, US: MIT Press, 1960.

［ 102 ］ MACARTNEY J. Archaeologists in Olympic race against time to save treasures[N]. The Times. 2007−11−14.

［ 103 ］ MANHEIM J B, ALBRITTON R B. Changing National Images: International Public Relations and Media Agenda Setting[J]. American Political Science Review, 1984, 78(3):641−657.

［104］MCCOMBS M E, SHAW D L. The agenda-setting function of mass media[J]. Public opinion quarterly, 1972, 36(2): 176−187.

［105］MCQUAIL D, WINDAHL S. Communication models for the study of mass communications[M]. New York: Routledge, 2015.

［106］MERRILEES B, MILLER D, HERINGTON C. Antecedents of residents' city brand attitudes[J]. Journal of Business Research, 2009, 62(3):362−367.

［107］MERRILL J C. The image of the United States in ten Mexican dailies[J]. Journalism Quarterly, 1962, 39(2): 203−209.

［108］MERRILL J C, FISCHER H. International Communication: Media, Channels, Functions[M]. New York: Hastings House, 1970 .

［109］MEYROWITZ J. No sense of place: The impact of electronic media on social behavior[M]. New York: Oxford University Press, 1986.

［110］NELSON H J. A service classification of American cities[J]. Economic geography, 1955, 31(3): 189−210.

［111］PARK R E. The city: Suggestions for the investigation of human behavior in the city environment[J]. American journal of sociology, 1915, 20(5): 577−612.

［112］POWNALL L L. The functions of New Zealand towns[J]. Annals of the Association of American Geographers, 1953, 43(4): 332−350.

［113］SHIELDS R. Places on the margin: Alternative geographies of modernity[M]. New York: Routledge, 2013.

［114］SONYA H, JENNIFER R. Towards a strategic place brand-management model[J]. Journal of Marketing Management, 2011, 27(5−6):458−476.

［115］STRAUSS A L. Images of the American City[M]. New York: Free Press, 1961.

［116］TOSH J. The pursuit of history[M]. New York: Routledge, 2013.

［117］TOYNBEE A J. A Study of History. In 12 Vols[M]. New York: Oxford University Press, 1934.

［118］WAITT G. Playing games with Sydney: marketing Sydney for the 2000 Olympics[J]. Urban studies, 1999, 36(7): 1055−1077.

[119] XU J, CAO Y. The image of Beijing in Europe: findings from The Times, Le Figaro, Der Spiegel from 2000 to 2015[J/OL]. Place Branding and Public Diplomacy, 2018: 1-13. DOI: 10.1057/s41254-018-0103-0.

[120] XUE K, CHEN X, YU M. Can the World Expo change a city's image through foreign media reports?[J]. Public Relations Review, 2012, 38(5): 746-754.

索 引